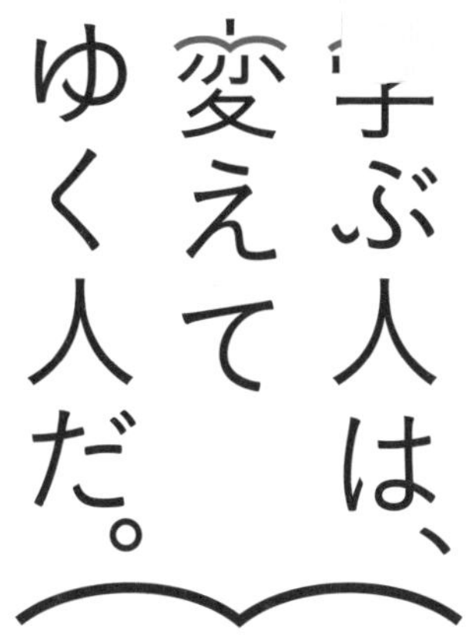

目の前にある問題はもちろん、

人生の問いや、

社会の課題を自ら見つけ、

挑み続けるために、人は学ぶ。

「学び」で、

少しずつ世界は変えてゆける。

いつでも、どこでも、誰でも、

学ぶことができる世の中へ。

旺文社

数学
場合の数・確率
分野別　標準問題精講

改訂版

森谷慎司　著

Standard Exercises in Theory of Counting

旺文社

はじめに

数学は，単に公式や解法を覚え，それを当てはめる練習を重ねればできるようになるものではありません．もちろん，演習を重ねることは大切ですが，本当の力をつけるには，あるタイミングで，公式や重要な考え方を

「正しく理解する」そして「深く理解する」

ことが大切であり，これらを体系的に学ぶことによって，「点」で捉えられていた情報どうしがつながって「線」となり，そして「面」となり，本当に使える考え方になるのです．そうすれば，覚えることも自ずと減っていくものです．

そして，もうひとつ大切なことは

「自分の頭で考える!」

ことです．自分の頭であれこれ考えることにより，より印象に残り，考え方を本当に自分のものとすることができます．与えられたものを鵜呑みにするのではなく，自分の中で咀嚼して確実に考え方を自分のものにしてください．

本書では，軽く流されそうなところも，丁寧に詳しく解説しましたので，１冊やりきってもらえば「場合の数・確率」の基本概念を体系的に正しく，深く理解することができるはずです．本書によって，「場合の数・確率」が面白くなり，得意になる！　そんな人が一人でも多くでてくれることを願っています．

最後に，僕が大学の恩師に頂いた言葉を贈ります．

夢を実現できないことは，悲しむべきことではない．
悲しむべきことは，夢を持てないことである．
夢の実現のために，全力を尽くせ！

森谷慎司

本書の特長とアイコン説明

本書は，どの大学でも確実に出題される「場合の数・確率」の土台となる考え方をしっかり掴み，入試問題に対応できる力を効率的に養うことを目的に編集されています．実際に，紙と鉛筆を用意して，まずはじっくり考えてみてください．問題文だけでは，なかなか解法が思いつかないときは，精講をヒントにもう一度考えてみましょう！　それでもだめなら**解答**を参照して，解き方を確実に理解すること！　そして，ちょっと一言や研究でさらに理解を深めてください．

基本編では，「場合の数・確率」の入試問題を解くための核となる考え方を学べる良問を29題精選しています．しっかり学習して基本概念を深く理解してください．入試問題を解くうえでの，揺るぎない土台が築けるはずです．共通テスト，中堅校レベルであれば，ここまで学習すれば十分です．苦手な人は繰り返し学習して基本を確実なものにしましょう！　また，基本編で学んだことを利用すれば，無理なく解けるような実戦編の問題番号を記載しています．

実戦編では，**基本編**で学んだ考え方をどのように使っていくか，学習したことを試し，応用力をつけるという目的で44題精選しました．ここまできっちり学習すれば，難関大にも対応できる力がつくはずです．

漸化式の応用では，近年出題の多い，漸化式を利用する問題を13題取り上げました．漸化式を利用できる問題の構造を深く理解することにより，この分野を得点源にできるはずです．

本書で，確率を得意分野へ！　さあ，始めましょう！

問題を解くための考え方を示し，必要に応じて基本事項の確認や重要事項の解説を加えています．

標準的で，自然な考え方に基づく解答を取り上げました．読者が自力で解き，「解答」としてまとめるときの手助けとなるように丁寧な記述による説明を心がけています．

解答における計算上の注意，説明の補足などを行います．

解答の途中の別な処理法および別な方針による解答，問題を掘り下げた解説，解答と関連した入試における必須事項などを示しています．さらに，問題・解答と関連した，数学的に興味が持てるような発展事項の解説を行っています．

もくじ

問題編

第1章　場合の数　基本編 …… 8
第2章　確　　率　基本編 …… 13
第3章　場合の数　実戦編 …… 17
第4章　確　　率　実戦編 …… 22
第5章　漸化式の応用 …… 34

解答編

第1章　場合の数　基本編

1　数え上げの基本(1) …… 40
2　数え上げの基本(2) …… 44
3　辞書式配列 …… 47
4　順　列 …… 50
5　組合せ …… 53
6　同じものを含む順列 …… 56
7　最短経路 …… 58
8　順が決まっている順列 …… 61
9　だんだん大きくなる順列 …… 64
10　円順列 …… 68
11　首飾り順列 …… 72
12　組分け …… 75
13　箱玉問題(玉を区別する場合) …… 79
14　箱玉問題(玉を区別しない場合) …… 82

第2章　確　　率　基本編

15　確率の基本概念 …… 87
16　玉の問題 …… 91
17　アルファベットの問題 …… 92
18　順列の問題 …… 94
19　確率の基本性質 …… 96
20　余事象 …… 98
21　サイコロ …… 101
22　ジャンケン …… 105
23　カードの組分け …… 107
24　独立試行・反復試行 …… 110
25　ランダムウォーク …… 112
26　条件付き確率 …… 115
27　乗法定理 …… 119
28　くじ引き …… 124
29　期待値 …… 128

第3章 場合の数 実戦編

30 余りで分類 …… 130
31 隣り合う・隣り合わない …… 133
32 最短経路 …… 136
33 円順列 …… 138
34 3つの集合の和集合 …… 142
35 対 応 …… 145
36 三角形の個数 …… 148
37 色塗り(1) …… 151
38 色塗り(2) …… 154
39 組分け(1) …… 157
40 組分け(2) …… 159
41 組分けの応用(1) …… 162
42 組分けの応用(2) …… 164
43 組分けの応用(3) …… 167
44 組分けの応用(4) …… 170

第4章 確 率 実戦編

45 靴下の問題(同様に確からしい) …… 173
46 円順列の確率 …… 174
47 根元事象をどうとるか? …… 177
48 順列の応用(くじ引き型) …… 179
49 数え上げ(樹形図の利用) …… 181
50 数え上げ(表の利用) …… 184
51 数え上げ(判別式の利用) …… 186
52 数え上げ(最大番号・最小番号) …… 189
53 組分けの確率 …… 192
54 トーナメント …… 194
55 リーグ戦の問題 …… 197
56 種類の確率 …… 199
57 サイコロの目の積 …… 201
58 最大が…，最小が… …… 204
59 最短経路の確率 …… 206
60 点の移動 …… 209
61 一定値に決まる確率 …… 211
62 樹形図の利用(1) …… 214
63 樹形図の利用(2) …… 216
64 推移を見る …… 218
65 確率の最大・最小 …… 220
66 条件付き確率(1) …… 222
67 条件付き確率(2) …… 224
68 条件付き確率(3) …… 226
69 検査薬の判定法 …… 229
70 期待値 …… 231
71 期待値は平均値 …… 235
72 二項定理と期待値 …… 239
73 期待値を最大にする戦略 …… 243

第5章 漸化式の応用

74 漸化式のたて方 …… 247
75 場合の数と漸化式(1) …… 249
76 場合の数と漸化式(2) …… 252
77 確率漸化式(1) …… 255
78 確率漸化式(2) …… 258
79 確率漸化式(3) …… 260
80 破産の確率 …… 263
81 漸化式の応用(最初の一手で場合分け) …… 265
82 漸化式の応用(点の移動) …… 267
83 漸化式の応用(n 回目の確率の合計 $\neq 1$) …… 269
84 漸化式の応用(余りの推移) …… 274
85 漸化式の応用(シグマ計算と漸化式の処理) …… 277
86 漸化式の応用(偶奇で場合分け) …… 280

著者紹介

森谷慎司(もりやしんじ) 代々木ゼミナール講師
1968年生まれ，宮城県出身
高校時代はバスケットボールに明け暮れ，大学受験に失敗！浪人時に数学に目覚め，山形大学大学院理学研究科数学専攻(修士)を修了後，代々木ゼミナールへ．以後20年以上の長きに渡り，熱い指導を続けている．現在は，代々木本校，新潟校，名古屋校に出講．全国を駆け巡り忙しい毎日を送っている．座右の銘は「努力は裏切らない」．「一人でも多くの人に数学の面白さを伝えたい」という思いは，新人講師時代から変わっていない．『全国大学入試問題正解 数学』(旺文社)の解答者の一人である．

問題編

第1章 場合の数　基本編

1

→解答 p.40

(1) 1, 2, 3, 4 を1列に並べるとき，1番目の数は1ではなく，2番目の数は2ではなく，3番目の数は3ではなく，4番目の数は4ではない場合は□通りである．

(2) A地点，B地点，C地点を通る右図のような道がある．A地点をスタートし，B地点を通ってC地点に行く方法は□通りある．

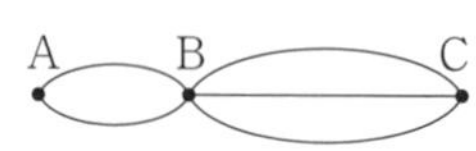

2

→解答 p.44

0, 1, 2, 3, 4, 5 の6個の数字から異なる数を選んで，次のような数を作りたい．それぞれ何個できるか．

(1) 3桁の整数

(2) 3桁の偶数，3桁の奇数

(3) 3桁の3の倍数

(4) 3桁の4の倍数

→実戦編 30

3

→解答 p.47

A, B, C, D, E, F の6文字を全部使ってできる文字列を，アルファベット順の辞書式に並べる．

(1) DECFBA は何番目か．

(2) 543番目の文字列は何か．

4　→解答 p.50

男子５人，女子３人が横１列に並ぶとき，

(1)　この８人の並び方は何通りあるか.

(2)　両端が女子となる並び方は何通りあるか.

(3)　男子５人が皆隣り合うような並び方は何通りあるか.

(4)　女子どうしが隣り合わない並び方は何通りあるか.

5　→解答 p.53

$\{1, 2, 3, 4, 5, 6, 7, 8, 9, 10, 11\}$ の中から，和が偶数となるように相異なる３個の数を選び出す方法は何通りか.

6　→解答 p.56

７個の文字 a，a，b，b，c，c，c を横１列に並べるものとする.

(1)　異なる並べ方の総数を求めよ.

(2)　a が連続して並ぶ並べ方は何通りあるか.

(3)　c が２つ以上連続して並ばない並べ方は何通りあるか.

→ 実戦編 31

7

→ 解答 p.58

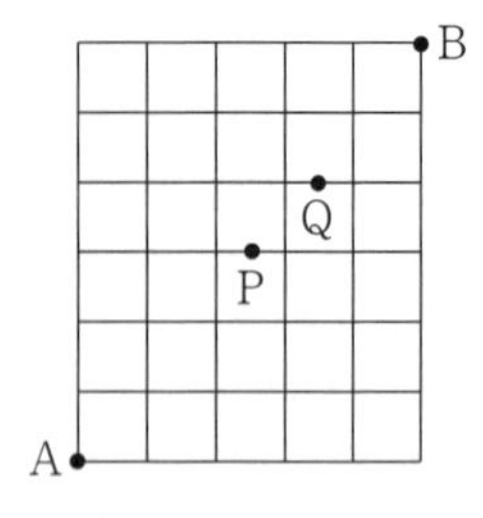

右の図のように，道路が碁盤の目のようになった街がある．地点Aから地点Bまでの道順で長さが最短の道を行くとき，次の場合は何通りあるか．

(1)　すべての道順

(2)　地点Pは通らない

(3)　地点Pおよび地点Qは通らない

→ 実戦編 32

8

→ 解答 p.61

母音 a，i，u と子音 d，g，z の 6 個を 1 列に並べるとき，次のような並べ方は何通りあるか．

(1)　a，i が隣り合う．

(2)　両端とも母音である．

(3)　母音が隣り合っていない．

(4)　a，i，z，u がこの順に現れる．（例：aidzug）

9

→ 解答 p.64

サイコロを 3 回振ったとき，出た目を順に a，b，c とする．

(1)　$a<b<c$　　　　(2)　$a \leqq b \leqq c$

となる場合の数を求めよ．

→ 実戦編 41

10

→ 解答 p.68

男子4人と女子4人を円形に並べる．ただし，回転して重なるものは同じものとみなす．

(1)　並べ方は何通りあるか．

(2)　男女が交互に並ぶものは何通りあるか．

→ 実戦編 33

11

→ 解答 p.72

白石4個，赤石2個，青石1個があるとき，次の問いに答えよ．

(1)　これらの石すべてを円形に並べる方法は何通りあるか．

(2)　これらの石すべてを糸につないで首飾りを作る方法は何通りあるか．

→ 実戦編 38

12

→ 解答 p.75

次の問いに答えよ．

(1)　6人を1人，2人，3人の3組に分ける方法は何通りあるか．

(2)　6人を2人ずつA，B，Cのグループに分ける方法は何通りあるか．

(3)　6人を2人ずつ3組に分ける方法は何通りあるか．

(4)　7人を3人，2人，2人の3組に分ける方法は何通りあるか．

→ 実戦編 39

13

→解答 p.79

1から9までの番号がかかれた9個の玉を3つの箱A，B，Cに入れる方法を考える．

(1) 玉を箱に入れる方法は何通りあるか．ただし，空箱があってもよい．

(2) 空箱がないような入れ方は何通りあるか．

→ 実戦編 **40**

14

→解答 p.82

9個のりんごをA，B，Cの3人に配る方法を考える．

(1) 1つももらわない人がいてもよい場合，何通りの配り方があるか．

(2) 各人に少なくとも1個配る方法は何通りあるか．

(3) Aに3個以上，Bに2個以上配る方法は何通りあるか．

→ 実戦編 **41**，**42**，**43**

第2章 確 率 基本編

15

→解答 p.87

同形のコインを2枚投げるとき，表と裏が出る確率を求めよ．

16

→解答 p.91

白玉6個，赤玉4個の入った袋から2個の玉を取り出したとき

(1) 2個とも白玉である確率を求めよ．

(2) 白玉1個，赤玉1個である確率を求めよ．

17

→解答 p.92

次の問いに答えよ．

(1) KANAGAWA の8文字から無作為に6文字を取り出して1列に並べるとき，KAGAWA と並ぶ確率を求めよ．

(2) Gakkishiken という11文字がある．3文字を取り出すとき，少なくとも2文字が同じ確率を求めよ．

→ 実戦編 **45**

18

→解答 p.94

6個のアルファベット WASEDA を横1列に勝手に並べるとき，

(1) 母音と子音が交互に並ぶ確率を求めよ．

(2) SがEより右に並び，同時にWが2個のAより右に並ぶ確率を求めよ．

19

→ 解答 p.96

(1) 1から100までの番号をつけた100枚のカードの中から，1枚のカードを取り出すとき，その番号が2または3で割り切れる確率を求めよ．

(2) 赤玉7個，白玉5個が入っている袋から同時に3個取り出すとき，それらが同じ色である確率を求めよ．

→ 実戦編 34

20

→ 解答 p.98

3個のサイコロA，B，Cを同時に投げて，出た目を順にa，b，cとする．

(1) 積abcが偶数となる確率を求めよ．

(2) $(a-b)(b-c)(c-a)=0$ となる確率を求めよ．

(3) a，b，cのうち最大のものが4となる確率を求めよ．

→ 実戦編 58

21

→ 解答 p.101

次の各問いに答えよ．

(1) 2つのサイコロを同時に投げたとき，出た目の数の和が9となる確率は［　　］であり，出た目の数の和が3の倍数となる確率は［　　］である．また，出た目の数の和が8以下となる確率は［　　］である．

(2) 3つのサイコロを同時に投げたとき，出た目の数の和が9となる確率は［　　］である．

→ 実戦編 50

22

→ 解答 p.105

3人でジャンケンをして，負けたものから順に抜けてゆき，最後に残った1人を優勝者とする．このとき，

(1) 1回で優勝者が決まる確率を求めよ．

(2) 1回終了後に2人残っている確率を求めよ．

(3) 3回終了後に3人残っている確率を求めよ．

(4) ちょうど3回目で優勝者が決まる確率を求めよ．

ただし，各人がジャンケンでどの手を出すかは同様に確からしいとする．

23

→解答 p.107

(1)　白，赤の同形のカードがそれぞれ2枚ずつ合計4枚ある．これを2人に2枚ずつ配るとき，2人とも各自受け取った2枚の色が異なっている確率を求めよ．

(2)　赤，白，青の同形のカードが，それぞれ2枚ずつ合計6枚ある．これを3人に2枚ずつ配るとき，3人とも各自受け取った2枚の色が異なっている確率を求めよ．

24

→解答 p.110

サイコロを5回振るとき，以下の問いに答えよ．

(1)　1が3回出る確率を求めよ．

(2)　1が3回出て，かつ5回目が1となる確率を求めよ．

(3)　1が2回，2が2回出る確率を求めよ．

25

→解答 p.112

x軸上を動く点Aがあり，最初は原点にある．硬貨を投げて表が出たら正の方向に1だけ進み，裏が出たら負の方向に1だけ進む．硬貨を6回投げるとき，以下の問いに答えよ．

(1)　硬貨を6回投げたときに，点Aが原点に戻る確率．

(2)　硬貨を6回投げたとき，点Aが2回目に原点に戻り，かつ6回目に原点に戻る確率．

(3)　硬貨を6回投げたとき，点Aが初めて原点に戻る確率．

→実戦編 **60**

26 →解答 p.115

(1) 1個のサイコロを振ったら奇数の目が出た．このとき，それが3の倍数である条件付き確率を求めよ．

(2) 重さの異なる4個の玉が入っている袋から1つ玉を取り出し，もとに戻さずにもう1つ取り出したところ，2番目の玉の方が重かった．2番目の玉が，4個の中で最も重い確率を求めよ．

→ 実戦編 **66**

27 →解答 p.119

箱の中に赤玉が3個，白玉が2個入っている．箱から玉を1個ずつ取り出してその色を見ることを3回繰り返す．次のそれぞれの場合に赤が2回出る確率を求めよ．

(1) 取り出した玉は常に箱に戻す．

(2) 取り出した玉は箱に戻さず続ける．

(3) 取り出した玉が赤なら戻し，白なら戻さない．

→ 実戦編 **62**

28 →解答 p.124

袋の中に当たりくじが3本，はずれくじが7本の計10本のくじが入っている．この袋から5人が順に1本ずつ取り出していくとき，次の問いに答えよ．ただし，取り出したくじはもとに戻さないものとする．

(1) 5番目の人が当たりくじを引く確率を求めよ．

(2) 3番目と5番目の人が当たりくじを引く確率を求めよ．

(3) 5人のうち2人だけが当たる確率を求めよ．

→ 実戦編 **48**

29 →解答 p.128

(1) 100本のくじがあり，当たりくじは1等1000円が1本，2等500円が5本，3等100円が10本である．このくじを1本引くときの賞金の期待値を求めよ．

(2) サイコロを2個振ったときの目の和の期待値を求めよ．

→ 実戦編 **70**

第3章 場合の数 実戦編

30

→解答 p.130

0から9までの数字を1字ずつかいた10枚の札を入れた箱がある．この箱から札を3枚取り出し，左から1列に並べて整数をつくる．ここで，例えば[0][2][5]は25と考える．

(1) この整数の100の位をa，10の位をb，1の位をcとする．このとき，$a+b+c$が3の倍数になることは，この整数が3の倍数となるための必要十分条件であることを証明せよ．

(2) 3の倍数となる2けたの整数は何通りできるか．

(3) 3の倍数となる3けたの整数は何通りできるか．

31

→解答 p.133

YAMANAMIの8つの文字を1列に並べるとき，その並べ方について，次の問いに答えよ．

(1) 全部で何通りの並べ方があるか．

(2) Mが2つ続く並べ方は何通りあるか．

(3) Aが3つ続く並べ方は何通りあるか．

(4) Aが2つ以上続く並べ方は何通りあるか．

(5) Aが2つ以上続き，かつMも2つ続く並べ方は何通りあるか．

32

→解答 p.136

ある町には，図のように東西に6本の道と南北に7本の道がある．次の問いに答えよ．

(1) P地点からQ地点まで行く最短経路は何通りあるか．

(2) P地点からQ地点まで行く最短経路のうち，4回以上連続で東に進む経路は何通りあるか．

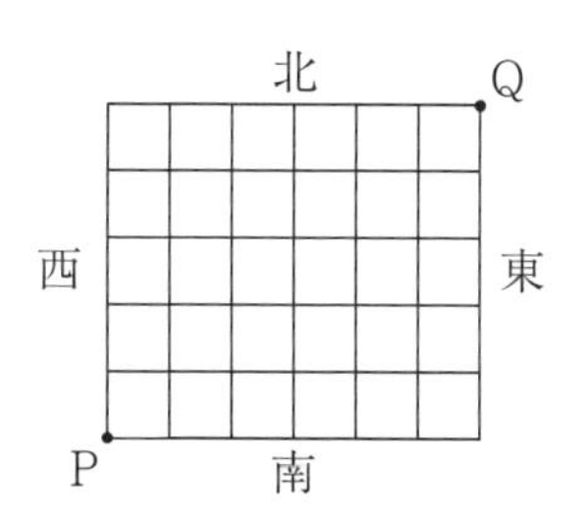

33

→解答 p.138

赤玉，白玉，青玉，黄玉がそれぞれ2個ずつ，合計8個ある．このとき，次のように並べる方法を求めよ．ただし，同じ色の玉は区別がつかないものとする．

(a) 8個の玉から4個取り出して直線上に並べる方法は［ ア ］通りである．

(b) 8個の玉から4個取り出して円周上に並べる方法は［ イ ］通りである．

34

→解答 p.142

さいころを続けてn回ふる．このときのさいころの目の出方について考える．目の出方は全部で［　］通りある．1の目が1回も出ない目の出方は［　］通りあり，1の目も2の目も1回も出ない目の出方は［　］通りある．したがって，1，2の中の少なくとも一方の目が1回も出ない目の出方は［　］通りある．また，1の目も2の目も3の目も1回も出ない目の出方は［　］通りあり，したがって，1，2，3の中の少なくとも1つの目が1回も出ない目の出方は［　］通りある．以上のことから，1の目も2の目も少なくとも1回は出る目の出方は［　］通りあり，1，2，3の中のどの目も少なくとも1回は出る目の出方は［　］通りあることがわかる．

35

→解答 p.145

平面上に11個の相異なる点がある．このとき2点ずつ結んでできる直線が全部で48本あるとする．次の問いに答えよ．

(1) 与えられた11個の点のうち3個以上の点を含む直線は何本あるか．またその各々の直線上に何個の点が並ぶか．

(2) 与えられた11個の点から3点を選び三角形を作ると，全部で何個できるか．

36 →解答 p.148

A_i ($i=1$, 2, …, 12) を頂点とする正12角形を考える．12個の頂点から3頂点を選んで三角形を作るとき，三角形は［　　］個できる．このうち，正三角形は［　　］個，二等辺三角形は［　　］個できる．また，直角三角形は［　　］個，鈍角三角形は［　　］個できる．

37 →解答 p.151

図の①から⑥の6つの部分を色鉛筆を使って塗り分ける方法について考える．ただし，1つの部分は1つの色で塗り，隣り合う部分は異なる色で塗るものとする．

(1)　6色で塗り分ける方法は，［　　］通りである．
(2)　5色で塗り分ける方法は，［　　］通りである．
(3)　4色で塗り分ける方法は，［　　］通りである．
(4)　3色で塗り分ける方法は，［　　］通りである．

38 →解答 p.154

立方体の各面に，隣り合った面の色は異なるように，色を塗りたい．ただし，立方体を回転させて一致する塗り方は同じとみなす．このとき，次の問いに答えよ．

(1)　異なる6色をすべて使って塗る方法は何通りあるか．
(2)　異なる5色をすべて使って塗る方法は何通りあるか．
(3)　異なる4色をすべて使って塗る方法は何通りあるか．

39 →解答 p.157

男女 6 人ずつ 12 人を 4 人ずつ 3 つのグループに分ける．

(1) このような分け方は何通りあるか．

(2) 各グループが男女 2 人ずつとなるような分け方は何通りあるか．

(3) (2)のように分けるとき，女Aさんと男Bさんが同じ組になる分け方は何通りあるか．

40 →解答 p.159

4 人乗りと 5 人乗りの自動車が 1 台ずつあり，a，b，c，d，e，f，g の 7 人が同じ目的地に出かける．誰が運転するか，どの席に座るかは，区別しないものとして，次の問いに答えよ．

(1) 全員が運転でき，かつ全員が 2 台の自動車に分乗するものとする．分乗の仕方は，何通りあるか．

(2) 7 人のうち運転できるのは，a，b，c の 3 人だけで，各車に少なくとも 1 人は運転できる人が乗ることにする．全員が 2 台の自動車に分乗するとき，分乗の組合せは何通りあるか．

(3) 全員が運転できるとする．歩いていく人がいても，誰も乗らない自動車があってもよいとするとき，分乗の組合せは何通りあるか．

41 →解答 p.162

(1) 8 個の正の符号＋と 6 個の負の符号－とを，左から順に並べ，符号の変化が 5 回起こるようにする仕方は全部で何通りあるか．

(2) 30 個の正の整数 x_1，x_2，……，x_{30} が

$$x_1 \geqq x_2 \geqq \cdots\cdots \geqq x_{30},\quad x_1=3$$

を満たすとする．このような並び$(x_1,\ x_2,\ \cdots\cdots,\ x_{30})$は何通りあるか．

42 →解答 p.164

Kを3より大きな奇数とし，$l+m+n=K$ を満たす正の奇数の組$(l,\ m,\ n)$の個数Nを考える．ただし，たとえば，$K=5$ のとき，$(l,\ m,\ n)=(1,\ 1,\ 3)$ と $(l,\ m,\ n)=(1,\ 3,\ 1)$ とは異なる組とみなす．

(1)　$K=99$ のとき，Nを求めよ．

(2)　$K=99$ のとき，$l,\ m,\ n$ の中に同じ奇数を2つ以上含む組$(l,\ m,\ n)$の個数を求めよ．

(3)　$N>K$ を満たす最小のKを求めよ．

43 →解答 p.167

自然数nをそれより小さい自然数の和として表すことを考える．ただし，$1+2+1$ と $1+1+2$ のように和の順列が異なるものは別の表し方とする．

例えば，自然数2は $1+1$ の1通りの表し方ができ，自然数3は $2+1,\ 1+2,\ 1+1+1$ の3通りの表し方ができる．

(1)　自然数4の表し方は何通りあるか．

(2)　自然数5の表し方は何通りあるか．

(3)　2以上の自然数nの表し方は何通りあるか．

44 →解答 p.170

自然数nに対して，1から$2n$までのすべての自然数を次の条件(ア)および(イ)を満たすように並べた数列$[i_1,\ i_2,\ i_3,\ i_4,\ \cdots,\ i_{2n-1},\ i_{2n}]$の総数を$f(n)$とする．

(ア)　$k=1,\ 2,\ \cdots,\ n$ に対して $i_{2k-1}<i_{2k}$

(イ)　$n\geqq2$ ならば $i_1<i_3<\cdots<i_{2n-1}$

例えば $n=1$ のとき条件(ア)を満たす数列は$[1,\ 2]$のみであるから$f(1)=1$ となる．

(1)　$f(2),\ f(3)$ を求めよ．

(2)　$f(n)$ を求めよ．

第4章 確率 実戦編

45 →解答 p.173

相異なる10足の靴下，すなわち20本の靴下のうち，6本をなくしたとする．このとき，使用可能な靴下が5足となる確率を求めよ．

46 →解答 p.174

次の問いに答えよ．

(1) 白い玉を2個，黒い玉を2個，全部で4個の玉を円周上に並べる．このとき，同じ玉が隣り合わない確率を求めよ．

(2) 赤い玉を2個，青い玉を2個，黄色い玉を2個，全部で6個の玉を円周上に並べる．このとき，同じ玉が隣り合わない確率を求めよ．

47 →解答 p.177

0から9までの数字を1つずつかいた10個の球が袋に入っている．この袋から1つずつ順に球を取り出す試行において，mをかいた球とnをかいた球が取り出されたとき，mとnがそろったということにする．例えば10個の球にかかれた数字が取り出された順に8，1，4，9，5，3，6，0，2，7であった場合には，9つ目の球が取り出された段階で1と2がそろったということである．

(1) 7と8がそろうよりも前に1と2がそろう確率を求めよ．

(2) 1と2がそろうのが，7と8がそろうより前であるか，または，4と6がそろうよりも前である確率を求めよ．

48

→解答 p.179

袋の中に青玉が7個，赤玉が3個入っている．袋から1回につき1個ずつ玉を取り出す．一度取り出した玉は袋に戻さないとして，以下の問いに答えよ．

(1) 4回目に初めて赤玉が取り出される確率を求めよ．

(2) 8回目が終わった時点で赤玉がすべて取り出されている確率を求めよ．

(3) 赤玉がちょうど8回目ですべて取り出される確率を求めよ．

49

→解答 p.181

ある囲碁大会で，5つの地区から男女が各1人ずつ選抜されて，男性5人と女性5人のそれぞれが異性を相手とする対戦を1回行う．その対戦組合せを無作為な方法で決めるとき，同じ地区同士の対戦が含まれない組合せが起こる確率は□である．

50

→解答 p.184

右図の正五角形ABCDEの頂点の上を，動点Qが，頂点Aを出発点として，1回サイコロを投げるごとに，出た目の数だけ反時計回りに進む．例えば，最初に2の目が出た場合には，Qは頂点Cに来て，つづいて4の目が出ると，Qは頂点Cから頂点Bに移る．このとき，次の確率を求めよ．

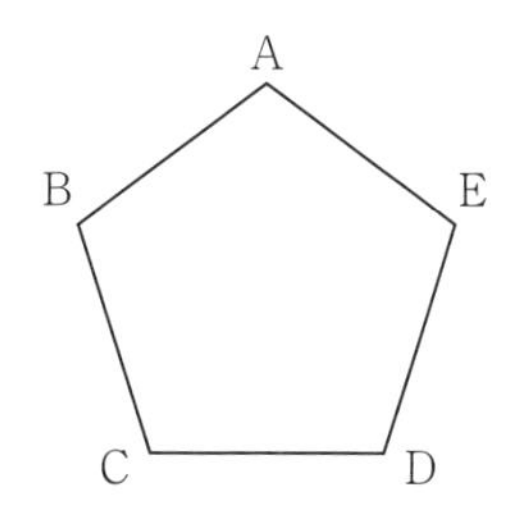

(1) サイコロを3回投げ終えたとき，Qがちょうど1周して頂点Aに止まる確率を求めよ．

(2) サイコロを3回投げ終えたとき，Qが頂点Aにある確率を求めよ．

(3) サイコロを3回投げ終えたとき，Qが初めて頂点Aに止まる確率を求めよ．

51 →解答 p.186

サイコロを3回投げて出た目の数を順に p_1, p_2, p_3 とし, x の2次方程式

$$2p_1x^2+p_2x+2p_3=0 \qquad \cdots\cdots(*)$$

を考える.

(1) 方程式(∗)が実数解をもつ確率を求めよ.

(2) 方程式(∗)が実数でない2つの複素数解 α, β をもち, かつ $\alpha\beta=1$ が成り立つ確率を求めよ.

(3) 方程式(∗)が実数でない2つの複素数解 α, β をもち, かつ $\alpha\beta<1$ が成り立つ確率を求めよ.

52 →解答 p.189

1から8までの番号が1つずつ重複せずにかかれた8個の玉が, 箱の中に入っている. 1回目の操作として, 箱から3個の玉を同時に取り出し, 最大番号と最小番号の玉は箱に戻さず, 残りの1個を箱に戻す. この状態から2回目の操作として, さらに箱から3個の玉を同時に取り出す. 1回目の操作で取り出した3個の玉の最大番号と最小番号の差を n_1, 2回目の操作で取り出した3個の最大番号と最小番号の差を n_2 とする. 以下の問いに答えよ.

(1) $n_1 \geqq 3$ となる確率を求めよ.

(2) 2回目の操作で取り出した3個の玉の中に, 5の番号がかかれた玉が含まれる確率を求めよ.

(3) $n_1+n_2 \leqq 11$ となる確率を求めよ.

53 →解答 p.192

赤玉4個と白玉8個がある. これらを6つの箱に各々2個ずつ分配する.

(1) 1番目の箱に赤玉が2個入る確率は□

(2) 1番目と2番目の箱に赤玉が2個入る確率は□

(3) 赤玉が2個入った箱が2つできる確率は□

54

→解答 p.194

A，B，C，Dの4人が抽選によって対戦相手を決めて，右図のようなトーナメント戦を行う．Aが他の3人に勝つ確率はいずれも $\frac{3}{5}$，他の3人の力は同等であり，引き分けはないものとする．

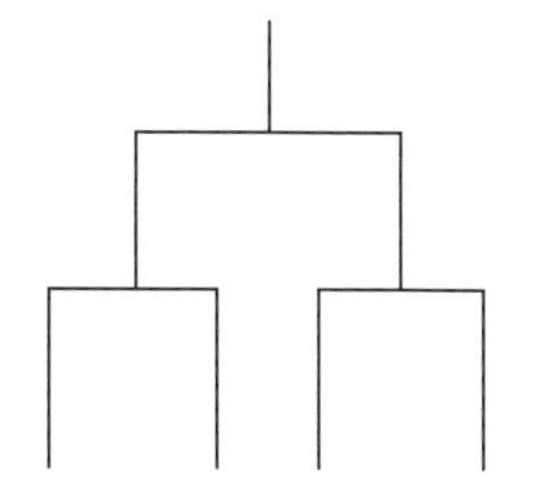

(1)　Dが優勝する確率を求めよ．

(2)　AとDが対戦する確率を求めよ．

55

→解答 p.197

A，B，C，Dの4チームが，どのチームとも1回ずつ試合をするリーグ戦を行っている．各チームには，各試合について，勝てば3点，引き分けると1点，負けた場合は0点の得点が与えられる．リーグ戦終了後，合計得点が最も高かったチームを優勝チームとする．ただし，このとき同得点のチームが複数ある場合は，それらのチームすべてを優勝チームとする．各チームの実力は伯仲しており，各試合の勝敗は独立で，勝ち，引き分け，負けの確率はそれぞれ $\frac{1}{3}$ であるとする．このとき，次の確率を求めよ．

(1)　Aチームが2勝1引き分けで優勝する確率

(2)　Aチームが2勝1引き分けで単独優勝する(他に同得点の優勝チームがない)確率

(3)　Aチームが2勝1敗で優勝する確率

56

→解答 p.199

nを3以上の整数とする．このとき，次の問いに答えよ．

(1) サイコロをn回投げたとき，出た目の数がすべて1になる確率を求めよ．

(2) サイコロをn回投げたとき，出た目の数が1と2の2種類になる確率を求めよ．

(3) サイコロをn回投げたとき，出た目の数が3種類になる確率を求めよ．

57

→解答 p.201

1つのサイコロをn回投げ，出たn個の目の積をA_nとする．このとき，次の問いに答えよ．ただし，サイコロを1回投げたとき，1から6までの各目の出る確率は$\frac{1}{6}$とする．

(1) $A_n=6$ になる確率をnを用いて表せ．

(2) $A_n=12$ になる確率をnを用いて表せ．

(3) A_nが6の倍数になる確率をnを用いて表せ．

58

→解答 p.204

nを2以上の自然数とする．n個のサイコロを同時に投げるとき，次の確率を求めよ．

(1) 少なくとも1個は1の目が出る確率．

(2) 出る目の最小値が2である確率．

(3) 出る目の最小値が2かつ最大値が5である確率．

59

→解答 p.206

図のような縦・横すべて等間隔の道筋がある．太郎はＰからＱへ最短距離を進み，花子はＱからＰへ最短距離を進む．ただし，各分岐点での進む方向は，等確率で選ぶものとする．太郎と花子の速さは等しく，一定であるとき，太郎と花子の出会う確率を求めよ．

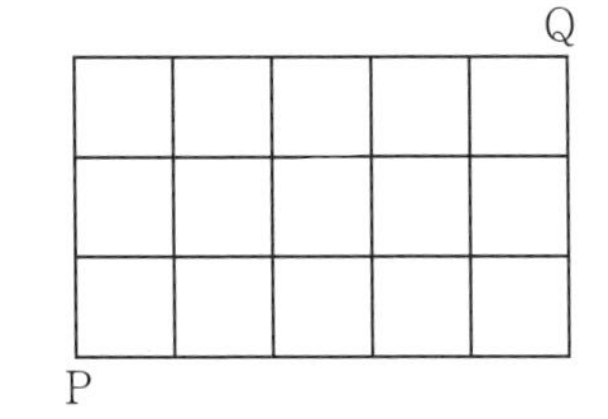

60

→解答 p.209

次の規則に従って座標平面上を動く点Ｐがある．2個のサイコロを同時に投げて出た目の積をXとする．

(i)　Xが4の倍数ならば，点Ｐはx軸方向に -1 動く．

(ii)　Xを4で割った余りが1ならば，点Ｐはy軸方向に -1 動く．

(iii)　Xを4で割った余りが2ならば，点Ｐはx軸方向に $+1$ 動く．

(iv)　Xを4で割った余りが3ならば，点Ｐはy軸方向に $+1$ 動く．

例えば，2と5が出た場合には $2\times5=10$ を4で割った余りが2であるから，点Ｐはx軸方向に $+1$ 動く．

以下いずれの問題でも，点Ｐは原点 $(0,\ 0)$ を出発点とする．

(1)　2個のサイコロを1回投げて，点Ｐが $(-1,\ 0)$ にある確率を求めよ．

(2)　2個のサイコロを3回投げて，点Ｐが $(2,\ 1)$ にある確率を求めよ．

(3)　2個のサイコロを4回投げて，点Ｐが $(1,\ 1)$ にある確率を求めよ．

61

→解答 p.211

サイコロの出た目の数だけ数直線を正の方向に移動するゲームを考える．ただし，8をゴールとしてちょうど8の位置へ移動したときゲームを終了し，8を超えた分についてはその数だけ戻る．例えば，7の位置で3が出た場合，8から2戻って6へ移動する．なお，サイコロは1から6までの目が等確率で出るものとする．原点から始めて，サイコロをn回投げ終えたときに8へ移動してゲームを終了する確率をp_nとおく．

(1) p_2を求めよ．

(2) p_3を求めよ．

(3) 4以上のすべてのnに対してp_nを求めよ．

62

→解答 p.214

袋の中に赤の玉と白の玉が合計4個入っている．1回の試行では袋から1個の玉を無作為に取り出し，それが白であれば袋に戻し，赤の玉の場合は戻さずに別に用意した白の玉1個を袋に入れる．

(1) 最初は赤の玉と白の玉が2個ずつあるとして，3回以下の試行で袋の中が白の玉4個となる確率を求めよ．

(2) 最初は赤の玉が3個，白の玉が1個であるとして，5回以下の試行で袋の中が白の玉4個となる確率を求めよ．

63

→解答 p.216

白黒2種類のカードがたくさんある．そのうち4枚を手もとにもっているとき，次の操作(A)を考える．

(A) 手持ちの4枚の中から1枚を，等確率$\dfrac{1}{4}$で選び出し，それを違う色のカードにとりかえる．

最初にもっている4枚のカードは，白黒それぞれ2枚であったとする．以下の(1)，(2)に答えよ．

(1) 操作(A)を4回繰り返した後に初めて，4枚とも同じ色のカードになる確率を求めよ．

(2) 操作(A)をn回繰り返した後に初めて，4枚とも同じ色のカードになる確率を求めよ．

64

→解答 p.218

n は自然数とする．袋A，袋Bのそれぞれに，1，2，3の自然数がひとつずつかかれた3枚のカードが入っている．袋A，Bのそれぞれから同時に1枚ずつカードを取り出し，カードの数字が一致していたら，それらのカードを取り除き，一致していなかったら，元の袋に戻すという操作を繰り返す．カードが初めて取り除かれるのが n 回目で起こる確率を p_n とし，n 回目の操作ですべてのカードが取り除かれる確率を q_n とする．p_n と q_n を求めよ．

65

→解答 p.220

10個の白玉と20個の赤玉が入った袋から，でたらめに1個ずつ玉を取り出す．ただし，いったん取り出した玉は袋へは戻さない．

(1) n 回目にちょうど4個目の白玉が取り出される確率 p_n を求めよ．ここで，n は $1 \leqq n \leqq 30$ を満たす整数である．

(2) 確率 p_n が最大になる n を求めよ．

66

→解答 p.222

5回に1回の割合で帽子を忘れるくせのあるK君が，正月にA，B，C3軒を順に年始回りをして家に帰ったとき，帽子を忘れてきたことに気がついた．2番目の家Bに忘れてきた確率を求めよ．

67

→解答 p.224

数字の2が書かれたカードが2枚，同様に，数字の0，1，8が書かれたカードがそれぞれ2枚，あわせて8枚のカードがある．これらから4枚を取り出し，横一列に並べてできる自然数をnとする．ただし，0のカードが左から1枚または2枚現れる場合は，nは3桁または2桁の自然数とそれぞれ考える．例えば，左から順に0，0，1，1の数字のカードが並ぶ場合のnは11である．

(1) a，b，c，dは整数とする．$1000a+100b+10c+d$ が9の倍数になることと $a+b+c+d$ が9の倍数になることは同値であることを示せ．

(2) nが9の倍数である確率を求めよ．

(3) nが偶数であったとき，nが9の倍数である確率を求めよ．

68

→解答 p.226

赤球，白球合わせて2個以上入っている袋に対して，次の操作(＊)を考える．

(＊) 袋から同時に2個の球を取り出す．取り出した2個の球が同じ色である場合は，その色の球を1個だけ袋に入れる．

赤球3個と白球2個が入っている袋に対して一度操作(＊)を行い，その結果得られた袋に対してもう一度操作(＊)を行った後に，袋に入っている赤球と白球の個数をそれぞれr，wとする．

(1) 赤球3個と白球2個が入っている袋から2個の球を取り出すとき，取り出した赤球の個数がkである確率を p_k とする．p_0，p_1，p_2 の値を求めよ．

(2) $r=w$ となる確率を求めよ．

(3) $r>w$ となる確率を求めよ．

(4) $r>w$ であったときの $r+w=2$ となる条件付き確率を求めよ．

69

→解答 p.229

　ある病気にかかっているかどうかを判定するための簡易検査法がある．この検査法は，病気にかかっているのに，病気にかかっていないと誤って判定してしまう確率が $\frac{1}{4}$，病気にかかっていないのに，病気にかかっていると誤って判定してしまう確率が $\frac{1}{13}$ といわれている．全体の $\frac{1}{14}$ が病気にかかっている集団の中から1人を選んで検査する．このとき，病気にかかっていると判定される確率は $\frac{\boxed{}}{\boxed{}}$ である．また，病気にかかっていると判定されたときに，実際には病気にかかっていない確率は $\frac{\boxed{}}{\boxed{}}$ である．

70

→解答 p.231

　赤，青，黄，緑の4色のカードが5枚ずつ計20枚ある．各色のカードには，それぞれ1から5までの番号が一つずつ書いてある．この20枚の中から3枚を一度に取り出す．

(1)　3枚がすべて同じ番号となる確率は $\frac{\boxed{\text{ア}}}{\boxed{\text{イウ}}}$ である．

(2)　3枚が色も番号もすべて異なる確率は $\frac{\boxed{\text{エ}}}{\boxed{\text{オカ}}}$ である．

(3)　3枚のうちに赤いカードがちょうど1枚含まれる確率は $\frac{\boxed{\text{キク}}}{\boxed{\text{ケコ}}}$ である．

(4)　3枚の中にある赤いカードの枚数の期待値は $\frac{\boxed{\text{サ}}}{\boxed{\text{シ}}}$ である．

71

→解答 p.235

$n(\geqq 2)$ 枚のカードに，1，2，3，…，n の数字が一つずつ記入されている．このカードの中から無作為に2枚のカードを抜き取ったとき，カードの数字のうち小さい方を X，大きい方を Y とする．このとき，

(1) $X=k$ となる確率を求めよ．ただし，k は1，2，3，…，n のいずれかの数字とする．

(2) X の期待値を求めよ．

(3) Y の期待値を求めよ．

(4) $X+Y$ の期待値を求めよ．

72

→解答 p.239

n 人 $(n\geqq 2)$ が全員同時に1回だけジャンケンをする．このとき，次の問いに答えよ．

(1) m 人 $(1\leqq m\leqq n-1)$ が勝つ確率を求めよ．

(2) 次の式を証明せよ．

$$ {}_n\mathrm{C}_0+{}_n\mathrm{C}_1+\cdots+{}_n\mathrm{C}_n=2^n $$

$$ {}_n\mathrm{C}_1+2{}_n\mathrm{C}_2+\cdots+n{}_n\mathrm{C}_n=n2^{n-1} $$

(3) (2)を用いて，勝負がつかない確率を計算せよ．

(4) (2)を用いて，勝つ人の数の期待値を計算せよ．

73

→解答 p.243

1個のサイコロを最大3回まで投げることとし，最後に出た目の数を得点とするとき，

(1)　3回投げたときの得点の期待値を求めよ．

(2)　できるだけ得点を大きくするためには，2回目の目の数がいくつの場合，3回目を投げるべきか，その目の数をすべて求めよ．

(3)　できるだけ得点を大きくするためには，1回目の目の数がいくつの場合，2回目を投げるべきか，その目の数をすべて求めよ．

(4)　できるだけ得点を大きくするために，2回目以上を投げる場合の期待値を求めよ．

第5章 漸化式の応用

74

→解答 p.247

n 段の階段を登る方法を a_n 通りとする．1度に1段または2段登る場合，a_{12} を求めよ．

75

→解答 p.249

3つの文字 a，b，c を繰り返しを許して，左から順に n 個並べる．ただし，a の次は必ず c であり，b の次も必ず c である．このような規則を満たす列の総数を x_n とする．例えば，$x_1=3$，$x_2=5$ である．

(1) x_{n+2} を x_{n+1} と x_n で表せ．

(2) $y_n=x_{n+1}+x_n$ とおく．y_n を求めよ．

(3) x_n を求めよ．

76

→解答 p.252

数字1，2，3を n 個並べてできる n 桁の数全体を考える．そのうち，1が奇数回現れる個数を a_n，1が偶数回または，まったく現れないものの個数を b_n とする．以下の問いに答えよ．

(1) a_{n+1}，b_{n+1} を a_n，b_n を用いて表せ．

(2) a_n，b_n を求めよ．

77

→解答 p.255

A 君は日記をなるべくつけるようにした．日記をつけた翌日は確率 $\dfrac{2}{3}$ で日記をつけ，日記をつけなかった翌日は確率 $\dfrac{5}{6}$ で日記をつけているという．初日に日記をつけたとして，第 n 日目に日記をつける確率を p_n とする．このとき，次の問いに答えよ．

(1) p_n と p_{n+1} の関係を求めよ．

(2) p_n を求めよ．

78

→解答 p.258

四辺形 ABCD と頂点Oからなる四角錐を考える．5 点 A，B，C，D，O の中の 2 点は，ある辺の両端にあるとき，互いに隣接点であるという．今，O から出発し，その隣接点の中から 1 点を等確率で選んでその点を X_1 とする．次に X_1 の隣接点の中から 1 点を等確率で選びその点を X_2 とする．このようにして順次 X_1，X_2，X_3，…，X_n を定めるとき，X_n がOに一致する確率 p_n とする．

(1) p_n と p_{n+1} の関係式を導け．

(2) p_n を求めよ．

79 →解答 p.260

A，B，Cの3人がそれぞれ1枚ずつ札をもっている．最初，Bが赤札，他の2人は白札をもっている．赤札をもっている人がコインを投げて，表が出ればAとBのもっている札を交換する．裏が出ればBとCのもっている札を交換する．これをn回繰り返したとき，最後にA，B，Cが赤札をもっている確率をそれぞれp_n，q_n，r_nとする．次の問いに答えよ．

(1) $n=1$，2のとき，p_n，q_n，r_nを求めよ．

(2) p_n，q_n，r_nをnを用いて表せ．

80 →解答 p.263

太郎君は2円，花子さんは3円持っている．いま，次のようなゲームをする．じゃんけんをし，太郎君が勝ったならば花子さんから1円をもらえ，太郎君が負けたならば花子さんに1円を支払う．ただし，太郎君がじゃんけんに勝つ確率は$\frac{2}{5}$$\left(負ける確率は\ \frac{3}{5}\right)$であり，どちらかの所持金が0になったとき，その者が敗者となりゲームは終わる．

A_nを太郎君の所持金がn円となったときからスタートし，花子さんの所持金が0になる確率とする．

$A_0=0$，$A_5=\boxed{ア}$である．このとき，

$$A_n=\frac{\boxed{イ}}{\boxed{ウ}}A_{n+1}+\frac{\boxed{エ}}{\boxed{オ}}A_{n-1},\quad 1\leqq n\leqq 4$$

が成立する．よって，

$$A_{n+1}-A_n=\frac{\boxed{カ}}{\boxed{キ}}(A_n-A_{n-1})$$

である．このことから$A_5=\frac{\boxed{ク}}{\boxed{ケ}}A_1$および$A_2=\frac{\boxed{コ}}{\boxed{サ}}A_1$が得られる．

よってこのゲームで太郎君が勝つ確率は$\frac{\boxed{シ}}{\boxed{ス}}$である．

81 →解答 p.265

1枚の硬貨を何回も投げ，表が2回続けて出たら終了する試行を行う．ちょうどn回で終了する確率をP_nとするとき，次の問いに答えよ．

(1)　P_2，P_3，P_4を求めよ．

(2)　P_{n+1}をP_nおよびP_{n-1}を用いて表せ．ただし，$n \geqq 3$ とする．

82 →解答 p.267

数直線上の原点Oを出発点とする．硬貨を投げるたびに，表が出たら1，裏が出たら2だけ正の方向に進むものとする．このとき，点nに止まらない確率を求めよ．ただし，nは自然数とする．

83 →解答 p.269

AとBの2人が，1個のサイコロを次の手順により投げあう．

1回目はAが投げる．

1，2，3の目が出たら，次の回には同じ人が投げる．

4，5の目が出たら，次の回には別の人が投げる．

6の目が出たら，投げた人を勝ちとしてそれ以降は投げない．

(1)　n回目にAがサイコロを投げる確率a_nを求めよ．

(2)　ちょうどn回目のサイコロ投げでAが勝つ確率p_nを求めよ．

(3)　n回以内のサイコロ投げでAが勝つ確率q_nを求めよ．

84 →解答 p.274

硬貨4枚を同時に投げる試行を繰り返す．k 回目の試行で表を向いた硬貨の枚数を a_k とし，

$$S_n=\sum_{k=1}^{n} a_k \ (n=1,\ 2,\ 3,\ \cdots)$$

とする．S_n が4で割り切れる確率を p_n とし，S_n を4で割った余りが2である確率を q_n とする．

(1) p_{n+1}，q_{n+1} を p_n，q_n で表せ．

(2) p_n+q_n を求めよ．

(3) p_n を求めよ．

85 →解答 p.277

10個の玉が入っている袋から1個の玉を無作為に取り出し，新たに白玉1個を袋に入れるという試行を繰り返す．初めに，袋には赤玉5個と白玉5個が入っているとする．この試行を m 回繰り返したとき，取り出した赤玉が全部で k 個である確率を $p(m,\ k)$ とする．2以上の整数 n に対して，以下の問いに答えよ．

(1) $p(n+1,\ 2)$ を $p(n,\ 2)$ と $p(n,\ 1)$ を用いて表せ．

(2) $p(n,\ 1)$ を求めよ．

(3) $p(n,\ 2)$ を求めよ．

86 →解答 p.280

図のように，正三角形を9つの部屋に辺で区切り，部屋P，Qを定める．1つの球が部屋Pを出発し，1秒ごとに，そのままその部屋にとどまることなく，辺を共有する隣の部屋に等確率で移動する．球が n 秒後に部屋Qにある確率を求めよ．

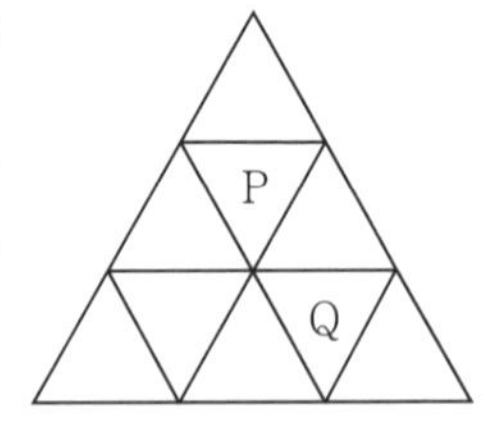

解答編

第1章 場合の数　基本編

1 数え上げの基本 (1)

(1) 1, 2, 3, 4を1列に並べるとき，1番目の数は1ではなく，2番目の数は2ではなく，3番目の数は3ではなく，4番目の数は4ではない場合は［　　］通りである．

(2) A地点，B地点，C地点を通る右図のような道がある．A地点をスタートし，B地点を通ってC地点に行く方法は［　　］通りある．

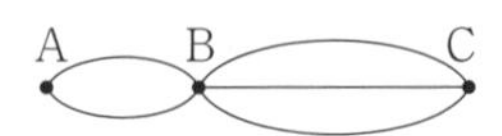

精講　場合の数では，

もれなく，ダブリなく

数え上げることが重要になります．その際活躍するのが

樹形図，辞書式配列

です．順列や組合せの公式を勉強していくと，公式を組み合わせてうまく解くことを考えがちになりますが，**「素朴にかき出して数え上げること」**が基本であることを忘れないでください．

(1)　1番目の数は2，3，4のいずれかですから，各々の場合について樹形図をかいてみましょう．

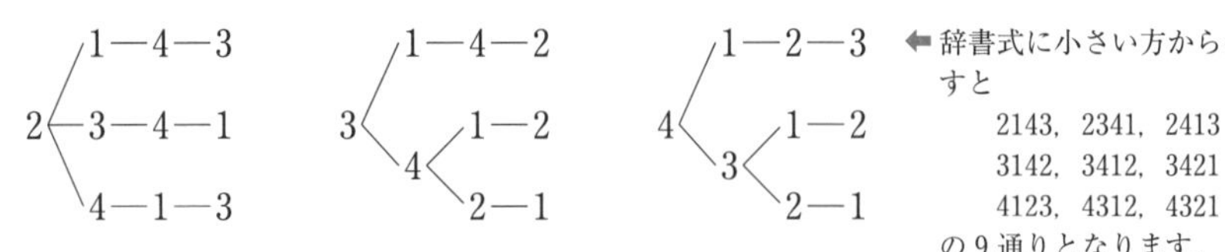

⬅辞書式に小さい方からかき出すと
2143，2341，2413
3142，3412，3421
4123，4312，4321
の9通りとなります．

1番目の数が2，3，4の場合は同時には起こらないので，それぞれの場合の数を加えて $3+3+3=9$ 通りとなります．

一般に，

事柄 A, B があって, A の起こる場合が a 通り, B の起こる場合が b 通りあり, A と B が同時には起こらないとき, A または B が起こる場合の数は $a+b$ 通りとなる.

←まあ, あまり堅苦しく考えずに, **場合分けは足し算!** ということ. ただし, 場合に重複があるときは注意しよう.

これを場合の数の**「和の法則」**といいます.

前ページでは, この法則を使っています. ただし, A と B が同時に起こるときは注意が必要です.

以下, 事柄 T が起こる場合の数を $n(T)$ とします.

事柄 A, B が同時には起こらないときは,

$$\boldsymbol{n(A \cup B)}$$
$$\boldsymbol{=a+b}$$

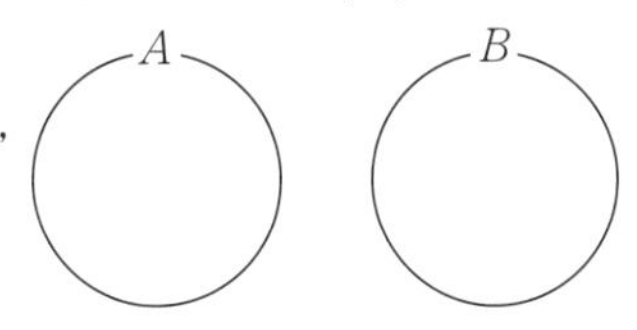

←2つの場合にダブりがなければそのまま加える.

となりますが, 事柄 A, B が同時に起こることがあれば, 共通部分はダブルカウントされますので

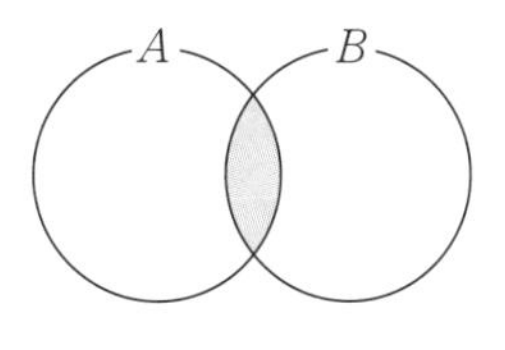

←2つの場合にダブりがあれば, 共通部分を引く.

$$\boldsymbol{n(A \cup B)=n(A)+n(B)-n(A \cap B)}$$

←「∪」は和集合(カップ)
「∩」は共通部分(キャップ)

としなければならないことに注意しましょう.

(2)　右図のように, AからBまでの経路を a, b, BからCまでの経路を c, d, e とすると, AからBへの行き方は2通りですが, その各々に対してBからCへの行き方が3通りあるので, AからCへの行き方はかけ算になり, 2×3=6 通りとなります.

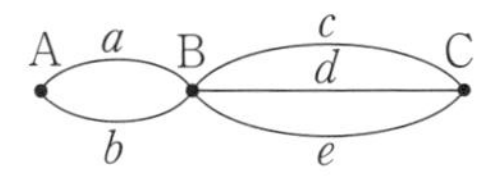

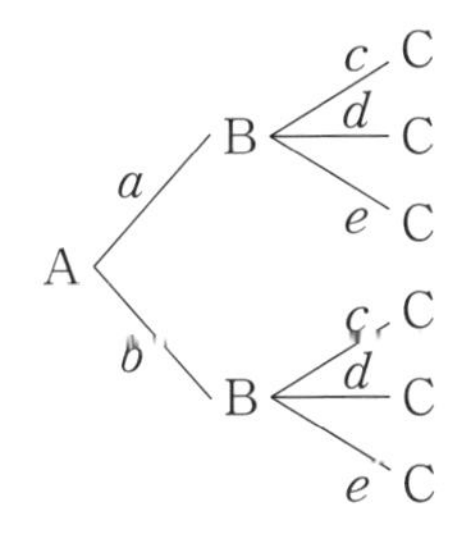

左の樹形図をイメージするとかけ算となるのはわかりますね.

> 2つの事柄 A, B に対して, A の起こり方が a 通り, その各々に対して, B の起こり方が b 通りあるとすれば, A と B がともに起こる場合の数は $a\times b$ 通りとなる.

← まあ, 余り小難しく考えないで**連続操作はかけ算になる!**と押さえましょう.

これを場合の数の**「積の法則」**といいます.

初学者は, 場合の数の「和の法則」と「積の法則」をよく間違えがちですので,

場合分けは足し算をイメージ!
連続操作はかけ算をイメージ!

して努努(ゆめゆめ)間違わないように!

解　答

(1)　**9通り**
(2)　**6通り**

場合の数の問題では,

見た目が同じものは区別しない!

というのが暗黙のルールであることを知っていますか?

例えば, a, a, b からできる文字列が何通りあるか考える場合, 2つの a は見た目が同じだから区別しませんね. もちろん,

aab, aba, baa の3通り

となります.

このように, 場合の数では見た目が同じ(種類が同じ)ものは区別しませんので

「3つのリンゴ」,「2枚のコイン」,「2個のサイコロ」

などはそれぞれ区別しない方針で場合の数をカウントしていきます. 本来ならリンゴには, 大きい小さいなどもあるのですが, 種類が同じものは区別しないのが慣例です. ただし,「コインA, B」(名前がついている)や「大小のサイコロ」(見た目が異なる)といわれたら, これらは当然区別して考えます.

ex.1)「大小のサイコロを振ったときの場合の数は？」と聞かれたら

見た目が異なるので $\Longrightarrow$ 2つのサイコロを区別して考える．

それぞれの出方が6通りずつあるので $6\times6=36$ 通り

ex.2) 単に「サイコロを2個振ったときの場合の数は？」と聞かれたら

どちらにどの目が出たか見分けがつかない $\Longrightarrow$ サイコロを区別しない

と考え，

(1, 1), (1, 2), (1, 3), (1, 4), (1, 5), (1, 6),
(2, 2), (2, 3), (2, 4), (2, 5), (2, 6),
(3, 3), (3, 4), (3, 5), (3, 6),
(4, 4), (4, 5), (4, 6),
(5, 5), (5, 6),
(6, 6)

の21通りと答えます．

唯一種類が同じでも区別して考えるものが「人間」で，「男子が3人」といわれたら，3人とも見た目が異なるので区別して考えるのが慣例です．

場合の数の問題を解く際には，問題文をよく読み，どの立場で考えているのかを明確にしてから考えるようにしてください．

（見た目が同じ）

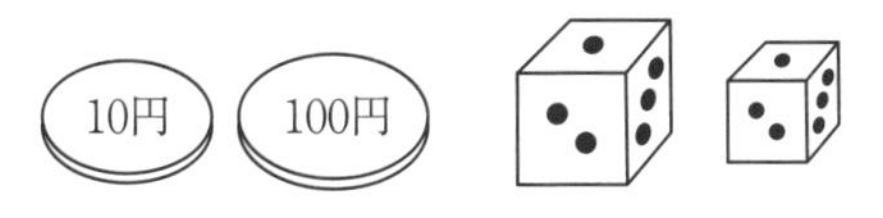

（見た目が異なる）

2 数え上げの基本 (2)

0, 1, 2, 3, 4, 5 の 6 個の数字から異なる数を選んで，次のような数を作りたい．それぞれ何個できるか．

(1) 3 桁の整数　(2) 3 桁の偶数，3 桁の奇数

(3) 3 桁の 3 の倍数　(4) 3 桁の 4 の倍数

精講　場合の数を数える際には

条件のきついものから調べよ

が鉄則です．何でもいいものは後回しにしましょう．

(1)の 3 桁の整数では百の位が 0 以外となるので，もちろん百の位から考えますね．頭の中に樹形図をイメージして

← 百の位のみ 0 以外という制限がついているので，百の位から調べていく．

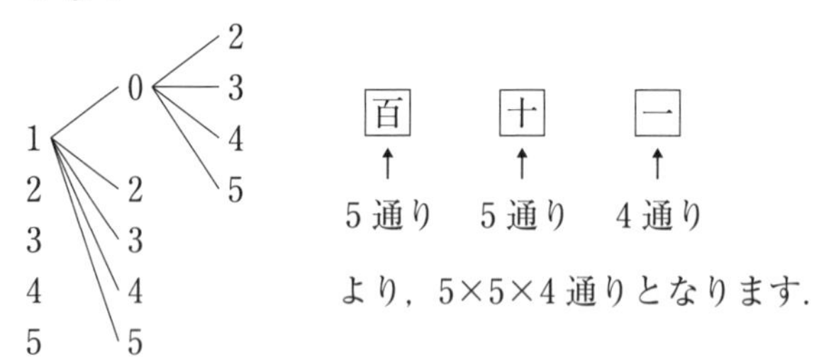

より，5×5×4 通りとなります．

(2)では，3 桁の偶数なので，一の位が偶数になり，百の位が 0 以外となりますが，

← 一の位が偶数になることが最も重要．
次は百の位が 0 以外という条件になる．

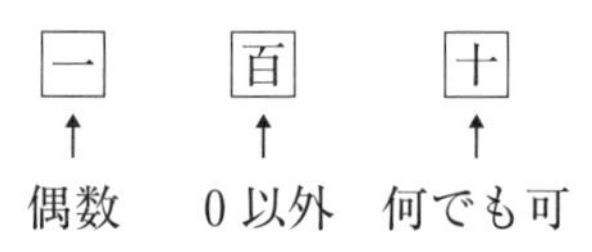

一の位が 0 になるかどうかで，百の位になれる数字の個数が変わってきます．一の位が 0 かどうかで場合分けしましょう．

奇数になる場合に関しては 3 桁の数全体から偶数を除くと考えましょう．

(3)の **3 の倍数となるのは各桁の和が 3 の倍数になるとき**です．和が 3 の倍数になるような 3 つの数字の組を考えると

← 研究 参照

(0, 1, 2), (0, 1, 5), (0, 2, 4), (0, 4, 5), (1, 2, 3), (1, 3, 5), (2, 3, 4), (3, 4, 5) の8組が考えられますが, (0, 1, 2) のように0を含むものは, 百の位が0以外になることから, $2\times2\times1$ 通りの整数の作り方があり, (1, 2, 3) のように0を含まないものは, $3\times2\times1$ 通りの整数の作り方があることに注意してカウントしましょう.

← 重複のない組をカウントするために, 小さい方からだんだん大きくなるように数える.

1°) 0を含む場合

2°) 0を含まない場合

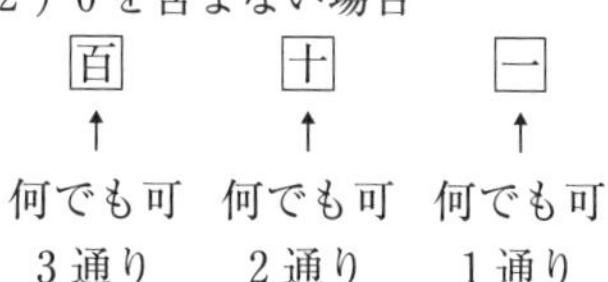

この問の様に複雑な場合の数を考える場合は, 一気に数えるのではなく「組を考えてから各桁に対応させる!」すなわち

段階を追って数える!

ことが大切です.

(4)の**4の倍数になるのは, 下2桁が4の倍数になるとき**ですので, 下2桁の数から決めていきましょう.

← **研究** 参照

解　答

(1)　百の位が0でないことに注意すると

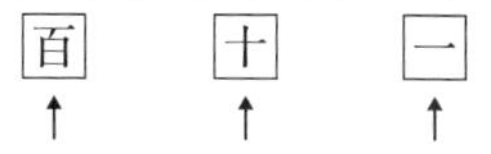

より $5\times5\times4=$**100個**ある.

(2)　偶数は一の位が0, 2または4のときで,

1°)　一の位が0のとき,

← 一の位が0か0でないかで場合分け.

一　百　十
↑　↑　↑
0　5通り　4通り

より $5\times4=20$ 個

2°)　一の位が2または4のとき,

一　百　十
↑　↑　↑
2, 4　4通り　4通り

より $2\times4\times4=32$ 個

以上より, 偶数は, $20+32=$**52個**ある.

よって, 奇数は $100-52=$**48個**ある.

← 全体から, 偶数の個数を除く.

(3)　3の倍数は各桁の和が3の倍数のときで，その組は

(0，1，2)，(0，1，5)，(0，2，4)，(0，4，5)，
(1，2，3)，(1，3，5)，(2，3，4)，(3，4，5)

のときだから，

$(2\times2\times1)\times4+(3\times2\times1)\times4=$**40 個**

ある．

← 各組に対して桁に数を対応させる．
0を含む組は
$2\times2\times1$ 個
0を含まない組は
$3\times2\times1$ 個
ある．

(4)　4の倍数となるのは，下2桁が4の倍数すなわち

04，12，20，24，32，40，52

のときで，百の位は，

04，20，40のときは4通り，12，24，32，52のときは0以外の3通りあるから

$4\times3+3\times4=$**24 個**

ある．

← 辞書式に下2桁をカウントする．

研究　10進法で表された整数が

2の倍数 ⟺ 一の位が偶数
5の倍数 ⟺ 一の位が5または0
3の倍数 ⟺ 各桁の和が3の倍数
9の倍数 ⟺ 各桁の和が9の倍数
4の倍数 ⟺ 下2桁が4の倍数

は，しっかり押さえましょう．

ちなみに，2，5，4に関しては大丈夫だと思うので，3と9の倍数になる場合を証明してみます．3桁を例に考えると

$$\begin{aligned} abc_{(10)} &= a\times100+b\times10+c \\ &= (99+1)a+(9+1)b+c \\ &= \underbrace{(99a+9b)}_{3(9)\text{ の倍数}}+a+b+c \end{aligned}$$

となることに注意すれば，各桁の和が3(9)の倍数であることが必要十分条件であることがわかりますね．

3　辞書式配列

A，B，C，D，E，Fの6文字を全部使ってできる文字列を，アルファベット順の辞書式に並べる．

(1)　DECFBA は何番目か．

(2)　543番目の文字列は何か．

（釧路公立大）

精講　Aから始まる文字列は，残り5文字の並べ方だけあります．樹形図をイメージすると

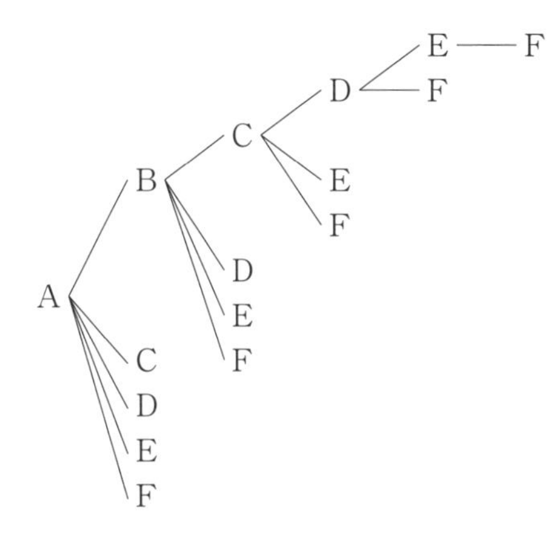

となりますので，並べ方は

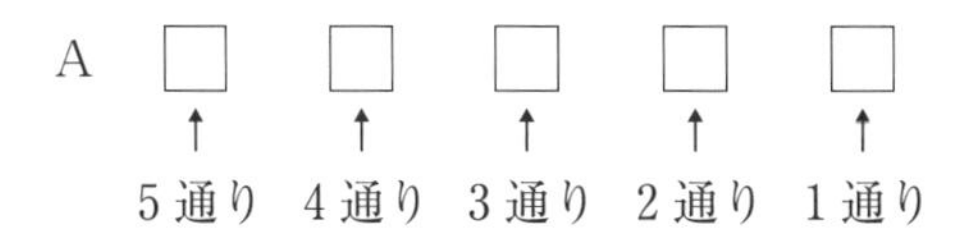

となり，$5\times4\times3\times2\times1$ 通りあります．　⬅積の法則

このとき，$5\times4\times3\times2\times1=5!$ と表し「**5の階乗**」と読みます．これを一般化すると　⬅「!」は階乗と読む．

> **異なる n 個のものを横1列に並べる方法は**
> **$n!$ 通り**
> $$n!=n(n-1)(n-2)\cdot\cdots\cdot2\cdot1$$

となります．$n!$ は「n の階乗」と読みます．この例では，5 個の異なる文字 B，C，D，E，F を横 1 列に並べる方法に対応しているので 5! 通りです．暗記するのではなく，樹形図をイメージして覚えることが大切です．

今回の問題は，辞書式に並べていく問題なので，頭文字がAのものから順に調べていきましょう．

解　答

(1) □を残りの文字とすると

A，B，C から始まる文字列は

A □□□□□
B □□□□□
C □□□□□

5! 通り

← 先頭から順に丁寧に調べていく．

それぞれ $5!=120$ 通りあるので，

$5!\times3=360$ 個

DA，DB，DC から始まる文字列は

DA □□□□
DB □□□□
DC □□□□

4! 通り

それぞれ $4!=24$ 通りあるので，

$4!\times3=72$ 個

← ここまでで，$360+72=432$ 個

DEA，DEB から始まる文字列はそれぞれ

$3!=6$ 通り

← ここまでで $432+6\times2=444$ 個

DECA，DECB から始まる文字列はそれぞれ

$2!=2$ 通り

あるから，ここまでで

$120\times3+24\times3+6\times2+2\times2=448$ 個

ある．その次は，DECFAB，DECFBA であるから，DECFBA は **450 番目**の数である．

(2) (1)と同様に考えると

先頭が A，B，C，D のものは合わせて

$5!\times4=480$ 個

先頭が EA，EB のものは合わせて

$4!\times 2=48$ 個

先頭がECA，ECBのものは

$3!\times 2=12$ 個

ここまでで，

$480+48+12=540$ 個

あり，

先頭がECDAのものが2!個あるので，前から543番目の文字列は**ECDBAF**である．

研究　文字列は全部で$6!=720$個なので，後ろから数えてみましょうか．

前から543番目のものは後ろから数えて$720-542=178$番目となりますので，(2)を後ろから数えてみると，

F□□□□□　⇒　$5!=120$ 個
E F□□□□　⇒　$4!=24$ 個
E D□□□□　⇒　$4!=24$ 個
E C F□□□　⇒　$3!=6$ 個

ここまでで，$120+24+24+6=174$ 個(あと4個)

E C D F□□　⇒　$2!=2$ 個
E C D B F A
E C D B A F　⇒　178番目

となります．

4 順 列

男子 5 人, 女子 3 人が横 1 列に並ぶとき,

(1) この 8 人の並び方は何通りあるか.

(2) 両端が女子となる並び方は何通りあるか.

(3) 男子 5 人が皆隣り合うような並び方は何通りあるか.

(4) 女子どうしが隣り合わない並び方は何通りあるか.

精講 場合の数の問題では,**「自分が仕切り屋になる」**のがポイントです. あなたがこの 8 人の前にいて, 号令をかけて並べるイメージを持ちましょう. あなたならどう並べますか?

⬅ 自分だったらどう仕切るか!

(2) まず女子に両端に並んでもらいましょう. 左端の決め方が 3 通り, 右端の決め方が 2 通りですね. 後は残った 6 人に中央に適当に並んでもらいましょう.

⬅ 条件の制約がある女子から一人ずつ並んでいただく.

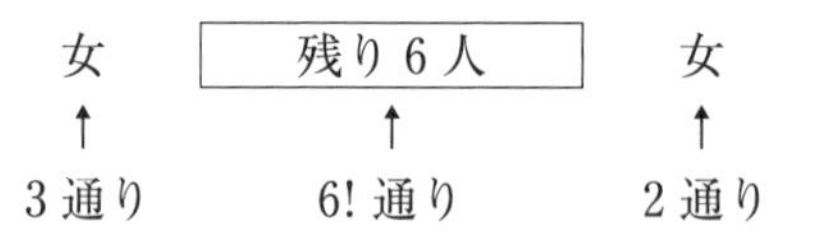

⬅ 人は見かけが異なるので区別して並べる.

これより, $3\times2\times6!$ 通りとなります. もちろん中央の 6 人には制限がないので, **条件のきつい両端**から考えています. また, 人間は見た目が違いますので, 区別して考えることに注意しましょう.

(3) 男子 5 人が皆隣り合うので, 男子 5 人を 1 セットにして考えましょう.

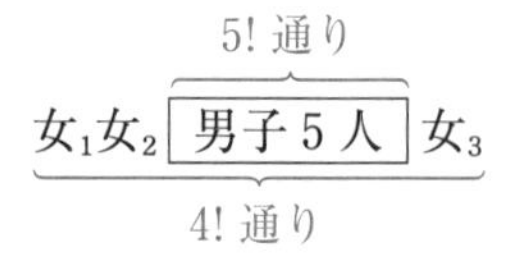

⬅「隣り合う」はセットにする!

男子を 1 セットとして女子 3 人と並べると 4! 通りありますが, その各々に対して男子 5 人の並べ方が 5! 通りありますので, $4!\times5!$ 通りとなります.

隣り合う ⟹ セットにする

がポイントになります.

(4)　まず男子5人に並んでもらって，その間または両端に3人の女子に並んでもらいましょう．

$$\begin{array}{ccccccccccc} & 男_1 & & 男_2 & & 男_3 & & 男_4 & & 男_5 & \\ \uparrow & & \uparrow & & \uparrow & & \uparrow & & \uparrow & & \uparrow \\ 女_1 & & & & & & 女_2 & & & & 女_3 \end{array}$$

←「隣り合わない」は間または端に入れる！

男子5人の並べ方が5! 通り，その各々の場合について，$女_1$，$女_2$，$女_3$ の入り方が6，5，4通りありますので，5!×6×5×4通りとなります．

隣り合わない ⟹ 間に入れる

が基本です．自分だったらどの手順で仕切るか？条件のきつい方から順に段階を追って考えましょう．

解　答

(1)　8!＝**40320通り**

(2)　両端が女子となるのは，両端の女子の並び方が3×2通り，その各々に対して中央の6人の並び方が6! 通りあるから

　　3×2×6!＝**4320通り**

←$_3P_2\times 6!$ でもよい．

(3)　5人の男子を1セットにして，女子3人と並べる方法は4! 通り，その各々に対して男子5人の並べ方が5! 通りあるから

　　4!×5!＝**2880通り**

(4)　男子5人の並べ方は5! 通り，その各々に対して女子3人を男子の間または両端に入れる方法が6×5×4通りあるから

　　5!×6×5×4＝**14400通り**

←$5!\times {}_6P_3$ でもよい．

研究　《$_nP_r$ について》

1，2，3，4の4つの数字から3つ選んで3桁の数を作る方法は何通りあるかを求めよ．

樹形図をかくと

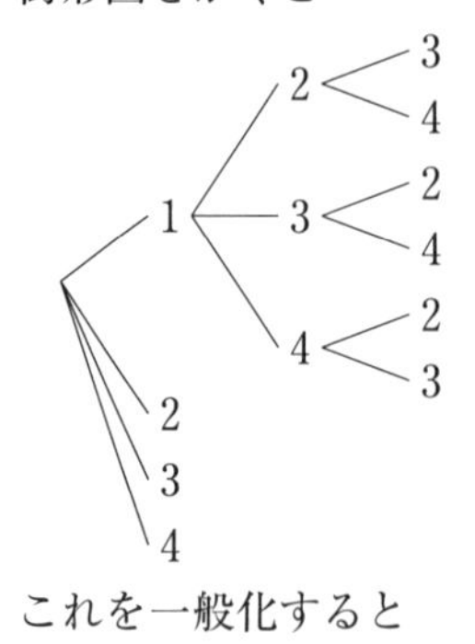

最初に 4 本の枝が出て，その各々に 3 本の枝が出て，さらにその各々に 2 本の枝が出るので

百	十	一
↑	↑	↑
4 通り	3 通り	2 通り

となり，4×3×2 通りとなります．

これを一般化すると

> n 個の異なるものから r 個取って横 1 列に並べる方法は
>
> $${}_n\mathrm{P}_r = \underbrace{n(n-1)(n-2)\cdots(n-(r-1))}_{n\text{スタート}\ r\text{個の積}} = \frac{n!}{(n-r)!}\ \text{通り}$$

記号Ｐは「パーミテーション」の略で，${}_n\mathrm{P}_r$ は，「エヌピーアール」と読みます．最初に n 本の枝が出て，次に $n-1$ 本の枝が出て…というように樹形図をイメージして覚えましょう．ちなみに，上の例では $4\times3\times2={}_4\mathrm{P}_3$ ですね．

${}_n\mathrm{P}_r$ はうまく使うと確かに便利なのですが，**僕は基本的に使わないようにして解答を作るようにしています．**

例えば(2)で，両端の女子の並べ方は，女子 3 人から 2 人選んで両端に並べているので ${}_3\mathrm{P}_2$ と書くこともできますが，両端に女子に順に入ってもらって，3×2 の方がイメージしやすいですよね．

${}_n\mathrm{C}_r$（**5** で説明する）は使わないと困りますが，${}_n\mathrm{P}_r$ は使わなくとも問題は解けます．女子に 1 人 1 人順に入ってもらえばよいわけですから…．意味もわからず形式的に記号を振り回すよりも素朴に考えた方がイメージがわきますので，${}_n\mathrm{P}_r$ は記号の意味などをしっかり理解するまでは使わないことをお勧めします．

5　組合せ

$\{1,\ 2,\ 3,\ 4,\ 5,\ 6,\ 7,\ 8,\ 9,\ 10,\ 11\}$ の中から，和が偶数となるように相異なる3個の数を選び出す方法は何通りか．　（北見工業大）

精講　一般に，$0 \leqq r \leqq n$ のとき，

異なる n 個のものから r 個取り出す方法は，

$$ {}_n\mathrm{C}_r = \frac{{}_n\mathrm{P}_r}{r!} = \frac{n(n-1)(n-2)\cdots(n-(r-1))}{r!} $$

$$ = \frac{n!}{r!(n-r)!} \text{ 通り} $$

← **研究** 参照
${}_n\mathrm{P}_r$ を $r!$ で割る！

これを用いると，異なる5個の数1，2，3，4，5から2個選ぶ方法は

$$ {}_5\mathrm{C}_2 = \frac{5\cdot4}{2!} = 10 \text{ 通り} $$

となります．実際に数え上げると

(1, 2), (1, 3), (1, 4), (1, 5),
(2, 3), (2, 4), (2, 5),
(3, 4), (3, 5),
(4, 5)

	1	2	3	4	5
1		○	○	○	○
2			○	○	○
3				○	○
4					○
5					

← 表にすると右半分．

となり確かに10通りになります．

同様に，1～100の100個の異なる数から99個取る方法は，${}_{100}\mathrm{C}_{99}$ ですが，これはかくのが大変です．

← ${}_{100}\mathrm{C}_{99} = \frac{100\cdot99\cdot\cdots\cdot2}{99!} = \frac{100!}{99!(100-99)!}$

99個取り出す $\Longleftrightarrow$ 1個残す

すなわち残った方を取ったと思っても同じなので，

$$ {}_{100}\mathrm{C}_{99} = {}_{100}\mathrm{C}_1 = 100 $$

← 後ろの数字は小さい方にして計算する．

となります．一般に，$0 \leqq r \leqq n$ のとき，

$$ {}_n\mathrm{C}_r = {}_n\mathrm{C}_{n-r} $$

となります．取り出す個数が多い場合に活用しましょう．

特に，${}_{n}\mathrm{C}_{0}={}_{n}\mathrm{C}_{n}=1$ となることに注意してください．異なる n 個のものから 0 個取り出すのも 1 通りと考えます．

⇐ ${}_{n}\mathrm{C}_{r}$ の公式から
$${}_{n}\mathrm{C}_{0}=\frac{n!}{0!(n-0)!}$$
となるので $0!=1$ と定義する．

解 答

和が偶数となる 3 数の組は，

（偶数，偶数，偶数），（偶数，奇数，奇数）

である．偶数は，2，4，6，8，10 の 5 個，奇数は，1，3，5，7，9，11 の 6 個であるので，偶数が 3 個となる組合せは

⇐ 異なる 5 つの偶数から 3 つ選ぶ方法．

$${}_{5}\mathrm{C}_{3}={}_{5}\mathrm{C}_{2}=\frac{5\cdot4}{2!}=10 \text{ 通り}$$

偶数が 1 個，奇数が 2 個となる組合せは

⇐ 偶数 1 個の選び方に対して，奇数の 2 個の選び方が対応するので積の法則．

$${}_{5}\mathrm{C}_{1}\times{}_{6}\mathrm{C}_{2}=\frac{5}{1!}\times\frac{6\cdot5}{2!}=75 \text{ 通り}$$

以上合わせて，和が偶数となるような相異なる 3 個の数を選ぶ方法は $10+75=$**85 通り**である．

研究 《${}_{n}\mathrm{P}_{r}$ と ${}_{n}\mathrm{C}_{r}$ の違い》

${}_{n}\mathrm{C}_{r}$ は異なる n 個のものから r 個取る方法(組合せ)ですが，よく ${}_{n}\mathrm{C}_{r}$ と ${}_{n}\mathrm{P}_{r}$ の違いがわからないという話を聞きますので，以下に説明します．

[1][2][3][4][5] の計 5 枚のカードから 3 枚取って並べる方法は，1 枚ずつ取って左から並べると考えると ${}_{5}\mathrm{P}_{3}=5\cdot4\cdot3$ 通りあります．

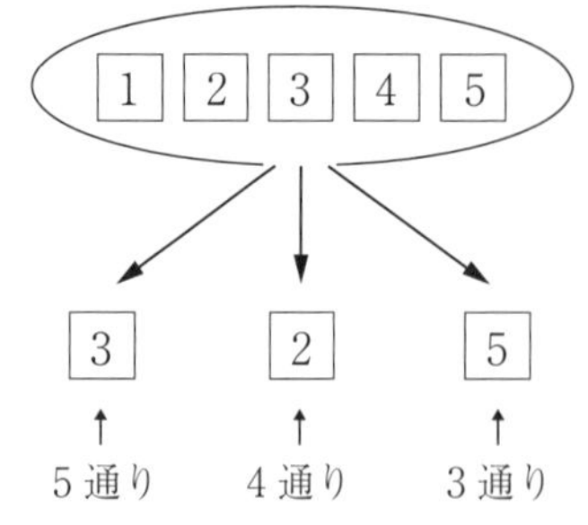

${}_{5}\mathrm{P}_{3}$ の方は，1 枚ずつ取りながら並べる感じ！

この操作を，次のように 2 段階に分けて考えることにします．

まず 5 枚のカードから 3 枚のカードを取り出すと，${}_{5}\mathrm{C}_{3}$ 通りの取り出し方があります．この各々に対して，取り出した 3 枚を並べる方法が 3! 通りあるので

$_5C_3 \cdot 3!$ 通りとなります．

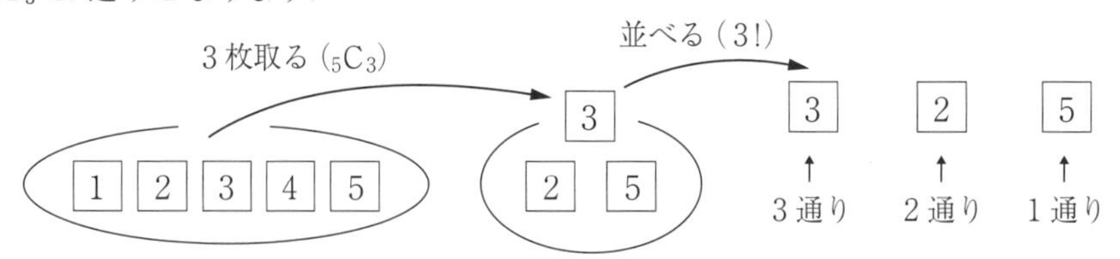

まず，5枚から3枚取って，その後で並べる．

1枚ずつ取って並べても，一旦3枚取り出して，その3枚を並べても同じですから

$$\underbrace{{}_5P_3}_{\text{1枚ずつ取って並べる}} = \underbrace{{}_5C_3}_{\text{一旦3枚取る(組)}} \times \underbrace{3!}_{\text{その後並べる}}$$

となりますね．これが $_nP_r$ と $_nC_r$ の関係です．$_nP_r$ は並べたもの（順列），$_nC_r$ は組合せを表し，$_5C_3=\dfrac{_5P_3}{3!}$ となります．したがって，一般に

> 異なる n 個のものから r 個取り出す方法は，
>
> $$_nC_r=\frac{_nP_r}{r!}=\frac{n(n-1)(n-2)\cdots(n-(r-1))}{r!}=\frac{n!}{r!(n-r)!}$$ **通り**

となります．

上の式の最後のイコールの部分の変形ってわかりますか？
例えば，

$$_5C_2=\frac{5\cdot4}{2!}=\frac{5\cdot4}{2!}\cdot\frac{3!}{3!}=\frac{5!}{2!(5-2)!}$$

ですから，一般には分子を $n!$ にするために，分母分子に $(n-r)!$ を掛けて

$$_nC_r=\frac{_nP_r}{r!}=\frac{\overbrace{n(n-1)(n-2)\cdots(n-(r-1))}^{n\text{スタート}r\text{個の積}}}{r!}$$

$$=\frac{n(n-1)(n-2)\cdots(n-(r-1))}{r!}\cdot\frac{\overbrace{(n-r)(n-(r+1))\cdots2\cdot1}^{(n-r)!}}{(n-r)(n-(r+1))\cdots2\cdot1}$$

$$=\frac{n!}{r!(n-r)!}$$

となります．

これを意味付けで覚える方法は，次の **6** **研究** を参照してください．

6 同じものを含む順列

7個の文字 a, a, b, b, c, c, c を横1列に並べるものとする.

(1) 異なる並べ方の総数を求めよ.

(2) a が連続して並ぶ並べ方は何通りあるか.

(3) c が2つ以上連続して並ばない並べ方は何通りあるか.

精講 (1) 同じものを含む順列では, 同じものを区別しないで並べるので, 同じものの個数の階乗で割るのが基本となります.

> 一般に, a が p 個, b が q 個, c が r 個の全部で n 個の文字を1列に並べる方法は
>
> $$\frac{n!}{p!q!r!} \text{ 通り}$$

← 同じものの個数の階乗でそれぞれ割る!

例として, a, a, b, b, b を横1列に並べる方法を考えてみましょう. まず, すべての文字を区別すると, 5! 通りの並べ方があります. このようにカウントすると, 例えば $aabbb$ という1つの並び方に対して, a_1, a_2 の並べかえで 2! 倍, b_1, b_2, b_3 の並べかえで 3! 倍にカウントされていることになります.

$$\begin{cases} a_1a_2bbb \\ a_2a_1bbb \end{cases} \quad \begin{cases} aab_1b_2b_3 \\ aab_1b_3b_2 \\ aab_2b_1b_3 \\ aab_2b_3b_1 \\ aab_3b_1b_2 \\ aab_3b_2b_1 \end{cases}$$

↓ 2! 倍にカウントされる!

3! 倍にカウントされる!

← 同じ文字の並べかえだけそれぞれ重複が起こる!

← 同じものを並べる並べ方の総数を x とすると
$x \times (2! \times 3!) = 5!$
とも考えられる.

よって, 同じものの個数の階乗で割って, $\frac{5!}{2!3!}$ 通りとなるわけです.

(2), (3) **4** と同様に

$$\begin{cases} \textbf{隣り合う} \Longrightarrow \textbf{セットにする} \\ \textbf{隣り合わない} \Longrightarrow \textbf{間に入れる} \end{cases}$$

が基本になります.

← **4** の復習!

解　答

(1)　$\dfrac{7!}{2!2!3!}=$**210 通り**　　⬅同じものを含む順列

(2)　$\boxed{aa}$, b, b, c, c, c のように aa をセットにして並べて　　⬅「隣り合う」はセット！

$\dfrac{6!}{2!3!}=$**60 通り**

(3)　a, a, b, b を並べておいて，その間または両端に3つの c を入れると考えて

⬅「隣り合わない」は，間に入れる！
3つの c は同じものだから，5つの場所から3つの c の場所を選べば並び方は決まる！

```
 a   a   b   b
↑  ↑  ↑  ↑  ↑
c       c   c
```

$\dfrac{4!}{2!2!}\times{}_5C_3=$**60 通り**

研究　同じものを含む順列は，組合せ ${}_nC_r$ を用いて求めることもできます．

例えば，a, a, b, b, b を横1列に並べる方法は $\dfrac{5!}{2!3!}$ 通りですが，5つの場所から，2つの a の座る場所を決めると考えれば，${}_5C_2$ 通りとすることもできます．(5つの場所から2つの a の場所を選ぶ方法に1対1に対応する．)

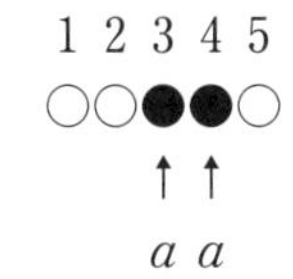

これらが等しいことから，${}_5C_2=\dfrac{5!}{2!3!}$ となります．

一般に，a が r 個，b が $n-r$ 個の計 n 個の文字の順列を上の2つの方法で考えることにより ${}_nC_r=\dfrac{n!}{r!(n-r)!}$ となることが確認できます．

これなら，${}_nC_r$ の公式も覚えられますね．(⇒ 前問 **5** **研究** 参照)

また，a, b, b, c, c の並べ方は，$\dfrac{5!}{2!2!}$ 通りですが，${}_5C_1\cdot{}_4C_2$ のように，a の場所，b の場所を順に決めていく方法でも表せます．3種類以上の文字列でも同様に考えられます．

7 最短経路

右の図のように，道路が碁盤の目のようになった街がある．地点Aから地点Bまでの道順で長さが最短の道を行くとき，次の場合は何通りあるか．

(1) すべての道順

(2) 地点Pは通らない

(3) 地点Pおよび地点Qは通らない

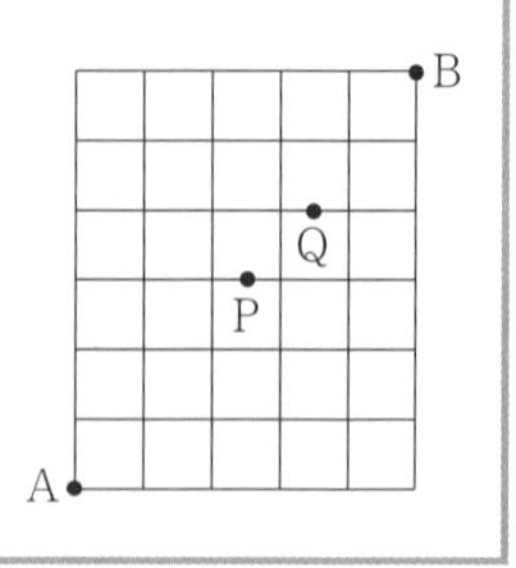

精講 右図の碁盤の目の経路をAからBまで最短距離で進む場合，常に右へ4回，上へ3回進みます．右に進むときをヨ，上に進むときをタとかくと，右の太線部は，ヨタヨタヨタヨの並べ方に対応します．すなわち，何回目に縦に行くかと考えて $_7C_3$ 通りとなります．(1)ではこれを利用します．

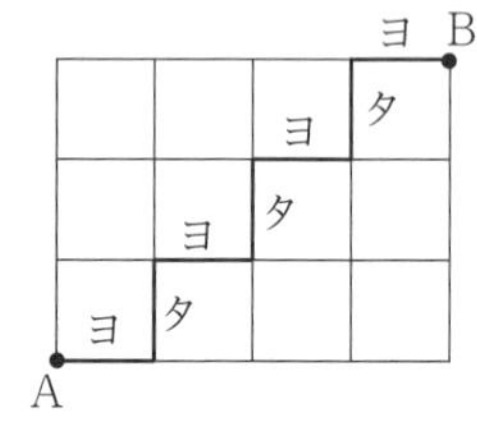

← 私は予備校で恩師にこう習いました．
「ヨタヨタ論法」
右か上にしか進めないことに注意！

← 同じものを含む順列の考え方を用いています．もちろん，$\dfrac{7!}{4!3!}$ でも O.K.

(2)では，地点Pを通る場合を考えて，全体の経路から除くとよいですね．この場合は右の図において，

A→X→Y→B

の経路を考えて

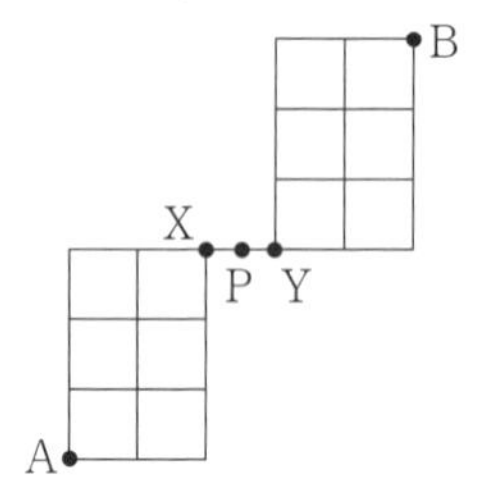

$$\underbrace{_5C_2}_{A\to X} \times \underbrace{1}_{X\to Y} \times \underbrace{_5C_2}_{Y\to B} \text{ 通り}$$

← 積の法則

となります．

(3)の「PおよびQを通らない」とは，

「Pを通らない」かつ「Qを通らない」

ということです．$\overline{X}$ を，地点Xを通らない最短経路の全体とすると，ド・モルガンの法則から

$$\overline{P} \cap \overline{Q} = \overline{P \cup Q}$$

← ド・モルガンの法則
$\overline{P \cap Q} = \overline{P} \cup \overline{Q}$
$\overline{P \cup Q} = \overline{P} \cap \overline{Q}$

ですから，**PまたはQを通る場合をすべての経路から除けばよい**とわかります．ところが，PとQを両方通る場合があるので，

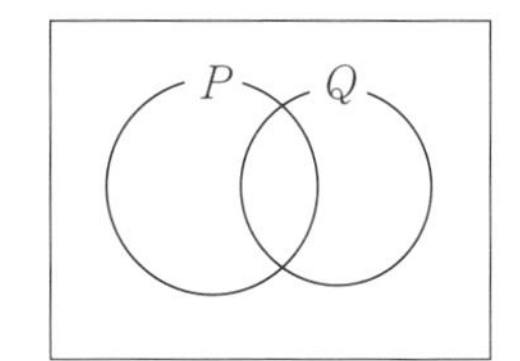

$$n(P\cup Q)=n(P)+n(Q)-n(P\cap Q)$$

に注意して計算しましょう．

解　答

(1)　AからBに行く最短経路は

$${}_{11}C_5=\frac{11!}{6!5!}=\textbf{462 通り}$$

(2)　図のように，X，Yを決めると，Pを通る最短経路は，A→X→Y→Bと進む場合を考えて

$${}_5C_2\times1\times{}_5C_2=100\text{ 通り}$$

これを(1)から除いて，地点Pを通らない最短経路は

$$462-100=\textbf{362 通り}$$

⬅通る場合を全体から除く．

(3)「PおよびQを通らない」の否定は「PまたはQを通る」であるから，全体の経路から，PまたはQを通る場合を除くと考える．Pを通る場合は(2)より100通り

⬅否定を考えた方が条件をとらえやすくなる．ド・モルガンの法則をうまく利用しよう．

図のように，Z，Wをとると，Qを通る最短経路はA→Z→W→Bと進む場合であるから

$${}_7C_3\times1\times{}_3C_1=105\text{ 通り}$$

また，PとQを通る最短経路は，A→X→Y→Z→W→Bと進む場合であるから，${}_5C_2\times1\times{}_3C_1=30$通りある．

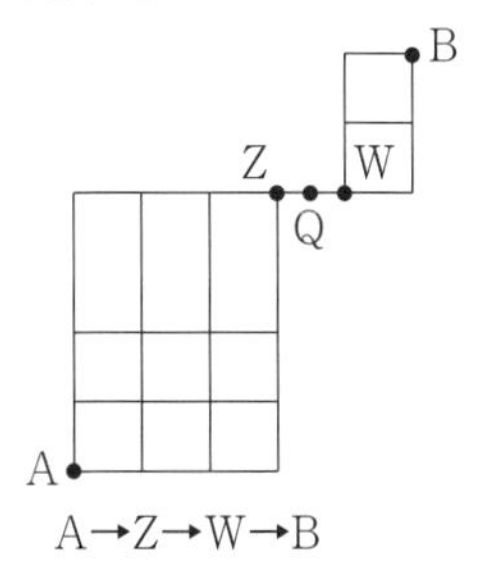

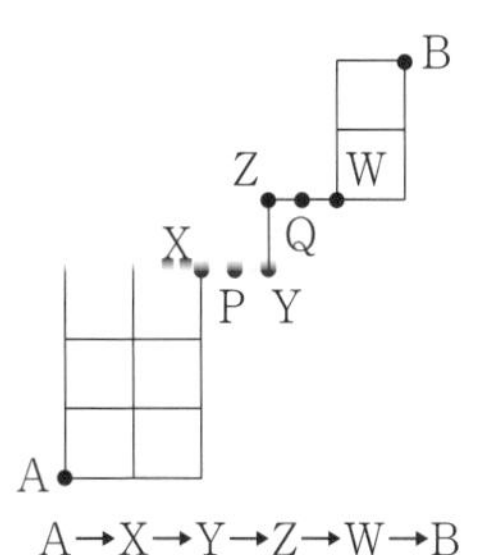

したがって，ＰまたはＱを通る最短経路は

$100+105-30=175$ 通り

あるから，ＰおよびＱを通らない最短経路は

$462-175=$ **287 通り**

である．

⇐ $n(P\cup Q)$
$=n(P)+n(Q)-n(P\cap Q)$

⇐ 全体からＰまたはＱを通る経路を除く．

研究　《いろいろな数え方》

基本的な考え方は，精講で説明しましたが，もう少し変則的な場合について，ＡからＢまでの最短経路を考えてみましょう．

例えば，次のような場合は数えた方が早いでしょう．

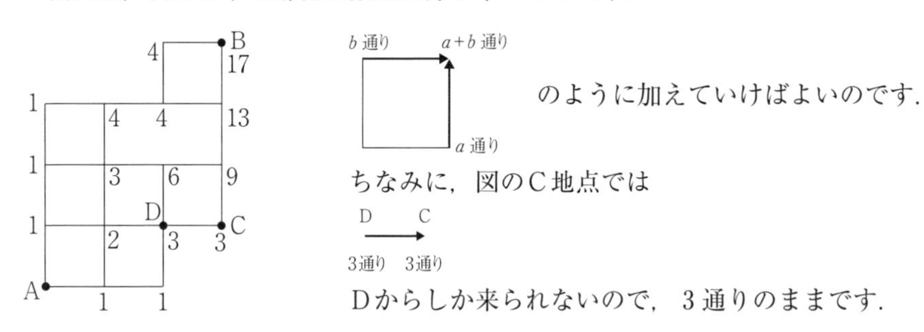

のように加えていけばよいのです．

ちなみに，図のＣ地点では

Ｄからしか来られないので，３通りのままです．

また，次のような場合は，重複がないように，経由点で場合分けするのもよいでしょう．

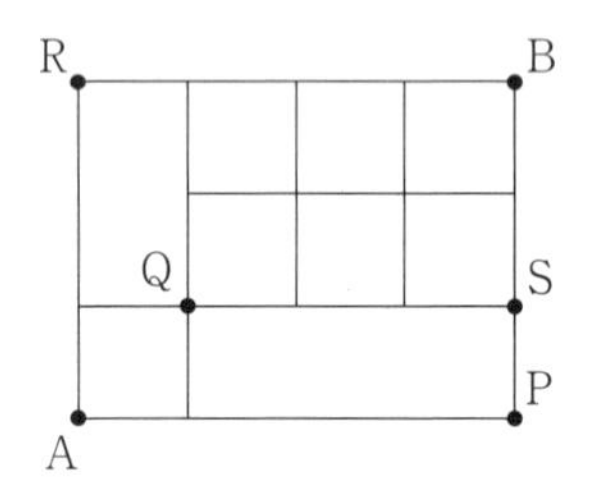

図のように経由点Ｐ，Ｑ，Ｒをとると，**同時に通ることはなく，必ずどれかを通ります**．したがって，ＡからＢへの最短経路は

Ａ→Ｐ→Ｂが１通り
Ａ→Ｑ→Ｂが ${}_2C_1\times{}_5C_2=20$ 通り
Ａ→Ｒ→Ｂが１通り

であるので，これらを加えて $1+20+1=22$ 通りとなります．

経由点として，ＳとＱとＲなどをとると，ＳとＱの両方を通る場合が出てきてしまい，共通部分を引かないといけなくなりますので，通常は**右斜め下切り！**で重複がないように一番考えやすいところを経由点にするとよいでしょう．
(もちろん，(3)のように問題によっては意図的に重複させた方がよいこともあります．)

8　順が決まっている順列

母音 a, i, u と子音 d, g, z の6個を1列に並べるとき，次のような並べ方は何通りあるか.

(1)　a, i が隣り合う.

(2)　両端とも母音である.

(3)　母音が隣り合っていない.

(4)　a, i, z, u がこの順に現れる.（例：aidzug）　　（会津大）

精講　(1)　隣り合うときたら**セットにする**のが基本でしたね．すなわち，a, i をまとめて，ai, u, d, g, z の5つを並べます．ただし，ia もあることに注意しましょう．

← 4 (3)を参照

(2)　まず母音を両端におき，その後残りを並べると考えましょう．**条件のきついところから考える**のがポイントです．

← 4 (2)を参照

(3)　隣り合わないときたら，他を並べておいて**間または端**に入れ込みましょう．

← 4 (4)を参照

さて，問題はここからです.

(4)　a, i, z, u がこの順に現れるとは，

a i d z u g　や　a d i z g u

のように，a, i, z, u の4文字だけ見ると，必ずこの順に左から並んでいるということです．このように順が決まっているタイプはこれら4文字の中での並び方は1通りしかないので，6つの座席から，a, i, z, u の座る場所を4つ選んで座らせてから，残りの2人に並んでもらいましょう．

すなわち，6つの場所から，a, i, z, u の場所の決め方が ${}_6\mathrm{C}_4$ 通り，その各々に対して，d, g の並べ方が 2! 通りあるので，${}_6\mathrm{C}_4 \times 2!$ 通りとなります．

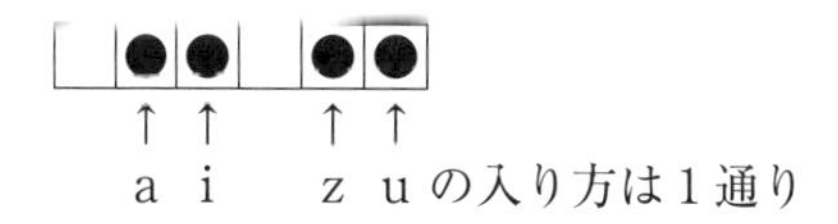

← a, i, z, u の場所を決めてしまえば，自動的に a, i, z, u の順に入る！　これも ${}_n\mathrm{C}_r$ の応用の1つ！

順が決まっている順列は，それらの場所を決める！

のがポイントです．

解 答

(1) aiを1つにまとめて並べることにより

$5!\times 2!=$**240 通り**

(2) 左端の母音の決め方が3通り，続いて，右端の母音の決め方が2通り，後は残りを並べて

$3\times 2\times 4!=$**144 通り**

母音	残り4個	母音
↑	↑	↑
3通り	4! 通り	2通り

(3) 子音d，g，zの並べ方が3! 通りあり，その各々に対して，母音a，i，uを間または端に入れる方法が $4\times 3\times 2$ 通りあるので，

$3!\times 4\times 3\times 2=$**144 通り**

	d		g		z	
↑		↑		↑		↑
a				i		u

(4) 6つの場所からa，i，z，uの場所の決め方が${}_6C_4$通りあり，その各々に対してd，gの並べ方が2! 通りあるので，

${}_6C_4\times 2!={}_6C_2\times 2!=$**30 通り**

⬅段階を追って，a，i，z，uの場所を決め，d，gを並べる．

研究　(4)では，a，i，z，uの中での並べ方は1通りしかないので，これらを4つの○だと思って，

○　○　○　○　d　g

を並べると思っても同じです．答えは $\dfrac{6!}{4!}=30$ 通りとなります．皆さんの考えやすい方で解いてください．

例えば，MASAMUNEを横に並べるとき，Sが2つのAの左かつ，Uが2つのMの左になるような並べ方は，

$$\underbrace{{}_8C_3}_{\text{SAAの場所}} \times \underbrace{{}_5C_3}_{\text{UMMの場所}} \times \underbrace{2!}_{\text{NEの並べ方}} \quad \text{または} \quad \underbrace{\frac{8!}{3!3!}}_{\text{○○○×××NEの並べ方}} \quad \text{通り}$$

また，Sが2つのAの左，Uが2つのAの左となる並べ方は，

$$\underbrace{{}_8C_4}_{\text{SUAAの場所}} \times \underbrace{2}_{\text{SUAA, USAA}} \times \underbrace{\frac{4!}{2!}}_{\text{MMNEの並べ方}} \quad \text{または}$$

$$\underbrace{\frac{8!}{4!2!}}_{\text{○○○○MMNEの並べ方}} \times \underbrace{2}_{\text{SUAA, USAA}} \quad \text{通り}$$

となります．できるかな？　考えやすい方でどうぞ！

9 だんだん大きくなる順列

サイコロを3回振ったとき，出た目を順に a，b，c とする．

(1) $a<b<c$　　(2) $a \leqq b \leqq c$

となる場合の数を求めよ．

精講　$a<b<c$ の場合をかき出してみると

←だんだん大きくなるよう小さい方から順にかき出す．数えることも大切です！

(1, 2, 3)(1, 2, 4)(1, 2, 5)(1, 2, 6)(1, 3, 4)
(1, 3, 5)(1, 3, 6)(1, 4, 5)(1, 4, 6)(1, 5, 6)
(2, 3, 4)(2, 3, 5)(2, 3, 6)(2, 4, 5)(2, 4, 6)
(2, 5, 6)(3, 4, 5)(3, 4, 6)(3, 5, 6)(4, 5, 6)
の20通り

$a \leqq b \leqq c$ をかき出してみると，$a<b<c$ の場合に加えて

←$a<b<c$
$a=b=c$
$a=b<c$
$a<b=c$
と分類してカウントした．

$a=b=c$ のとき，
(1, 1, 1)(2, 2, 2)(3, 3, 3)(4, 4, 4)(5, 5, 5)
(6, 6, 6)

$a=b<c$ のとき，
(1, 1, 2)(1, 1, 3)(1, 1, 4)(1, 1, 5)(1, 1, 6)
(2, 2, 3)(2, 2, 4)(2, 2, 5)(2, 2, 6)(3, 3, 4)
(3, 3, 5)(3, 3, 6)(4, 4, 5)(4, 4, 6)(5, 5, 6)

$a<b=c$ のとき，
(1, 2, 2)(1, 3, 3)(1, 4, 4)(1, 5, 5)(1, 6, 6)
(2, 3, 3)(2, 4, 4)(2, 5, 5)(2, 6, 6)(3, 4, 4)
(3, 5, 5)(3, 6, 6)(4, 5, 5)(4, 6, 6)(5, 6, 6)

これらを加えると

$20+6+15+15=56$ 通り

となりますが，${}_nC_r$ を応用するともっと簡単に数えることができます．

実は，(1)の $a<b<c$ の場合は，
$1<3<5$ や $2<4<5$ は3つの数字を決めてしまえばその3つの数字の並び方は1通りに決まってしまい

←一気に考えずに段階を追って，「3つ取り出してから並べる」と思えば，並べ方と取り出し方が1対1対応しているのがわかりますね．

ますから，1から6の6つの数字から3つの数字の選び方に対応します．よって，${}_6C_3=20$ 通りとなります．

⬅これも ${}_nC_r$ の応用の1つです！

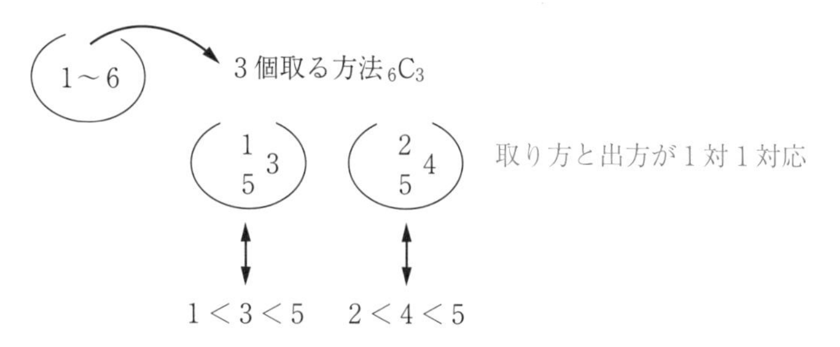

(2)でも，等号がどこにつくかで場合分けして

$$a<b<c,\ a=b<c,\ a<b=c,\ a=b=c$$

と分類すれば，同じように計算できます．

解　答

(1)　サイコロを3回振ったときに，出た目が順に $a<b<c$ となるのは，1から6の6つの数字から3つの数字の選び方に対応するので

${}_6C_3=$**20通り**

(2)　$a\leqq b\leqq c$ となる場合は

①$a<b<c$ のとき，(1)より20通り

②$a<b=c$ のとき，a，b の選び方を考えて

${}_6C_2=15$ 通り

⬅a，b の選び方に1対1に対応する．

③$a=b<c$ のとき，b，c の選び方を考えて

${}_6C_2=15$ 通り

⬅b，c の選び方に1対1に対応する．

④$a=b=c$ のとき，6通り

以上より，求める場合の数は

$20+15+15+6=$**56通り**

研究 《重複組合せ $_n\mathrm{H}_r$》 発展

異なる n 個のものから，重複を許して r 個取り出す方法を**「重複組合せ」**といい，$_n\mathrm{H}_r$ で表します．$_n\mathrm{H}_r$ の公式は

$$_n\mathrm{H}_r = {}_{n+r-1}\mathrm{C}_r \quad \cdots(*)$$

となります．これを用いると，(2)は次のように考えることができます．

例えば，取り出した3つの数字の組が

(1 1 2) なら $1 \leqq 1 \leqq 2$，　(3 5 4) なら $3 \leqq 4 \leqq 5$

と対応させれば，目の出方と重複組合せが1対1に対応します．したがって，**$a \leqq b \leqq c$ となるのは，1から6の6つの数字から3つの数字を重複を許して取り出す方法に対応し，**

$$_6\mathrm{H}_3 = {}_{6+3-1}\mathrm{C}_3 = {}_8\mathrm{C}_3 = 56 \text{ 通り}$$

となります．

確かに答えは出ましたが，なぜ重複組合せの公式が$(*)$になるか気になりますね．以下，上の例の「1から6までの異なる6つの数字から3つの数字の重複組合せ」を用いて，具体的に説明します．

まずは，仕切り5本を用意して

```
1   2   3   4   5   6
  |   |   |   |   |
```

とします．

例えば，3つの数字が1，2，3のとき，番号の区画に玉を入れると考えると

```
1   2   3   4   5   6
○ | ○ | ○ |   |   |
```

3つの数字が2，2，3のとき，番号の区画に玉を入れると考えると

```
1   2   3   4   5   6
  | ○○ | ○ |   |   |
```

3つの数字が4，4，4のとき，番号の区画に玉を入れると考えると

```
1   2   3   4   5   6
  |   |   |○○○|   |
```

これから，3つの○と5本の仕切り ○○○｜｜｜｜｜ の並べ方と3つの数字の組が1対1に対応することが見えてきますね．したがって，(数字の種類)−1

が仕切りの本数であることに注意して，同じものを含む順列の考え方を用いると

$${}_6\mathrm{H}_3 = {}_{\underbrace{(6-1)+3}_{(\text{仕切りの数})+(\text{玉の個数})}}\mathrm{C}_3 = {}_{6+3-1}\mathrm{C}_3$$

となります．

これを一般化すると，異なる n 個のものから重複を許して r 個取り出す組合せ(重複組合せ)は，仕切り $(n-1)$ 個と玉 r 個を並べる方法に対応するので

$${}_n\mathbf{H}_r = {}_{(n-1)+r}\mathrm{C}_r = {}_{n+r-1}\mathbf{C}_r$$

となることがわかります．説明の対応をしっかりイメージして，公式を自分で作れるようにしておきましょう．

問題の(2)の解答では，場合分けして ${}_n\mathrm{C}_r$ を利用しました．無理して ${}_n\mathrm{H}_r$ を使う必要はありませんが，場合分けが複雑になる場合もありますので

$a<b<c$（イコールなし）なら ${}_n\mathrm{C}_r$
$a\leqq b\leqq c$（イコールあり）なら ${}_n\mathrm{H}_r$

でイメージしてうまく処理してください．

10 円順列

男子 4 人と女子 4 人を円形に並べる．ただし，回転して重なるものは同じものとみなす．

(1) 並べ方は何通りあるか．

(2) 男女が交互に並ぶものは何通りあるか．

精講 円順列では，円形に並べたとき

「回転して重なるものは同じもの」

とみなします．つまり，**座席は区別せず，位置関係のみ**が問題となります．

← 誰と誰が隣り合うか位置関係に着目！

例えば，A，B，C，D の 4 人を円形に並べる方法を考えるには，次の 2 つの方法があります．

1°）座席を区別して並べてダブりで割る！

図のように，円卓の座席を 1，2，3，4 と区別をしておきます．この円卓に A，B，C，D が順に座る方法は 4! 通りあります．ところが円順列では，回転して重なるものは同じ並び方と考えますから，下の 4 通りは同じものとなりますね．（4 回回転できる）

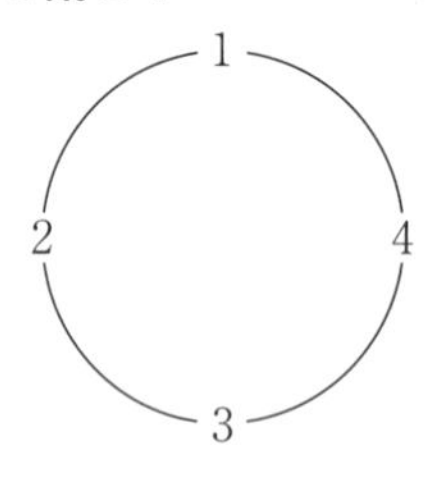

← A，B，C，D を横に並べて 4! 通りとすると
ABCD
BCDA
CDAB
DABC
が円順列にしたときに同じものになります．したがって，**横に並べてダブりで割る**と思って $\frac{4!}{4}$ 通りとしても同じです．

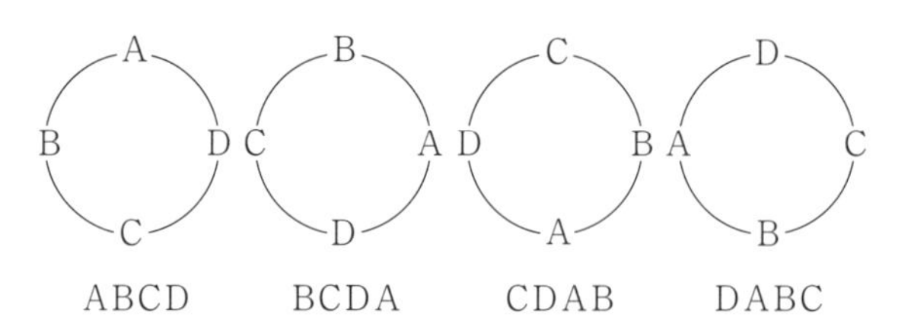

ABCD　　BCDA　　CDAB　　DABC

← ガチャガチャ！

したがって，座席を区別すると，4 倍カウントされているので，重複 4 で割ることにより，円順列の総数は

$$\frac{4!}{4}=(4-1)!$$

となります．

← 一般に，異なる n 個の円順列は $(n-1)!$ 通り．

2°) 特定のものを固定して考える

円順列では位置関係のみに着目しますので，特定の人を固定すると考え易くなります．

例えば，A を固定すると，A から見て異なる並び方は回転しても重ならないので，異なる並び方ですね．したがって，B，C，D の並び方を考えて $(4-1)!$ 通りとなります．

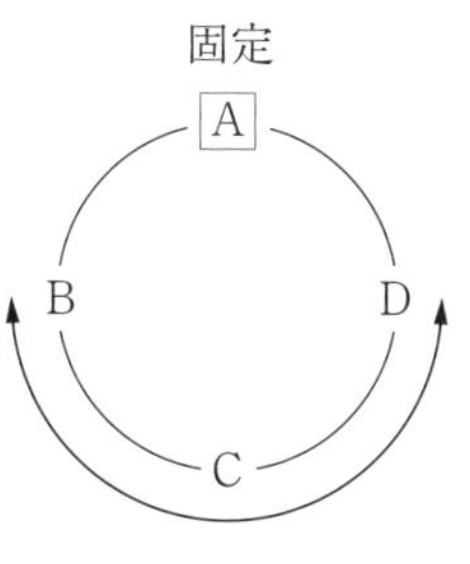

← 自分を固定すると，他の 3 人の並びが変われば自分から見た位置関係は変わりますね．自己中心的に考えてください．

← A を先頭にして横に並べると思っても同じです．

$\boxed{A}\ \underbrace{BCD}_{3!\text{ 通り}}$

大抵の場合は，固定する方法がわかりやすいと思います．しっかり使えるようにしてください．ただし，固定するとできないものもあるので，それについては**研究**で！

解　答

(1)　男子を M_1，M_2，M_3，M_4 とし，女子を W_1，W_2，W_3，W_4 とする．M_1 を固定すると，残り 7 人の並べ方が求めるもので

$7!=5040$ 通り

(2)　M_1 を固定すると，男女が交互に並ぶ方法は

$\underbrace{3!}_{\text{男子 3 人の並び方}} \times \underbrace{4!}_{\text{女子 4 人の並び方}}$ **$=144$ 通り**

固定
$\boxed{M_1}$
W_4　W_1
M_4　M_2
W_3　W_2
M_3

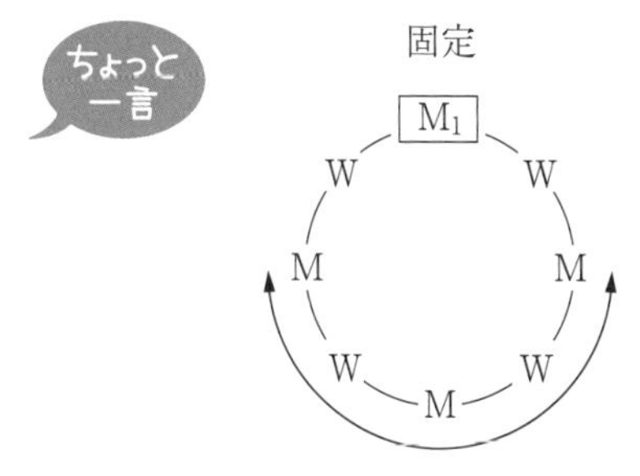

(2)では，M_1 を固定すると，残りの男子と女子が座る場所が決まっていますので，その場所にまず男子を座らせて，次に女子を座らせています．座らせ方は自由ですので，M_1 の右隣から順に女子男子の順に交互に座らせて，$4\cdot3\cdot3\cdot2\cdot2\cdot1\cdot1$ 通りなどと考えてもオッケーですよ．

← やり方だけを暗記していて，M_1 を固定したときに，「なぜ男子だけ円順列で女子は円順列じゃないんですか」という質問が意外に多いです．固定したら，残りは横並びと同じですよ．

研究　《常に固定していい？》

ex.1)　○○××を円形に並べる方法

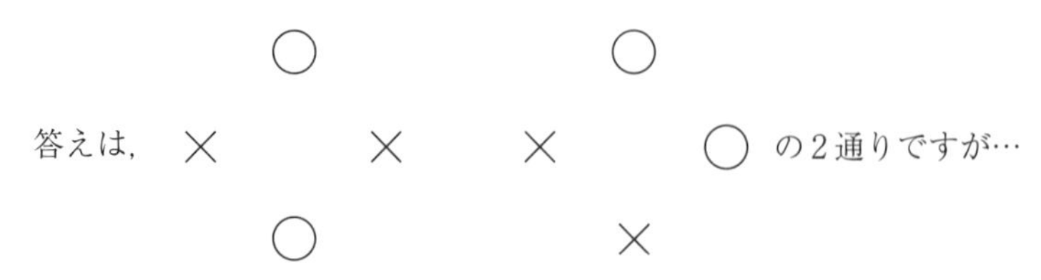

〔誤答〕 特定のものを固定して考えると

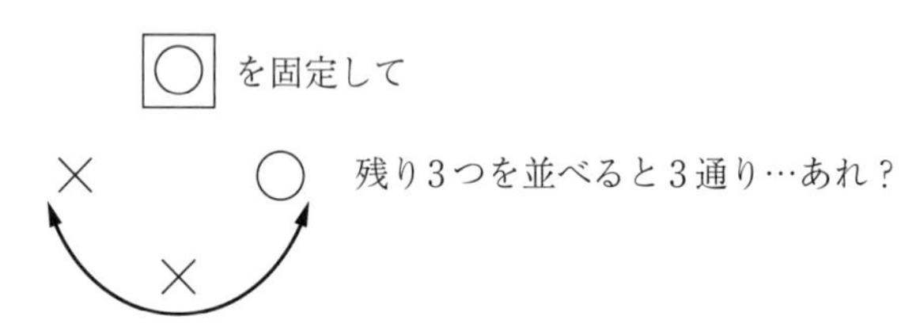

上の方法は，なぜまずいのでしょうか．実は，教科書などで扱っている円順列では，すべてが異なる場合しか考えていません．今回は○が２つあるので

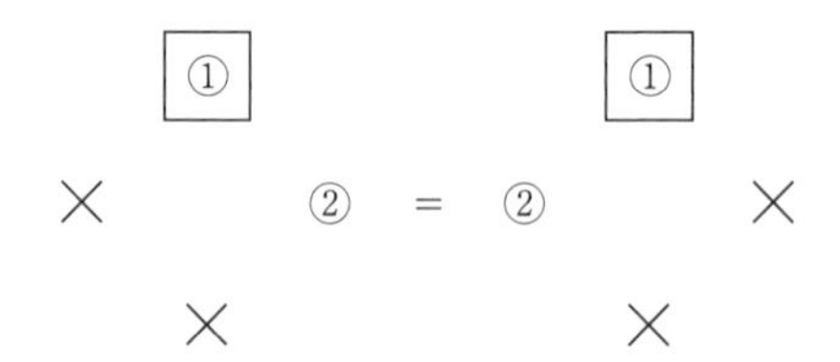

上図の①から見ると２つは異なりますが，実際は，①，②は同じものなので，回転すると重なってしまいますね．つまり，①から見て異なる並び方であっても，②から見ると同じ並び方になるものがあり，重複が起こります．ですから，固定して考える場合には

同じものが２つ以上あるものを固定してはいけない

ということに注意してください．

ex.2)　△○○××を円形に並べる方法

１つしかない△から見て異なる並び方は，回転しても重なりませんね．ですから，もちろん１つしかない△を固定します．

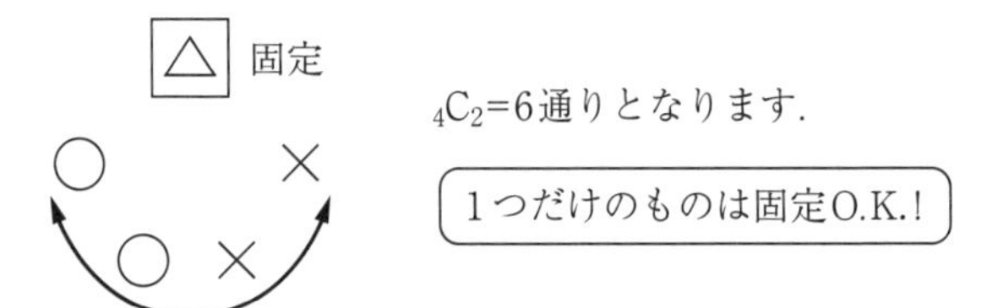

ちなみに，○を固定すると

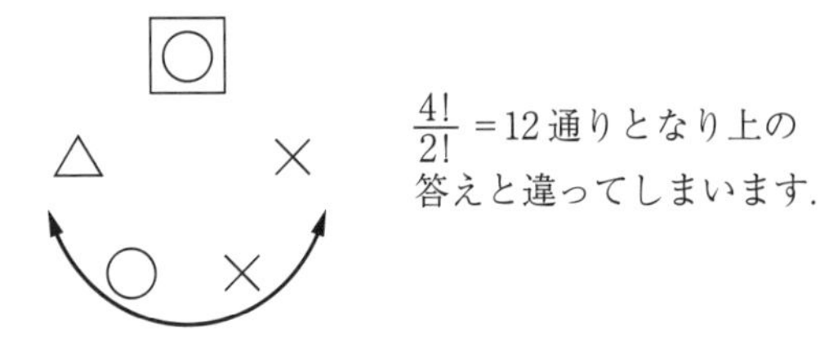

もう1つの○から見たものと重複が起こっています．というわけで，

1つだけのものを固定せよ！

となります．それでは，1つのものがなかった場合はどうすればよいのか？

例えば**ex.1)**の○○××の場合のように，2つの○の位置で場合分けするのが1つの方法ですが，一般の方法に関しては，**実戦編33研究**で扱います．

11 首飾り順列

白石4個，赤石2個，青石1個があるとき，次の問いに答えよ．

(1) これらの石すべてを円形に並べる方法は何通りあるか．

(2) これらの石すべてを糸につないで首飾りを作る方法は何通りあるか．

精講 「回転して重なるものは同じとみなす」という円順列の要素に加え，**「裏返して重なるものは同じとみなす」**という順列を**「首飾り順列」**といいます．

⬅首飾りの作り方です．
「じゅず順列」ともいいます．

「首飾り順列」の総数は，**円順列÷2** が基本になります．例えば，赤，白，黒，青，黄の5つの石でできた首飾りの作り方を考えてみましょう．

まず，5つの石を円形に並べると $(5-1)!$ 通りありますが，裏返すと

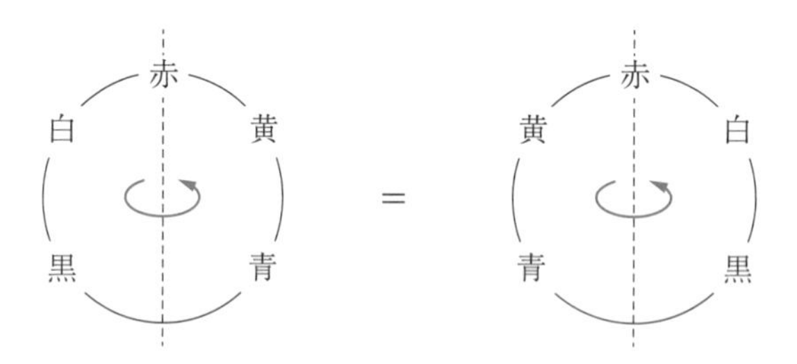

首飾りとしては同じになりますね．これらは，円順列としては異なる並び方ですが，首飾りとしては同じものですので，$(5-1)!$ 通りの円順列は，裏返すと必ず対になるものができます．

よって，円順列の総数を重複2で割って，首飾りの総数は

⬅異なるもので首飾りを作る場合は常に2つ重複する！

$$\frac{(5-1)!}{2} \text{通り}$$

となります．

これが首飾り順列の基本ですが，本問では，**同じものが複数あるので，単純に2で割ってはいけません．**

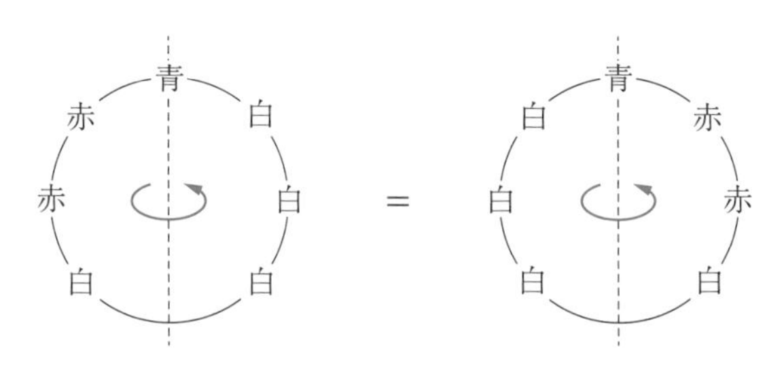

← 線対称でないものは「2つで1つ！」

上のように，線対称でないものは，裏返すと他のものと同じになり2つで1つですが，下のように線対称なものは，自分自身と重なってしまうので重複してませんね．円順列と同様，同じものが複数ある場合は重複に注意してください．

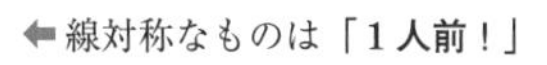

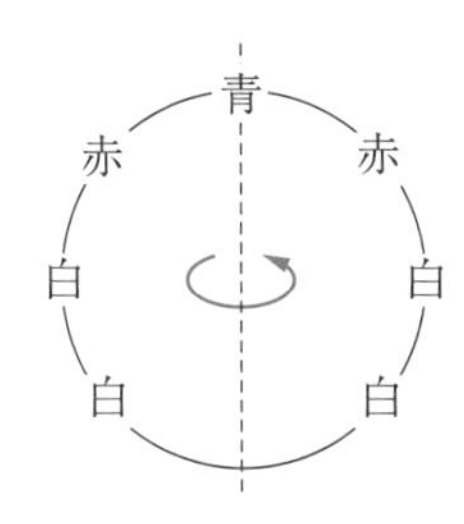

ですから，**線対称でないものは2で割り，線対称なものはそのまま**加えます．

解　答

(1)　青を固定して残りを並べると考えて，円順列の総数は，$\dfrac{6!}{2!4!}=$**15 通り**

← 1つだけのものを固定する．

(2)　下の図のように線対称なものは，裏返しても重複しない．

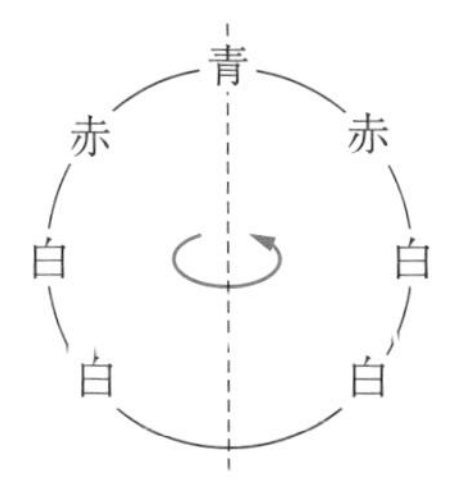

このような順列は，赤の位置を考えると 3 通りある．よって，残りの $15-3=12$ 通りは下図のように対称性をもたないので，

← 3 通りは赤の位置を考えよう！ ちょっと一言 参照.

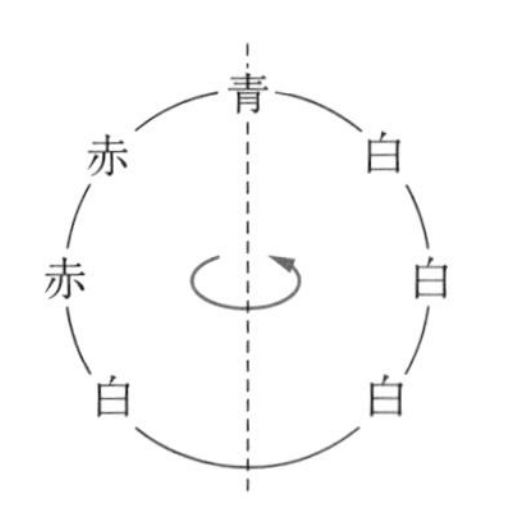

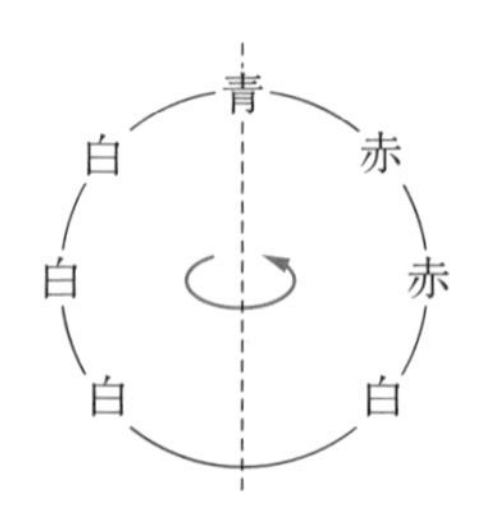

首飾りを作ると常に 2 つ重複が起こる．したがって，首飾りを作る方法は　$3+\dfrac{15-3}{2}=$**9 通り**となる．

← 線対称なものはそのまま加え，線対称でないものは 2 で割る！

(2)の対称性をもつものは，赤の位置を考えて，次の 3 通りです．

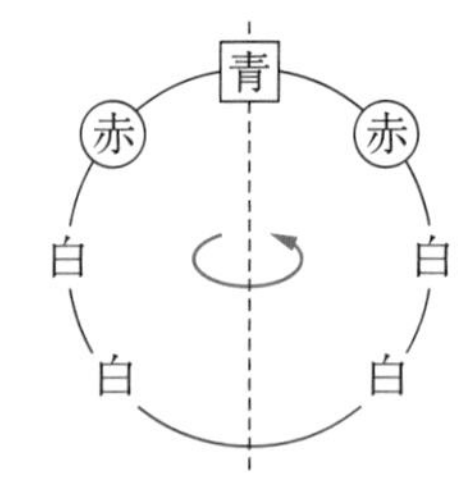

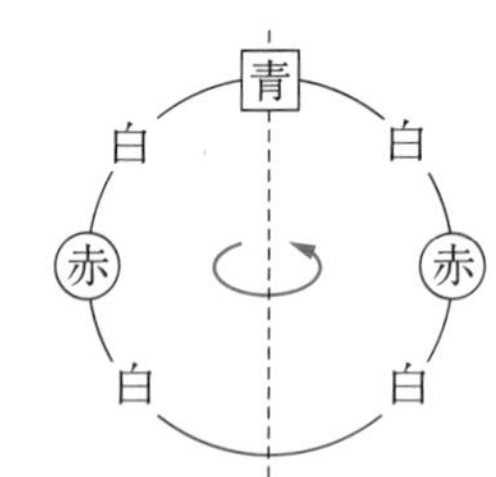

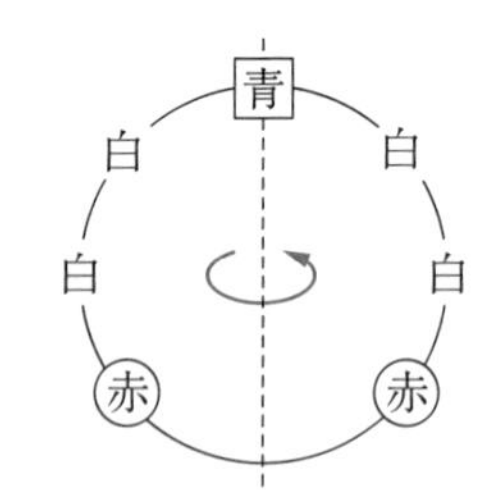

12　組分け

次の問いに答えよ.

(1)　6人を1人，2人，3人の3組に分ける方法は何通りあるか.

(2)　6人を2人ずつA，B，Cのグループに分ける方法は何通りあるか.

(3)　6人を2人ずつ3組に分ける方法は何通りあるか.

(4)　7人を3人，2人，2人の3組に分ける方法は何通りあるか.

精講　(1)の6人を1人，2人，3人の3組に分ける方法は，1人，2人，3人を順に選んで

$${}_6C_1\times{}_5C_2\times{}_3C_3 \text{ 通り}$$

ですが，6人を2人，2人，2人の3組に分ける方法のように，人数が同数の組ができる場合は，

「組に区別があるか，ないか」

で考え方が変わってきます.

← 人数が異なる場合は，順にかけていけばよい！樹形図をイメージ！

1°）組に区別がある場合

(2)　6人を2人ずつA，B，Cのグループに分ける方法は何通りか.

6人をA，B，Cのグループに2人ずつ分ける方法は，どのグループに誰が入るかを考えて，A，B，Cに順に2人ずつ選んで

$$\underbrace{{}_6C_2}_{A}\times\underbrace{{}_4C_2}_{B}\times\underbrace{{}_2C_2}_{C}=15\cdot6=90 \text{ 通り}$$

← 人数が同じでも組の区別がある場合は，順に選んでいけばよい．誰をどの部屋にいれるかを考える感じ.

2°）組に区別がない場合

(3)　6人を2人ずつ3組に分ける方法は何通りか.

6人それぞれに①～⑥と番号をつけます．例えば，①②，③④，⑤⑥と分かれる場合を考えると，**1°)** の配り方 ${}_6C_2\times{}_4C_2\times{}_2C_2$ の中では

A	B	C
①②	③④	⑤⑥
①②	⑤⑥	③④
③④	①②	⑤⑥
③④	⑤⑥	①②
⑤⑥	①②	③④
⑤⑥	③④	①②

左の場合は異なるものとしてカウントされていますが，**2°)** では組の区別がないので，すべて同じ分け方になります．A，B，C への対応を考えると，**1°)** は **2°)** の 3! 倍にカウントされていますね．

⬅人数が同じで，組の区別がない場合は重複が起こる！

⬅組分けの総数を x とすると
$x\times3!={}_6C_2\cdot{}_4C_2\cdot{}_2C_2$
$\therefore\quad x=\dfrac{{}_6C_2\cdot{}_4C_2\cdot{}_2C_2}{3!}$
と考えることもできます．

よって，求める場合の数は $\dfrac{{}_6\mathbf{C}_2\times{}_4\mathbf{C}_2\times{}_2\mathbf{C}_2}{\mathbf{3!}}=\mathbf{15}$ **通り**

⬅重複で割る！

となります．

このように，同じ人数で組の区別がない配り方を考える場合は，A，B，C のどの部屋に入るかの，重複分で割りましょう．

(4)　7 人を 3 人，2 人，2 人の 3 組に分ける方法は何通りか．

こちらも，組を区別して，${}_7C_3\times{}_4C_2\times{}_2C_2$ と考えると，実際は組の区別がないので

	B	C
①②③	④⑤	⑥⑦
①②③	⑥⑦	④⑤

2 人ずつ 2 組選ぶところで，B，C のどちらに入るかの 2! の重複ができますから，求める場合の

⬅人数が同じ組だけに重複が起こる！

数は，${}_7\mathbf{C}_3\times\dfrac{{}_4\mathbf{C}_2\times{}_2\mathbf{C}_2}{\mathbf{2!}}=\mathbf{105}$ **通り**となります．

⬅組分けの総数を y とすると
$y\times2!={}_7C_3\cdot{}_4C_2\cdot{}_2C_2$
$\therefore\quad y=\dfrac{{}_7C_3\cdot{}_4C_2\cdot{}_2C_2}{2!}$
と考えることもできます．

3 人選ぶことと，2 人選ぶことは入れかえられませんね．組の人数が同じところだけが重複します．

解　答

(1)　${}_6C_1\times{}_5C_2\times{}_3C_3=\mathbf{60}$ **通り**

(2)　${}_6C_2\times{}_4C_2\times{}_2C_2=15\cdot6=\mathbf{90}$ **通り**

(3)　$\dfrac{{}_6C_2\times{}_4C_2\times{}_2C_2}{3!}=\mathbf{15}$ **通り**

(4)　${}_7C_3\times\dfrac{{}_4C_2\times{}_2C_2}{2!}=\mathbf{105}$ **通り**

研究　《この指とまれ！》

4人を2人，2人の2組に分ける方法は，今までの説明に従うと

$$\frac{{}_4C_2\times{}_2C_2}{2!}\text{通り}$$

ですが，ちょっと大げさです．

まず，4人の中に自分がいると思ってください．そうすると

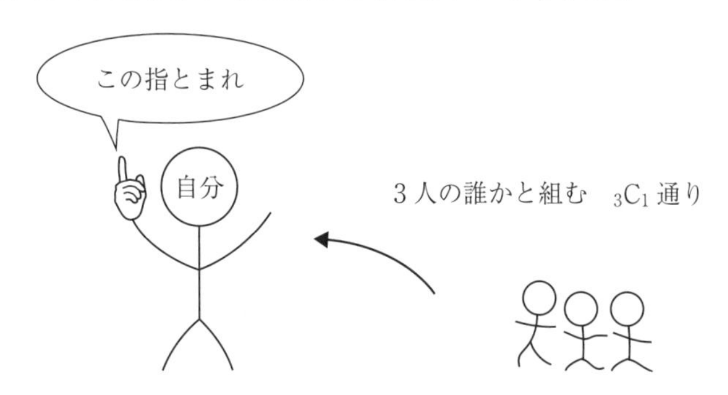

「自分が誰と組むか」が気になりますね．そこで，すかさず手を上げて，「俺と組む人～！」というと，3人のうちの誰かと組むことになりますから，答えは ${}_3C_1=3$ 通りとなります．このように組の区別がなく組の人数が同じときは，「誰と誰が組むかがポイント」なので，自分を固定して**「この指とまれ！」**をするのも有効です．

(3)の6人を2人ずつ3組に分ける問題では
まず自分が「この指とまれ！」をして

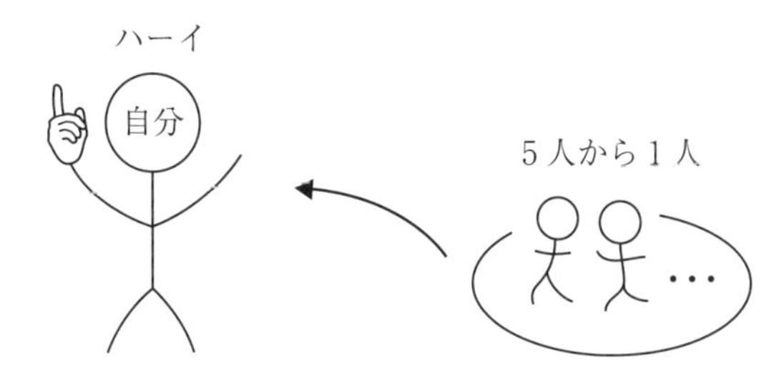

${}_5C_1$ 通りで自分の組ができ，残った4人の中の1人が「この指とまれ！」をして

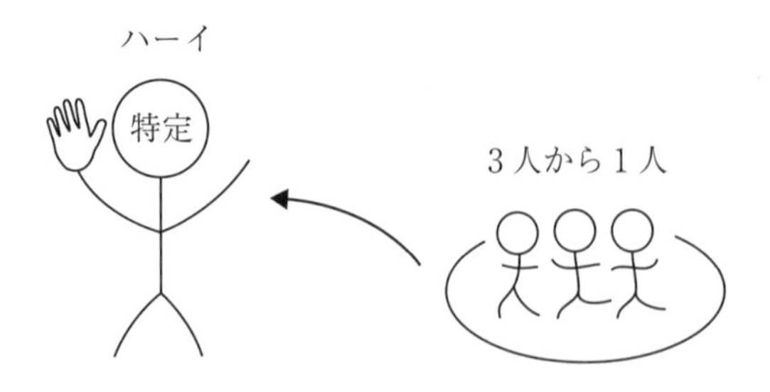

${}_3C_1$ 通りの組ができます．そうすると，残り 2 人は自動的に組になるので

$${}_5C_1 \times {}_3C_1 = 15 \text{ 通り}$$

となります．

「この指とまれ！」は

「組の区別がなく」，かつ「人数が同じ組に分ける」

場合に使えます．

例えば，7 人を 4 人，3 人の 2 組に分けるときは，自分が「この指とまれ！」をしても，組の人数が違うので，4 人集まる場合と 3 人集まる場合ができてかえって面倒になります．これは普通に ${}_7C_4 \times {}_3C_3$ とします．ちなみに(4)では，まず 7 人から 3 人選んで ${}_7C_3$ 通り，続いて 4 人を 2 人ずつ 2 組に分けるところで「この指とまれ！」をして ${}_7C_3 \times {}_3C_1 = 105$ 通りとすることもできます．

これは私が予備校生時代に恩師の先生から教わった方法です．うまく使うとかなり考えやすくなる問題もあります．問題の解法と合わせてしっかり理解してください．

13 箱玉問題(玉を区別する場合)

1から9までの番号がかかれた9個の玉を3つの箱A，B，Cに入れる方法を考える．

(1) 玉を箱に入れる方法は何通りあるか．ただし，空箱があってもよい．

(2) 空箱がないような入れ方は何通りあるか．

精講 玉を箱に入れる問題では，

玉を｛区別する／区別しない　**箱を｛区別する／区別しない**

で $2\times2=4$ 通りの場合があり，問題がどのタイプかで考え方が変わってくるので注意が必要です．

本問では，玉と箱を区別していますから，

「どの玉がどの箱に入るか」

を考えないといけません．

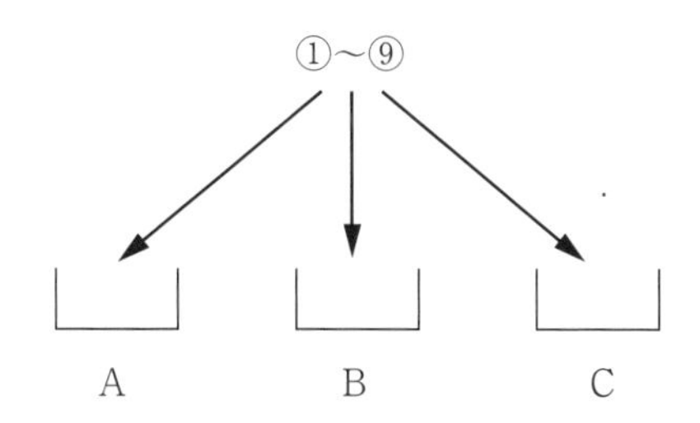

(1)では，1から9までの各々の玉に対してどの箱に入れるか3通りあるので，その入れ方は 3^9 通りあります．

(2)では(1)の 3^9 通りの中に空箱ができる場合が含まれるので

(ア) 空箱が2つできる場合

(イ) 空箱が1つできる場合

を考えて全体から引きましょう．

⬅ ①玉区別・箱区別(13)
②玉区別・箱区別なし
(13の研究)
③玉区別なし・箱区別(14)
④玉区別なし・箱区別なし
(14の研究)
の4パターン！

⬅ 本問は
「玉区別・箱区別」
なので，どの玉をどの箱に入れるかで1つにつき3通りの入れ方がある！

⬅ 空箱がない場合は，空箱ができる場合を全体から除く．

解答

(1)　1から9までの番号がかかれた9個の玉を3つの箱A，B，Cに入れる方法は，3^9＝**19683通り**

(2)　(1)の3^9通りの中には，空箱ができる場合が含まれる．これらをカウントして，全体から除くと考える．

(ア)　空箱が2つできる場合

9個の玉がどの箱に入るか考えて，3通り

⬅ すべての玉が箱Aに入るか，箱Bに入るか，箱Cに入るかで3通りある．

(イ)　空箱が1つできる場合

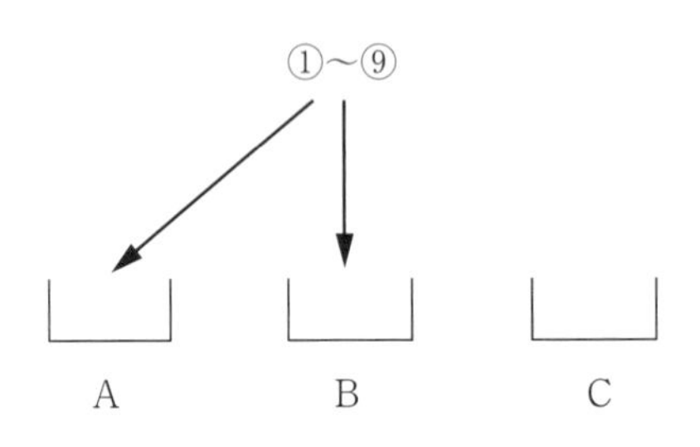

玉が入る2つの箱の選び方が${}_3C_2$通り，続いてその2つの箱に玉を入れる方法が

2^9-2通り

あるので，${}_3C_2\times(2^9-2)$通りとなる．

⬅ まず，玉を入れる箱を決め，次に玉の入れ方を考える！段階を追って数えよう！

⬅ 2^9-2通りの2は，すべて同じ箱に入る2通りを意味します．

よって，求める場合の数は

$$3^9-(ア)-(イ)=3^9-3-{}_3C_2(2^9-2)$$
$$=3^9-3\cdot2^9+3$$
$$=\mathbf{18150}\ \textbf{通り}$$

研究　《箱の区別がない場合(玉区別・箱区別なし)》

1から9までの番号がかかれた9個の玉を3つの箱に入れる方法は何通りあるか．ただし，空箱があってもよい．

「玉区別・箱区別なし」の場合は，箱を区別して配っておいて，その後，箱の区別をなくすために重複で割るのが基本です．このとき，空箱の個数によって重複が異なる場合があることに注意しましょう．

1から9までの玉をA，B，Cの箱に入れる方法は3^9通りありますが，箱の区別をなくすと以下のように重複が起こります．

(1)　空箱がないとき

A	B	C
⑧⑨	⑤〜⑦	①〜④
⑧⑨	①〜④	⑤〜⑦
⑤〜⑦	⑧⑨	①〜④
⑤〜⑦	①〜④	⑧⑨
①〜④	⑧⑨	⑤〜⑦
①〜④	⑤〜⑦	⑧⑨

例えば左のように

①〜④，⑤〜⑦，⑧⑨

と玉が配られるとき，箱の区別をとると，どの玉がどの箱に入るかで3! 通りの重複が起こります．

(2)　空箱が 1 つのとき

A	B	C
	⑤〜⑨	①〜④
	①〜④	⑤〜⑨
⑤〜⑨		①〜④
①〜④		⑤〜⑨
⑤〜⑨	①〜④	
①〜④	⑤〜⑨	

例えば左のように

①〜④，⑤〜⑨，(空箱)

と玉が配られるとき，箱の区別をとると，どの玉がどの箱に入るかで3! 通りの重複が起こります．

(3)　空箱が 2 つのとき

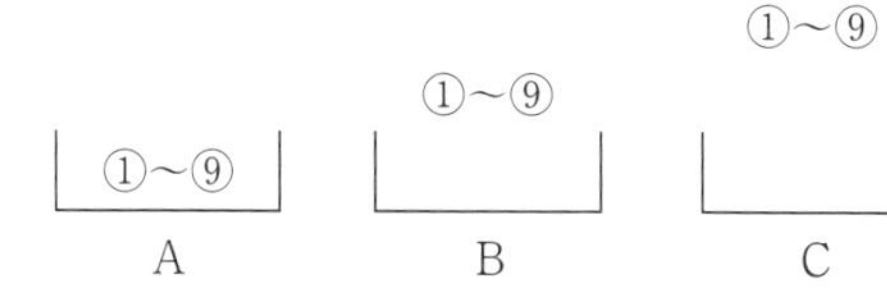

A	B	C
		①〜⑨
	①〜⑨	
①〜⑨		

例えば左のように玉が配られるとき，箱の区別をとると，どの箱に入るかで 3 通りの重複が起こります．

3^9 通りのうち，(3)は 3 通りなので，(1)+(2) は 3^9-3 通りありますね．

箱の区別をなくすと，(3)は 3 通り重複し，(1)+(2) は 3! 通り重複するので，求める場合の数は

$$\frac{3}{3}+\frac{3^9-3}{3!}=\frac{3^8+1}{2}=3281 \text{ 通り}$$

となります．

箱の区別をなくすと，空箱が 2 個のときは，3 通りしか重複せず，その他のときは3! 通り重複するというのがポイントになります．

14 箱玉問題(玉を区別しない場合)

9個のりんごをA，B，Cの3人に配る方法を考える．

(1) 1つももらわない人がいてもよい場合，何通りの配り方があるか．

(2) 各人に少なくとも1個配る方法は何通りあるか．

(3) Aに3個以上，Bに2個以上配る方法は何通りあるか．

精講 玉区別なし・箱区別の問題では，

「誰に何個配られるか」

がポイントになります．このタイプはうまい数え方があるので以下を読んでしっかり押さえましょう．

⇐ 玉区別なし・箱区別の問題のときは，誰に何個配られるかが問題！

(1) 9個のりんごをA，B，Cの3人に配る方法(1個ももらえない人がいてもよい)は，りんご9個と仕切りを2本を並べる方法に対応します．

⇐ (人数−1)本の仕切りを用意！

例えば，

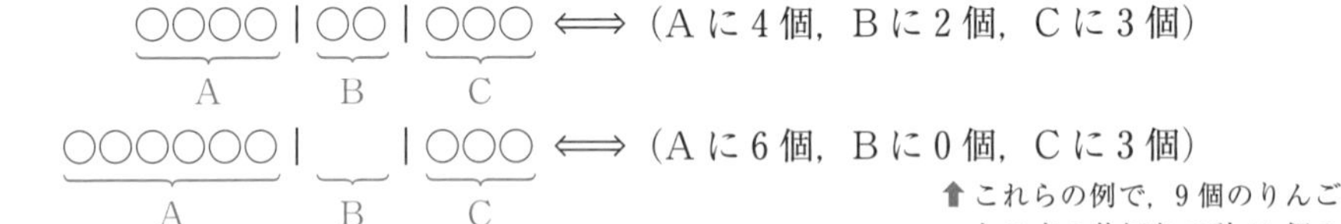

⇑ これらの例で，9個のりんごと2本の仕切りの計11個の並べ方に対応することをしっかり理解しよう！

のように，9個のりんごと2本の仕切りの並べ方を1つ決めると，並べ方と配り方が 1：1 に対応します．

したがって，求める場合の数は9個のりんごと仕切り2本の並べ方を考えて

$_{11}C_2=55$ 通り

とすることができます．

(2)や(3)のように，各人に配る個数のノルマがある場合は，**まずノルマ分を配っておいて，残った玉をあなたの裁量で配る**と考えるとよいでしょう．

例えば，(2)では，各人に1個以上配らないといけないので，**まず3人に1個ずつあげてしまいましょう．** そうすると，りんごは6個残りますね．あとは，その6個をあなたの好きなように配ればよいので，6個の

⇐ まずはノルマ分を配ってしまおう！残りはあなたの裁量で！

りんごと2本の仕切りの並べ方を考えて

$_8C_2=28$ 通りとなります．

A，Bに最低配る個数のノルマがある場合は，AとBがくれくれうるさいので，まず配ってしまって，残りをこちらの裁量で配ると考えましょう．

⇐○○○|○|○○

⇐(1)と同様に考える．

解　答

(1)　A，B，Cへの配り方は，9個のりんごに仕切りを2本加えた計11個の並べ方に1：1に対応するから

$_{11}C_2=$**55通り**

(2)　各人に少なくとも1個配られる場合は，まず3人に1個ずつ配っておいて，残り6個を(1)のように配る方法を考えて

$_8C_2=$**28通り**

⇐実は，A，B，Cが何回カウントされるかが問題だから，「A，B，Cから重複を許して9個選ぶ方法」に対応するので重複組合せを用いて

$_3H_9={}_{3+9-1}C_9={}_{11}C_2$

通りとすることもできる．参考までに…．

別解　各人に少なくとも1個配られる場合は，9個のりんごの間8つの中から，2つ選んで仕切りを入れる方法に対応するので

$_8C_2=28$ 通り

⇐このように，8つの間から2本の仕切りの場所を選ぶと考えることもできる．

(3)　まずはAに3個，Bに2個配っておいて，残り4個のりんごを(1)のように3人に配る方法を考えて

$_6C_2=$**15通り**

⇐くれくれうるさいので，ノルマ分を最初に配ってしまおう！

⇐○○|○|○

ちょっと一言

上の問題は

(1)　$x+y+z=9$ を満たす負でない整数 x，y，z の組の個数

(2)　$x+y+z=9$，$x \geqq 1$，$y \geqq 1$，$z \geqq 1$ を満たす整数 x，y，z の組の個数

(3)　$x+y+z=9$，$x \geqq 3$，$y \geqq 2$，$z \geqq 0$ を満たす整数 x，y，z の組の個数

に対応しています．このような形で出題されることもあるので，対応関係をしっかり押さえておきましょう．

研究 《箱の区別をなくすと…(玉区別なし・箱区別なし)》

9個のりんごを3つの箱に入れる方法は何通りあるか．ただし，1つも入らない箱があってもよいものとする．

9個のりんご(**区別しない**)を3つの箱(**区別しない**)に入れる問題です．このように「**玉区別なし・箱区別なし**」の問題では，「**3つの数字の組**」がポイントになります．重複が起こらないよう数え上げましょう．

小さい方から順に数え上げると

(0, 0, 9), (0, 1, 8), (0, 2, 7), (0, 3, 6), (0, 4, 5), (1, 1, 7),
(1, 2, 6), (1, 3, 5), (1, 4, 4), (2, 2, 5), (2, 3, 4), (3, 3, 3)

の**12通り**あります．この問題で箱を区別したものが**14**の(1)です．

上の12通りにおいて，これらの分けられたりんごをA，B，Cに配ると考えれば，

(0, 1, 8), (0, 2, 7), (0, 3, 6), (0, 4, 5), (1, 2, 6), (1, 3, 5),
(2, 3, 4)のときは，**各々3!通り**
(0, 0, 9), (1, 1, 7), (1, 4, 4), (2, 2, 5)のときは，**各々3通り**
(3, 3, 3)のときは，**1通り**

の配り方があります．すなわち，箱を区別すると

配られたりんごの個数がすべて異なる場合は3!通り
配られたりんごの個数のうち2つが一致する場合は3通り
配られたりんごの個数が3つとも一致している場合は1通り

対応するので，$3!\times7+3\times4+1=55$通りとなり，**14**の(1)の答えと一致します．

この例を通して，「箱を区別しない」場合と「箱を区別する」場合の対応関係をしっかり理解しておきましょう．

13，**14**では玉を箱に入れる問題について勉強しました．玉を箱に入れる問題では

①玉区別，箱区別　**②玉区別なし，箱区別**
③玉区別，箱区別なし　**④玉区別なし，箱区別なし**

のどのタイプかしっかり確認してから問題にあたりましょう．

参考　せっかくなので，**13**の**研究**で考えた「玉区別，箱区別なし」の場合の内訳を考えて直接計算してみます．

14 の **研究** から,「玉区別なし, 箱区別なし」の場合は

(0, 0, 9), (0, 1, 8), (0, 2, 7), (0, 3, 6), (0, 4, 5), (1, 1, 7),
(1, 2, 6), (1, 3, 5), (1, 4, 4), (2, 2, 5), (2, 3, 4), (3, 3, 3)

の 12 通りありました. ここで玉を区別して 1〜9 のどの玉が入るか考えると

(0, 0, 9) のとき 1 通り, (0, 1, 8) のとき ${}_9C_1=9$ 通り

(0, 2, 7) のとき ${}_9C_2=36$ 通り, (0, 3, 6) のとき ${}_9C_3=84$ 通り

(0, 4, 5) のとき ${}_9C_4=126$ 通り, (1, 1, 7) のとき $\dfrac{{}_9C_1\cdot{}_8C_1}{2!}=36$ 通り

(1, 2, 6) のとき ${}_9C_1\cdot{}_8C_2=252$ 通り, (1, 3, 5) のとき ${}_9C_1\cdot{}_8C_3=504$ 通り

(1, 4, 4) のとき $\dfrac{{}_9C_1\cdot{}_8C_4}{2!}=315$ 通り, (2, 2, 5) のとき $\dfrac{{}_9C_2\cdot{}_7C_2}{2!}=378$ 通り

(2, 3, 4) のとき ${}_9C_2\cdot{}_7C_3=1260$ 通り, (3, 3, 3) のとき $\dfrac{{}_9C_3\cdot{}_6C_3}{3!}=280$ 通り

これらを加えると, 3281 通りとなります.

さらに, 箱を区別すると, **13** の **研究** の議論から, (0, 0, 9) の場合は 3 通り, それ以外は 3! 通り対応するので, $3280\times3!+1\times3=19683$ 通りとなり, **13** の(1)の答えと一致します. 箱に入れる玉の個数の上限があったりすると, 結局数え上げがポイントになるので, 上のような内訳が重要になります. 構造をしっかり理解してください.

13, **14** とその **研究** を理解できた人は次の問題に挑戦してみましょう.

〈総復習問題〉

n を正の整数とし, n 個のボールを 3 つの箱に分けて入れる問題を考える. ただし, 1 個のボールも入らない箱があってもよいものとする. 以下に述べる 4 つの場合について, それぞれ相異なる入れ方の総数を求めたい.

(1)　1 から n までの異なる番号のついた n 個のボールを, A, B, C と区別された 3 つの箱に入れる場合, 入れ方は全部で何通りあるか.

(2)　互いに区別のつかない n 個のボールを, A, B, C と区別された 3 つの箱に入れる場合, その入れ方は何通りあるか.

(3)　1 から n まで異なる番号のついた n 個のボールを, 区別のつかない 3 つの箱に入れる場合, その入れ方は全部で何通りあるか.

(4)　n が 6 の倍数 $6m$ であるとき, n 個の互いに区別のつかないボールを, 区別のつかない 3 つの箱に入れる場合, その入れ方は何通りあるか.

(東京大)

(4)以外は, **13**, **14** で勉強したやり方と同じ解き方でできます. 問題は(4)ですが, どうだったでしょうか? 書き出すのは大変そうなので, 一旦, 箱を区別して数えて, その後, 箱の区別をとって重複で割ってみます. **14** の **研究** で考察したように重複の度合いが違うことに注意しましょう.

(解答)

(1)　1個につき3通りの入れ方があるので，$\boldsymbol{3^n}$ **通り**

←玉区別，箱区別.

(2)　n 個のボールと2本の仕切りの並べ方に対応するから

←玉区別なし，箱区別.

$${}_{n+2}C_2=\frac{(n+2)(n+1)}{2}\ \textbf{通り}$$

(3)　箱を区別して(1)の入れ方を考えると，3^n 通りの入れ方が考えられる．ここで箱の区別をとると，空箱が2つあるものは各々3通り，その他の入れ方は各々 3! 通り重複する．3^n 通りの中で空箱が2つあるものは3通りあるので，求める場合の数は

←玉区別，箱区別なし.

$$\frac{3^n-3}{3!}+\frac{3}{3}=\frac{3^{n-1}+1}{2}\ \textbf{通り}$$

(4)　一旦，箱を区別すると，$6m$ 個のボールを A，B，C の3つの箱に入れる方法は，(2)と同様にして，$6m$ 個のボールと2本の仕切りの並べ方に対応し，

←玉区別なし，箱区別なしですが，書き出すのは大変そうなので，一旦，箱を区別してから，箱の区別を取ってダブりで割ります．箱の玉の個数が3つ同じならダブらず，2つ同じなら3つ重複，すべて異なれば 3! 重複します.

$${}_{6m+2}C_2=\frac{(6m+2)(6m+1)}{2}=18m^2+9m+1\ \text{通り}$$

ある．このうち，3つの箱のボールの個数が同じものは，

$(2m,\ 2m,\ 2m)$ の1通り

2つの箱のボールの個数が同じものは，3つの数字の組が

$(0,\ 0,\ 6m)$，$(1,\ 1,\ 6m-2)$，…，

←$(2m,\ 2m,\ 2m)$ は除いてね.

$(2m-1,\ 2m-1,\ 2m+2)$，

$(2m+1,\ 2m+1,\ 2m-2)$，…，$(3m,\ 3m,\ 0)$

の $3m$ 通りあるので，3つの箱への対応を考えると

$3m\times3=9m$ 通り

よって，3つの箱のボールの個数が異なるものは

$(18m^2+9m+1)-1-9m=18m^2$ 通り

←全体から引く.

となる．ここで，箱の区別をとると，3つの箱のボールの個数が同じものは1通り，2つの箱のボールの個数が同じものは3通り重複し，3つの箱のボールの個数が異なるものは 3! 通り重複するので，求める場合の数は

$$1+\frac{9m}{3}+\frac{18m^2}{3!}=\boldsymbol{3m^2+3m+1}\ \textbf{通り}$$

第 2 章 確率 基本編

15 確率の基本概念

同形のコインを 2 枚投げるとき，表と裏が出る確率を求めよ．

精講

【確率の定義】

起こりうる場合が N 通りあり，その N 通りがどの場合も同様に確からしく起こるとする．このうち，特定の場合が n 通りあるとき，その確率は $\dfrac{n}{N}$ である．

⇐ 同様に確からしい事象を考えないと意味がない！

これが確率の定義ですが，皆さんは定義をしっかり理解していますか？

この問題に関して，A君とBさんが議論をしています．

A君　:「同形のコインを 2 枚投げると，表が 2 枚か，表と裏が 1 枚ずつか，裏が 2 枚の計 3 通りあるから，表と裏が出る確率は $\dfrac{1}{3}$ じゃない？」

⇐ A君は 2 枚のコインを区別しないで見た目で判断！

Bさん:「コインを A，B と区別すると，
表表，表裏，裏表，裏裏
の 4 通りがあるから，表と裏が出る確率は $\dfrac{2}{4}=\dfrac{1}{2}$ じゃない？」

A	B
表	表
表	裏
裏	表
裏	裏

⇐ Bさんは 2 枚のコインを区別して考えている！

さて，どちらが正しいでしょうか？

結論を言うと**Bさんの考え方が正しい**のですが，それはなぜかを考えてみましょう！

場合の数では，見た目で何通りあるかが問題でした．すなわち，見た目の区別のつかないものは同じものと

⇐ 場合の数は見た目で何通りあるか？
確率では？

思ってカウントしましたね．ところが確率を場合の数と同じように見た目で考えてしまうと間違ってしまうことが多いのです．次の例題を考えてみましょう．

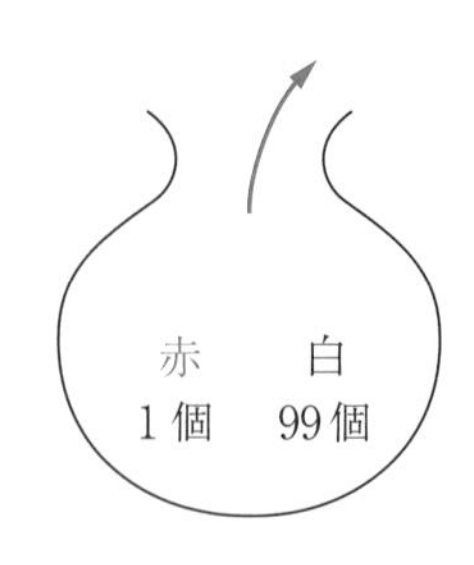

袋の中に赤玉 1 個と白玉 99 個の計 100 個の玉があります．ここから 1 個の玉を取り出したとき，赤玉の出る確率は？

A君のように見た目で考えると，取り出し方は，赤が出るか白が出るかの 2 通りしかありません．したがって，赤玉が出る確率は $\frac{1}{2}$??

⬅ これはおかしいですね！

これでは，赤玉，白玉の個数によらずに確率が決まってしまい，明らかにおかしいですね．

場合の数と確率の考え方は根本的に違います．

確率では，すべてのものを区別したとき起こる場合が同様に確からしい(等確率と仮定する)とし，この場合を分母に取るのが原則です．

⬅ 確率の大原則！

⬅ 同様に確からしいについては **研究** を参照．

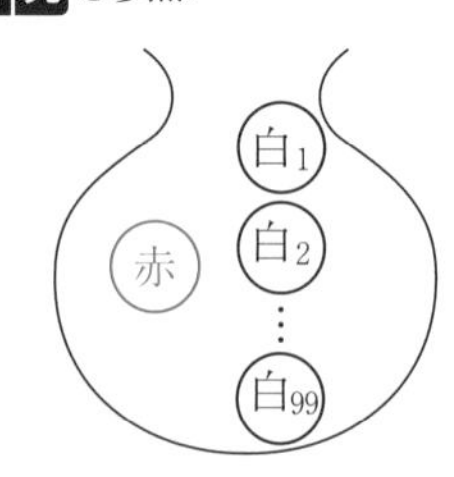

もちろん，皆さんは赤玉の出る確率は $\frac{1}{100}$ としますね．これは，白玉に番号を振って 100 個の玉をすべて区別して考えているのです．無意識ではなく，区別をしているという認識をしっかりもってほしいものです．

大事なので，もう一度いいます！

⬅ 場合の数は「見た目」，確率では「区別」が原則！

確率では，すべてのものを区別して考えるのが原則！

解　答

コインを区別すると，表裏の出方は，

表表，表裏，裏表，裏裏

の 4 通りあり，どの場合も同様に確からしい．

したがって，表と裏が出る確率は $\frac{2}{4}=\mathbf{\frac{1}{2}}$

⬅ A君の考え方の
表表，表裏，裏裏
は同様に確からしくない．コインを区別すると，表裏は表表や裏裏より 2 倍起こりやすい！

研究　《同様に確からしい！》

「同様に確からしいってなに？」という質問が多いので説明したいと思います．

【同様に確からしい】
1つの試行において，根元事象のどれが起こることも同じ程度に期待できるとき，これらの事象は**同様に確からしい**という．

簡単にいうと起こりうる場合がすべて同じ確率で起こると思える，ということです．そもそも，分母に取った場合がそれぞれ等確率で起こらなければ確率が計算できませんよね．ですから，分母に取る場合は同様に確からしい，すなわち等確率で起こる場合を取る必要があるのです．

「サイコロの目の出方は6通りあり，どの場合も同様に確からしい．」

といった使い方をした場合，6通りのどの場合も同じ確率で起こると思われるので，等確率だと仮定して話を進めます，といった感じです．

高校数学では，組合せ論的確率という「玉を取る」，「カードを並べる」，「サイコロを振る」といった単純なものしか出題されませんから，基本的にすべてのものを区別したときに起こる場合を「同様に確からしい」と考え，その総数を分母に取れば大丈夫ですが，これは原則であって，同様に確からしい場合をうまくとれば，いろいろな考え方が可能です．これについては，次ページの ちょっと一言 を参照してください．

参考　もっとも，世の中そんな単純ではないので，区別したからといって，同様に確からしいとはいえないものもあります．例えば，物質Aと物質Bが反応した後にできる物質の40%がC，60%がDといった場合，できる物質は2通りだからそれぞれ確率 $\frac{1}{2}$ でできるとはいえませんね．このような場合は統計的に確率を定義することになります．

《区別しなくてもよい例》

みなさん，次の問題はどのように解きますか？

> ○×××のかかれたカードを横に並べたとき，○が左端に来る確率を求めよ．

普通はこのように解くのではないでしょうか？

(解答) ○×××を横に並べたとき，○の位置は4通りあり，どの場合も同様に確からしい． したがって，○が一番左に来る確率は $\dfrac{1}{4}$

明らかに，○×××，×○××，××○×，×××○の4通りは同様に確からしいですよね．ん！納得できないって？じゃあもう少し詳しく説明しましょう．

4つの○×××を区別すると並び方は全部で4! 通りあります．このうち，○が一番左に来る場合は×の並びを考えて3! 通りあります．同様に，○が左から2，3，4番目にある場合も3! あります．

○　$\times_1$　$\times_2$　$\times_3$ $\Longrightarrow$ ③! 通り
$\times_1$　○　$\times_2$　$\times_3$ $\Longrightarrow$ ③! 通り
$\times_1$　$\times_2$　○　$\times_3$ $\Longrightarrow$ ③! 通り
$\times_1$　$\times_2$　$\times_3$　○ $\Longrightarrow$ ③! 通り
} 等確率の4つのかたまり

区別したときに，どの場合も3! ずつありますから，これら4つの場合は等確率で起こりますね．(等確率のかたまりができる！) したがって，×どうしの並びは関係なく，○の位置で決まってしまうわけです．ですから，横並びの順列では同じものを同一視しても同様に確からしくなります．

確率ではすべてのものを区別して考えるのが基本ですが，同様に確からしければ，どのような考え方をしてもよいのです．

$\left(\text{もちろん，すべてを区別して } \dfrac{3!}{4!}=\dfrac{1}{4} \text{ でもオッケーですよ．}\right)$ まとめましょう！

> 確率では，「同形同大のもの」などの「見た目が区別できないもの」であっても，基本的にすべてのものを区別して得られる場合を同様に確からしいと考える．しかし，同一視した場合が等確率で起こるのであればどのような基準で考えてもよい．

これからは「何が同様に確からしいか！」に注意して問題にあたってください．また，自分がどういう基準で考えているかを意識して解答を作成しましょう．

16 玉の問題

白玉6個，赤玉4個の入った袋から2個の玉を取り出したとき
(1)　2個とも白玉である確率を求めよ．
(2)　白玉1個，赤玉1個である確率を求めよ．

精講　袋から玉を取り出す問題では，取り出し方が同様に確からしいと考え，これを分母に取ります．今回の問題では，10個の異なる玉から2個取り出す方法 ${}_{10}C_2$ 通りは，どの場合も同様に確からしくなるわけですが，この際，**すべての玉を区別して考えている**ことを認識していますか？ただ解き方を覚えて解いている人が結構多いので，玉をすべて区別していることをしっかり認識してください．

← すべての玉を区別して，10個の異なるものから2個の玉を取る方法は，どの場合も等確率で起こる！
玉を区別して考えている認識を持とう！

確率では，すべてのものを区別するのが基本！

このうち，2個とも白玉となるのは，

(白)$_1$ (白)$_2$ (白)$_3$ (白)$_4$ (白)$_5$ (白)$_6$

から，2個の白玉の取り出し方を考えて

${}_6C_2$ 通り

図のように，番号がついていると思うとよい．

よって，(1)は $\dfrac{{}_6C_2}{{}_{10}C_2}$ と考えれば，意味もよくわかりますね．(2)も同様に考えましょう．

← そもそも ${}_nC_r$ は異なる n 個のものから取り出している．
つまり，玉をすべて区別している．

解　答

(1)　玉の取り出し方は，${}_{10}C_2$ 通りあり，どの場合も同様に確からしい．このうち，2個とも白玉となる取り出し方は ${}_6C_2$ 通りあるから，求める確率は

$$\frac{{}_6C_2}{{}_{10}C_2}=\frac{15}{45}=\mathbf{\frac{1}{3}}$$

(2)　白玉1個，赤玉1個になるのは，${}_6C_1\cdot{}_4C_1$ 通りあるから，求める確率は

$$\frac{{}_6C_1\cdot{}_4C_1}{{}_{10}C_2}=\mathbf{\frac{8}{15}}$$

異なる6個の白玉から1個取る方法が ${}_6C_1$
← その各々に対して異なる4個の赤玉から1個取る方法が ${}_4C_1$ 通り
あるので場合の数はかけ算になる．

17 アルファベットの問題

次の問いに答えよ.

(1) KANAGAWA の 8 文字から無作為に 6 文字を取り出して 1 列に並べるとき, KAGAWA と並ぶ確率を求めよ.

(2) Gakkishiken という 11 文字がある. 3 文字を取り出すとき, 少なくとも 2 文字が同じ確率を求めよ.

精講 (1) 同じものを区別しないで 6 文字とって並べると, Aの個数で場合分けしないといけなくて面倒なんて考えている人はいませんか?

⬅何度もいいますが, 確率ではすべてのものを区別するのが基本です!

今回は確率ですから, すべての文字を区別して考えればいいのです. (っていうか, 区別しないとできません.)

すべての文字を区別して, 1 つずつ並べていきましょう. 生徒に解かせると, ${}_nC_r$ を使う人が多いのですが, 並び方を考えているので使うなら ${}_nP_r$ です.

⬅${}_nC_r$ は組合せ
${}_nP_r$ は順列

(2) 玉に色ではなく, アルファベットがかいてあると思えば 16 の玉の問題と同じですね. もちろん, すべての文字を区別して取り出し方 ${}_{11}C_3$ が分母になります. 同じ文字が何になるかで場合を分けましょう.

⬅(1)は順列, (2)は組合せ!

解 答

(1) すべての文字を区別すると

$$KA_1NA_2GA_3WA_4$$

8 文字から 6 文字取って並べる方法は

$$8 \cdot 7 \cdot 6 \cdot 5 \cdot 4 \cdot 3 \text{ 通り}$$

⬅${}_8P_6$ でもよい.

あり, どの場合も同様に確からしい. このうち, KAGAWA となるのは 3 つの A がどれになるかに注意して

$$\begin{array}{cccccc} K & A & G & A & W & A \\ \uparrow & \uparrow & \uparrow & \uparrow & \uparrow & \uparrow \\ 1 & \cdot 4 & \cdot 1 & \cdot 3 & \cdot 1 & \cdot 2 \end{array}\text{通り}$$

よって求める確率は

$$\frac{1\cdot4\cdot1\cdot3\cdot1\cdot2}{8\cdot7\cdot6\cdot5\cdot4\cdot3}=\mathbf{\frac{1}{840}}$$

⬅ A_1, A_2, A_3, A_4 の中から3つとって並べると考えて ${}_4P_3$ 通りでもよいが，**解答**では1個ずつ取っていくと考えた．このイメージが大切！

⬅ $\frac{{}_4P_3}{{}_8P_6}$ でも O.K.

(2)　すべての文字を区別すると，3文字の取り出し方は，${}_{11}C_3$ 通りあり，どの場合も同様に確からしい．

⬅ $Gak_1k_2i_1shi_2k_3en$

このうち，少なくとも2文字が同じとなるのは

①　kが3個のとき，1通り

②　kが2個とk以外の文字が1個のとき，

$${}_3C_2\times{}_8C_1=24\text{ 通り}$$

③　iが2個とi以外の文字が1個のとき，

$${}_2C_2\times{}_9C_1=9\text{ 通り}$$

あるから，求める確率は

$$\frac{1+24+9}{{}_{11}C_3}=\mathbf{\frac{34}{165}}$$

⬅ kが複数か，iが複数かで場合分けする．

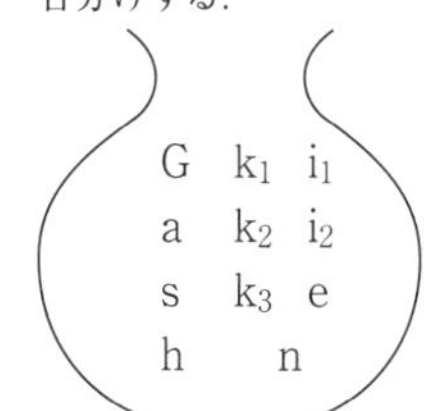

「少なくとも」ときたら余事象！というのは1つの鉄則ですが，必ずではないので注意してください．（⇒余事象については**20**参照）

(2)で余事象：「同じ文字が出ない場合」を考えてみると

G，a，ⓚ，ⓘ，s，h，e，n

のうち，kは3個，iは2個あるのでこれらを取るかどうかで場合の数が変わってきてしまうので，（区別しているからですよ！）

①　k，iが選ばれない場合，${}_6C_3=20$ 通り

②　kが選ばれ，iが選ばれない場合，${}_3C_1\cdot{}_6C_2=45$ 通り

③　iが選ばれ，kが選ばれない場合，${}_2C_1\cdot{}_6C_2=30$ 通り

④　k，iが選ばれる場合，${}_3C_1\cdot{}_2C_1\cdot{}_6C_1=36$ 通り

よって，求める確率は

$$1-\frac{20+45+30+36}{{}_{11}C_3}=1-\frac{131}{165}=\frac{34}{165}$$

となりますが，普通にやるよりむしろ面倒になってしまいますね．

もちろん「少なくとも」ときたら余事象！という考え方はものすごく有効な考え方ですが，このような場合もあることを覚えておいてください．

18 順列の問題

6個のアルファベット WASEDA を横1列に勝手に並べるとき,

(1) 母音と子音が交互に並ぶ確率を求めよ.

(2) SがEより右に並び,同時にWが2個のAより右に並ぶ確率を求めよ.

精講 15の(ちょっと一言)で学んだように,同じものを含む順列の確率では,区別しないで並べても同様に確からしいので,この問題では2つのAを区別しても,区別しなくても解くことができます. 2つの解答を比較してみてください.この際,

← 15(ちょっと一言)参照!
横並び順列は同一視 O.K.

分母と分子は同じ基準で考えること!

「分母を区別したら分子も区別」,「分母を区別しなかったら,分子も区別しない」.この辺の基準が曖昧でよく間違える人が多いので,注意しましょう!

← 自分の立ち位置をしっかり理解して考えること!

解答

1. すべてを区別して考えた場合

(1) すべての文字を区別すると,並べ方は6! 通りあり,どの場合も同様に確からしい.このうち,母音と子音が交互に並ぶのは

□W Ⓐ$_1$ □S Ⓔ □D Ⓐ$_2$　　Ⓐ$_2$ □W Ⓐ$_1$ □S Ⓔ □D

$3!\times3!\times2$ 通りあるので,求める確率は

$$\frac{3!\times3!\times2}{6!}=\mathbf{\frac{1}{10}}$$

← 並べ方は
子母子母子母
母子母子母子
の2つあり,それらに対して母音の並べ方も子音の並べ方もそれぞれ3! 通りある.

(2) 6つの文字を並べるとき,S, Eの場所の決め方が${}_6C_2$通り,続いてA_1, A_2, Wの場所の決め方が${}_4C_3\times2!$通りあるから,

Ⓔ □A$_1$ Ⓢ □A$_2$ D □W

求める確率は $\dfrac{{}_6C_2\times{}_4C_3\times2!}{6!}=\mathbf{\dfrac{1}{6}}$

← 順番が決まっている場合の数の数え方は
第1章 8 参照!
Aを区別しているので, 2つのAの並び方2! を考慮する必要があることに注意!
○□A$_1$ ○□A$_2$ ○□W
○□A$_2$ ○□A$_1$ ○□W

2. 2つのAを区別しないで考えた場合

(1) 並べ方は, $\dfrac{6!}{2!}$ 通りあり,どの場合も同様に確か

← Aを区別しないで並べても同様に確からしい.

らしい．このうち，母音と子音が交互に並ぶのは，

W Ⓐ S Ⓔ D Ⓐ　　Ⓐ W Ⓐ S Ⓔ D

のときで，(3!×3)×2＝36 通り

よって，求める確率は，$\dfrac{36}{\frac{6!}{2!}}=\dfrac{1}{10}$

(2)　6 つの文字を並べたとき，S，E の場所の決め方が ${}_6C_2$ 通り，続いて A，A，W の場所の決め方が，${}_4C_3$ 通りあるから，

← A を区別していないので AAW の中での並びは 1 通り **第 1 章 8 参照！**

Ⓔ A Ⓢ A D W

よって，求める確率は $\dfrac{{}_6C_2\times{}_4C_3}{\frac{6!}{2!}}=\dfrac{1}{6}$

← 僕は，こっちの方が間違いにくい気がします．

研究　(2)では，S がEより右に並ぶのは，S とEの 2 つの問題で，そうなる確率は $\dfrac{1}{2}$，同様に W が 2 個のAより右に並ぶのは，A とA とW の 3 つの問題だから $\dfrac{1}{3}$．したがって，求める確率は，$\dfrac{1}{2}\times\dfrac{1}{3}=\dfrac{1}{6}$ ともできます．おもしろいでしょ．

すべてを並べる問題では，同じものは区別しても，区別しなくてもできるのですが，前問 17 (1)のように**一部を取り出して並べる場合は，区別しないと同様に確からしくならない**ので注意してください．

同じものを区別しないで，KANAGAWA から 6 つの文字を取って並べたとき

KAGAWA と KNGWAA

はその中の 2 つの場合ですが，すべての文字を区別すると，次のようになります．

K A_1 G A_2 W A_3　　　KNGW A_1A_2

4 × 3 × 2 ＝ 24 通りに対応　　　4×3＝12 通りに対応

A の個数が違うと対応する場合の数が違ってくる!!

したがって，これらは同様に確からしくありません．Aが何個入るかで対応が変わってくるので，区別して考えましょう．

19 確率の基本性質

(1) 1から100までの番号をつけた100枚のカードの中から，1枚のカードを取り出すとき，その番号が2または3で割り切れる確率を求めよ．

(2) 赤玉7個，白玉5個が入っている袋から同時に3個取り出すとき，それらが同じ色である確率を求めよ．

精講 ある試行において，全事象をUとし，その根元事象が同様に確からしいとする．このとき，事象Aが起こる確率を$P(A)$とすると

$$\underbrace{\boldsymbol{P(U)=1}}_{\text{全確率}=1},\quad \underbrace{\boldsymbol{P(\varnothing)=0}}_{\text{空事象の確率}=0},\quad \boldsymbol{0 \leqq P(A) \leqq 1}$$

⬅ $\varnothing$は空集合です．

が成り立ちます．

これらは順に，「全確率は1」，「起こらない事象の確率は0」，「確率は常に0以上1以下」が成り立つことを表しています．

⬅ 確率200%とかはないですね．

また，事象A，Bに対して，「**AまたはB**」が起こる事象を**和事象**といい，$\boldsymbol{A \cup B}$で表し，「**AかつB**」が起こる事象を**積事象**といい，$\boldsymbol{A \cap B}$で表します．

⬅ $A \cup B$：和事象
$A \cap B$：積事象

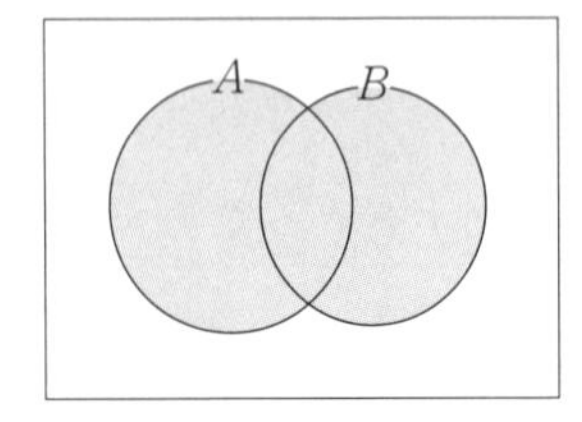

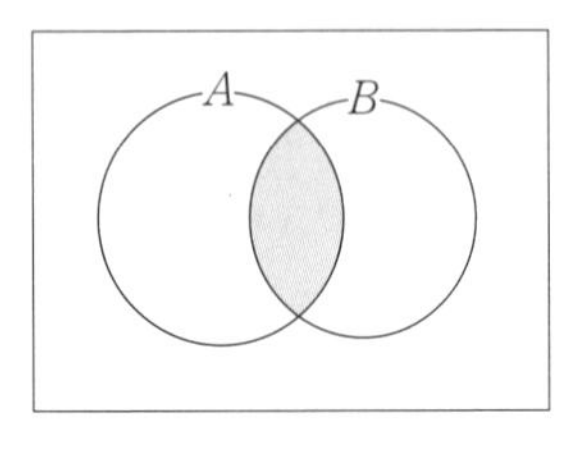

一般に，2つの事象A，Bに対して，

$$\boldsymbol{P(A \cup B)=P(A)+P(B)-P(A \cap B)}$$

が成り立ちます．これを確率の**加法定理**といいます．

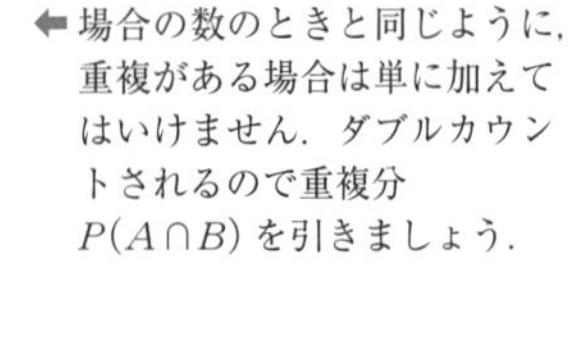

⬅ 場合の数のときと同じように，重複がある場合は単に加えてはいけません．ダブルカウントされるので重複分$P(A \cap B)$を引きましょう．

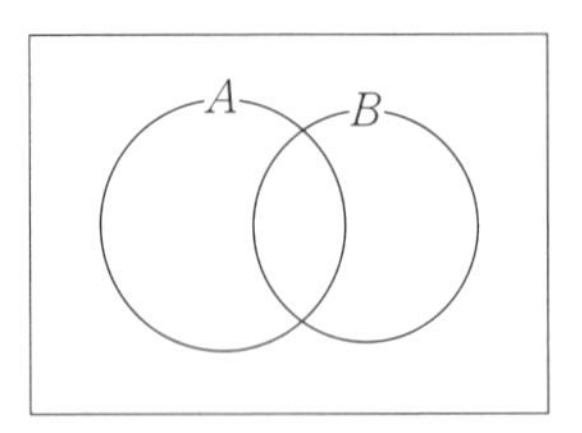

ただし，事象Aと事象Bが排反であれば，$A\cap B=\emptyset$ですから，$P(A\cap B)=0$ となるので

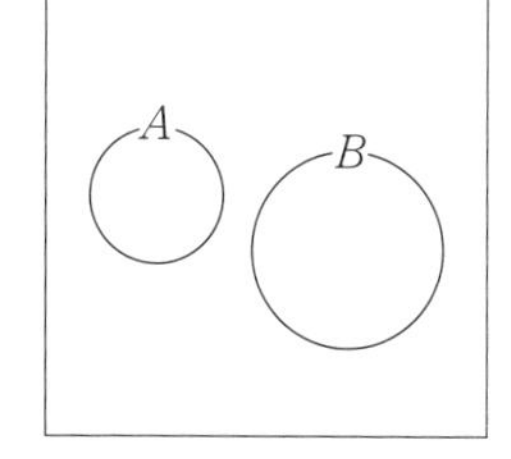

$$P(A\cup B)=P(A)+P(B)$$

となります.

⬅ 事象AとBが同時に起こらないとき，事象A，Bは**排反**であるという.

⬅ 重複がない場合は，そのまま加えてよい.

複雑な確率の計算では，場合分けをして，事象を分割して考えていくのが基本です．その際

①　それらの事象が排反になるように分ける
②　意図的に重複の起こる事象に分け，重複を取り除く

のどちらかで考えていきます．いつも**場合分けした事象に重複があるかどうかに注意**してください.

⬅ 困難は分割せよ！
でも，分割しすぎると大変なこともある.

解　答

(1)　カードの取り出し方は100通りあり，どの場合も同様に確からしい．このうち，カードの番号が2で割り切れる事象をA，3で割り切れる事象をBとすると，　$P(A)=\dfrac{50}{100}$，$P(B)=\dfrac{33}{100}$

⬅ 2の倍数は50枚，3の倍数は33枚，6の倍数は16枚.

2かつ3で割り切れるのは，6で割り切れるときで　$P(A\cap B)=\dfrac{16}{100}$

よって，求める確率は

$$P(A\cup B)=P(A)+P(B)-P(A\cap B)$$
$$=\frac{50}{100}+\frac{33}{100}-\frac{16}{100}=\mathbf{\frac{67}{100}}$$

⬅ $A\cap B\neq\emptyset$ より事象Aと事象Bは排反でない．重複分を引くのを忘れずに！

(2)　すべての玉を区別すると，3個の玉の取り出し方は${}_{12}\mathrm{C}_3$通りあり，どの場合も同様に確からしい．そのうち，3個が同じ色となるのは，

すべて赤のとき${}_7\mathrm{C}_3$通り，
すべて白のとき${}_5\mathrm{C}_3$通り

であるので，求める確率は

$$\frac{{}_7\mathrm{C}_3+{}_5\mathrm{C}_3}{{}_{12}\mathrm{C}_3}=\frac{35+10}{220}=\mathbf{\frac{9}{44}}$$

⬅ すべてが赤の事象をA，すべてが白の事象をBとおくと，$A\cap B=\emptyset$，すなわち事象Aと事象Bは同時に起こらないので排反である．よって，$P(A\cup B)=P(A)+P(B)$

20 余事象

3個のサイコロ A，B，C を同時に投げて，出た目を順に a，b，c とする．

(1) 積 abc が偶数となる確率を求めよ．

(2) $(a-b)(b-c)(c-a)=0$ となる確率を求めよ．

(3) a，b，c のうち最大のものが4となる確率を求めよ．

精講

全事象を U とする．事象 A に対して，**「事象 A が起こらない事象」**を事象 A の**余事象**といい，$\overline{A}$ で表す．

$$P(\overline{A})=1-P(A)$$

である．

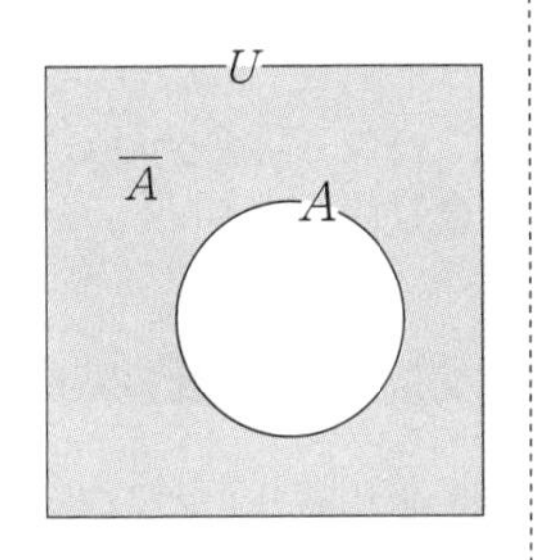

⬅ A でない事象を A の「余事象」という．もちろん，$A\cap\overline{A}=\varnothing$ であり，A と $\overline{A}$ は排反で $P(A)+P(\overline{A})=1$ が成り立ちます．

事象 A よりも，余事象 $\overline{A}$ の方が考え易い場合に使うと効果的です．特に，**「少なくとも一つ」**が連想される事象を考える場合は有効な場合が多いです．

⬅ 少なくともときたら余事象！

(1) 「abc が偶数」をいいかえると「a，b，c の少なくとも1つが偶数」となりますね．余事象である，a，b，c がすべて奇数の場合を考え，全確率1から引きましょう．

⬅ 自分でわかり易く翻訳しよう！

(2) $(a-b)(b-c)(c-a)=0$

$\iff$ $a=b$ または $b=c$ または $c=a$

$\iff$ 少なくとも2つは同じ数字が出る

⬅「または」は「少なくとも」をイメージしましょう！

と翻訳できますから，やっぱり余事象の出番ですね．

3個のサイコロにすべて異なる数字が出る場合を考えて，全確率1から引きましょう．

(3)　出る目の「最大が4」ときたら，

「最大が4」=「最大が4以下」−「最大が3以下」

とします，なんていきなりいわれても困ると思いますので，順を追って説明しますね．

「3つのサイコロを振って，出る目の最大が4となる」をいいかえると

「4以下のみ出る」かつ「少なくとも1つ4が出る」

となりますね．これより

「4以下のみ出る」を全体と考えれば，「少なくとも1つ4が出る」の余事象は4が出ない場合，すなわち「3以下のみ出る」

4
3
2
1

となりますね．すなわち，

「最大が4」=「4以下のみ出る」−「3以下のみ出る」
=「最大が4以下」−「最大が3以下」

となるわけです．

⬅「最大が…」ときたら….

⬅意味を考え翻訳すると，少なくともが….

⬅「出る目の最大が4以下」の中には，最大が4，3，2，1の場合が含まれますので，最大が3以下の場合を除けば，最大が4の場合が出ますね．これも余事象の考え方です．

解　答

(1)　積 abc が偶数の余事象，積 abc が奇数であるときを考えて，求める確率は

$$1-\frac{3^3}{6^3}=\boldsymbol{\frac{7}{8}}$$

⬅積が奇数は，3つとも奇数．

(2)　$(a-b)(b-c)(c-a)=0$

$\Longleftrightarrow a=b$ または $b=c$ または $c=a$

の余事象，3個のサイコロの目がすべて異なる場合を考えて

$$1-\frac{6\cdot5\cdot4}{6^3}=\boldsymbol{\frac{4}{9}}$$

⬅3つのサイコロの目が異なる場合は6·5·4通り．

(3)　a，b，c のうち最大のものを X とすると，$X=4$ となる確率は

$$P(X=4)=P(X\leqq4)-P(X\leqq3)$$
$$=\frac{4^3}{6^3}-\frac{3^3}{6^3}=\boldsymbol{\frac{37}{216}}$$

⬅「最大が4」=「最大が4以下」−「最大が3以下」

⑶でこうやった人はいませんか？
「とりあえずどれかに4が出て（どれが4かで${}_3C_1$），あとの2つは4以下だから（4^2）」

$$\frac{{}_3C_1 \cdot 4^2}{6^3} = \frac{2}{9}$$

これは，さっきの答えと違いますね．このように考えるとなぜ間違いかというと，4が複数出る場合に重複が起こってしまうからなんです．

例えば，3つとも4のときは（4，4，4）の1通りしかありませんが，どのサイコロが4かで${}_3C_1$通りとしてしまうと，右のように（4，4，4）は3回カウントされてしまいます．

A	B	C
④	4	4
4	④	4
4	4	④

ですから同じ数字が複数回出る場合は，安易に考えず，しっかり4の個数で場合分けしましょう．

① 4が1個出る場合，残りは3以下だから，どのサイコロに4が出るかも考えて
　　${}_3C_1 \times 3^2 = 27$ 通り
② 4が2個出る場合，残りは3以下だから，どのサイコロに4が出るかも考えて
　　${}_3C_2 \times 3 = 9$ 通り
③ 4が3個出る場合は1通り

以上①，②，③より，最大のものが4となる確率は

$$\frac{27+9+1}{6^3} = \frac{37}{216}$$

これなら，重複は起こりませんね．排反な事象に場合分けしています．

もちろん，1から6までの6つの数字から3個の数字を選んだとき，最大の数字が4となる確率は？と聞かれたら，4を複数選ぶことはないので，4と3以下が2つと考えて

$$\frac{1 \cdot {}_3C_2}{{}_6C_3} = \frac{3}{20}$$

とできます．ポイントは4が複数回現れるか現れないかです．よく間違うところなのでしっかり理解して次に進みましょう．

21　サイコロ

次の各問いに答えよ.

(1)　2つのサイコロを同時に投げたとき，出た目の数の和が9となる確率は［　　］であり，出た目の数の和が3の倍数となる確率は［　　］である.

また，出た目の数の和が8以下となる確率は［　　］である.

(2)　3つのサイコロを同時に投げたとき，出た目の数の和が9となる確率は［　　］である.

精講　本問では，サイコロの目の和がポイントになっているので，しっかり数え上げましょう.

(1)では，サイコロをA，Bと区別すると$6\times6=36$通りの目の出方がありますが，このうち，出た目の和が9となる場合の数は

⬅サイコロを区別！

$(A,\ B)=(3,\ 6),\ (4,\ 5),\ (5,\ 4),\ (6,\ 3)$

の4通りですから，その確率は$\dfrac{4}{36}$となります.

以下同様に，すべてかき出していけばよいのですが，**和の表を利用する**と，すべての場合が一目瞭然です.

⬅表を利用すると，考えられるすべての和が一目瞭然！

A＼B	1	2	3	4	5	6
1	2	3	4	5	6	7
2	3	4	5	6	7	8
3	4	5	6	7	8	9
4	5	6	7	8	9	10
5	6	7	8	9	10	11
6	7	8	9	10	11	12

サイコロを2個振ったとき，和は2～12で，一番起こり易いのは7で6通り，あとは1通りずつ減っていくことがわかります.

サイコロは表を作れ！

(2)では3つのサイコロの目の和を考えるので，すべてかき出すとちょっと大変ですね．このような場合は

⬅複雑なものは，段階を追って数える！

段階を追って数える！

のがポイントです．まず，和が9になる数字の組を考えると

(1, 2, 6), (1, 3, 5), (1, 4, 4),
(2, 2, 5), (2, 3, 4), (3, 3, 3)
の場合がありますね．これらの目がどのサイコロ(A, B, C)に出るかを考えると

← もちろんサイコロは区別して 6^3 通りのどれもが同様に確からしい！

数字がすべて異なる場合は，それぞれ 3! 通り
数字が 2 つ同じ場合は，それぞれ 3 通り
数字が 3 つとも同じ場合は 1 通り

ありますので，

$3!\times3+3\times2+1=25$ 通り

となります．

複雑な問題では一度に考えようとせず，段階を追って数えましょう．

以上の数え上げの考え方は，非常に重要ですが，サイコロの目の和は 3 個でも表を用いることができます．**研究**で解説しますので，そちらもしっかりマスターしましょう．

← **研究**を見よ！

解　答

(1)　2 つのサイコロの目の出方は $6^2=36$ 通りあってどの場合も同様に確からしい．このうち，目の和が 9 となるのは

← まずは，普通にかき出す方法を説明します．

(3, 6), (4, 5), (5, 4), (6, 3)

の 4 通りあるから，求める確率は $\frac{4}{36}=\mathbf{\frac{1}{9}}$

出た目の和が 3 の倍数となるのは，

← 和が 3, 6, 9, 12 の場合をすべてかき出してもよいが，左の**解答**では，組を考えてから，サイコロに対応させています．

(1, 2), (1, 5), (2, 4), (3, 3), (3, 6),
(4, 5), (6, 6)

の数字の組がある．どのサイコロに出るかを考えて

$$\frac{2\times5+1\times2}{6^2}=\mathbf{\frac{1}{3}}$$

目の和が 9 以上となるのは，

← 9 以上の方が少ないので，余事象を利用します．

目の和が 9 のとき， 4 通り
目の和が 10 のとき，(4, 6), (5, 5), (6, 4) の 3 通り
目の和が 11 のとき，(5, 6), (6, 5) の 2 通り

目の和が12のとき，(6, 6)の1通り

の計 $4+3+2+1=10$ 通りあるから，目の和が8以下となる確率は $1-\frac{10}{36}=\frac{26}{36}=\mathbf{\frac{13}{18}}$

別解　目の和の表をかくと　← 表を利用した別解.

A＼B	1	2	3	4	5	6
1	2	3	4	5	6	7
2	3	4	5	6	7	8
3	4	5	6	7	8	9
4	5	6	7	8	9	10
5	6	7	8	9	10	11
6	7	8	9	10	11	12

目の和が9となるのは4通りあるので，その確率は　$\frac{4}{36}=\frac{1}{9}$

目の和が3の倍数になるのは，和が3, 6, 9, 12の場合で

$2+5+4+1=12$ 通り

よって，求める確率は

$\frac{12}{36}=\frac{1}{3}$

目の和が8以下となるのは，上の表より，26通りあるから　$\frac{26}{36}=\frac{13}{18}$

(2)　3個のサイコロの目の出方は $6^3=216$ 通りあり，どの場合も同様に確からしい．このうち，目の和が9となるのは　← 精講 参照！

(1, 2, 6), (1, 3, 5), (1, 4, 4),

(2, 2, 5), (2, 3, 4), (3, 3, 3)

の目が出る場合である．これらの目がどのサイコロに対応するか考えて

$$\frac{3!\times3+3\times2+1}{6^3}=\mathbf{\frac{25}{216}}$$

研究　《サイコロは表を作れ！》

サイコロを3つ振ったときも表を使えます．

(2)のサイコロを3つ振ったときの目の和が9となる確率の場合，まず，右図のように2つのサイコロA, Bを振ったときの和の表をかき，これを利用して，サイコロを3つ振ったときの目の和が9になる場合をカウントします．

A＼B	1	2	3	4	5	6
1	2	3	4	5	6	7
2	3	4	5	6	7	8
3	4	5	6	7	8	9
4	5	6	7	8	9	10
5	6	7	8	9	10	11
6	7	8	9	10	11	12

3つのサイコロA，B，Cの目の和が9となるのは，2つのサイコロA，Bを振ったとき，和が3～8のときですね．

これは表より25通りあります．この各々に対して，3つの目の和が9となるのは

A，Bの和が3のとき，Cは6で1通り
A，Bの和が4のとき，Cは5で1通り
A，Bの和が5のとき，Cは4で1通り
A，Bの和が6のとき，Cは3で1通り
A，Bの和が7のとき，Cは2で1通り
A，Bの和が8のとき，Cは1の1通り

あり，Cの目はどの場合も1通りずつあるから

$25 \times 1 = 25$ 通り

となります．

右の図のような立体の表をイメージしてください．**最後の枝の本数の合計が場合の数**になります．問題によっては2本出たり，3本出たりする場合もありますが，3つ目を丁寧にカウントすればかなり楽にカウントできますので是非マスターしてください．(⇒**実戦編50**参照)

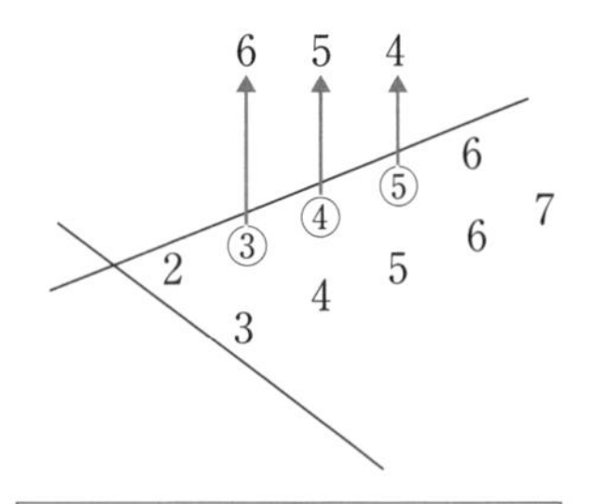

立体の表をイメージ
3個目の枝の個数の合計が
そのまま場合の数になる!!

今回の問題は，最後の枝が1本ずつしかないので，確率のかけ算をイメージして

$$\underbrace{\frac{25}{6^2}}_{2つで和が3\sim8} \times \underbrace{\frac{1}{6}}_{3つ目は各々1通り} = \frac{25}{216}$$

とすることもできます．

詳しくは，**実戦編61**で取り扱いますのでお楽しみに！

22　ジャンケン

3人でジャンケンをして，負けたものから順に抜けてゆき，最後に残った1人を優勝者とする．このとき，

(1)　1回で優勝者が決まる確率を求めよ．

(2)　1回終了後に2人残っている確率を求めよ．

(3)　3回終了後に3人残っている確率を求めよ．

(4)　ちょうど3回目で優勝者が決まる確率を求めよ．

ただし，各人がジャンケンでどの手を出すかは同様に確からしいとする．

精講　ジャンケンの問題では，

「誰が何で勝つか！」

がポイントです．

例えば，3人でジャンケンをする場合，手の出し方は3^3通りあって，

←何で勝つかは常に3通りです．勝つ人の手が決まれば，負ける人の手は自動的に決まります．

①1人勝つとき

誰が　何で

$$\frac{{}_3C_1\times 3}{3^3}=\frac{1}{3}$$

②2人勝つとき

誰が　何で

$$\frac{{}_3C_2\times 3}{3^3}=\frac{1}{3}$$

③引き分け

←引き分けは余事象を考える！

$$1-①-②=\frac{1}{3}$$

2人でジャンケンをする場合は，手の出し方は3^2通りあって，

←一般に，n人でジャンケンをしたとき，k人$(1\leqq k\leqq n-1)$が勝つ確率は$\frac{{}_nC_k\cdot 3}{3^n}$

①1人勝つとき

誰が　何で

$$\frac{{}_2C_1\times 3}{3^2}=\frac{2}{3}$$

②引き分け

$$1-①=\frac{1}{3}$$

となります．引き分けは「余事象」を考えましょう．

また，後半はこれらを用いて「樹形図」を利用します．**推移を見たいときは**「樹形図」の出番です．

←推移を見たいときは樹形図！

解　答

(1)　3 人の手の出し方は 3^3 通りあり，どの場合も同様に確からしい．

　1 回で優勝者が決まる確率は

⬅ 誰が何で！

$$\frac{{}_3C_1\cdot 3}{3^3}=\mathbf{\frac{1}{3}}$$

(2)　1 回終了後に 2 人残っている確率は

$$\frac{{}_3C_2\cdot 3}{3^3}=\mathbf{\frac{1}{3}}$$

(3)　1 回ジャンケンをして，引き分けとなるのは(1)，(2)より

⬅ 引き分けは余事象！

$$1-\frac{1}{3}-\frac{1}{3}=\frac{1}{3}$$

　3 回終了後に 3 人残るのは，3 回とも引き分けのときであるから

$$\left(\frac{1}{3}\right)^3=\mathbf{\frac{1}{27}}$$

(4)　2 人でジャンケンをして，1 人になる確率は

⬅ 2 人→1 人と 2 人→2 人の場合を計算しておく．

$$\frac{{}_2C_1\cdot 3}{3^2}=\frac{2}{3}$$

　2 人になる確率は $\frac{1}{3}$ であるから，ちょうど 3 回で優勝者が決まるのは，残っている人数の樹形図をかくと

⬅ 人数の推移を見たいので樹形図を利用する．

1 回目　2 回目　3 回目

- 3 人 —($\frac{1}{3}$)— 3 人 —($\frac{1}{3}$)— 3 人 —($\frac{1}{3}$)— 1 人
- 3 人 —($\frac{1}{3}$)— 3 人 —($\frac{1}{3}$)— 2 人 —($\frac{2}{3}$)— 1 人
- 3 人 —($\frac{1}{3}$)— 2 人 —($\frac{1}{3}$)— 2 人 —($\frac{2}{3}$)— 1 人

となることから，求める確率は

⬅ 連続操作はかけ算！
排反な事象は足し算！

$$\left(\frac{1}{3}\right)^3+\left(\frac{1}{3}\right)^2\cdot\frac{2}{3}+\left(\frac{1}{3}\right)^2\cdot\frac{2}{3}=\mathbf{\frac{5}{27}}$$

23　カードの組分け

(1)　白，赤の同形のカードがそれぞれ2枚ずつ合計4枚ある．これを2人に2枚ずつ配るとき，2人とも各自受け取った2枚の色が異なっている確率を求めよ．

(2)　赤，白，青の同形のカードが，それぞれ2枚ずつ合計6枚ある．これを3人に2枚ずつ配るとき，3人とも各自受け取った2枚の色が異なっている確率を求めよ．

（神戸薬科大）

精講　(1)は，すべてのカードを区別して，2人をA，Bとすると，カードの配り方は${}_4C_2$通りで，どの場合も同様に確からしくなります．

← 確率では，すべてのものを区別するのが基本！このとき，配り方は同様に確からしい！

このうち，2人ともカードの色が異なる場合をカウントすればよいのですが，誰にどの色のどのカードを配るか考えないといけないので，少々複雑です．このような場合は

段階を追って数える！

のがポイントになります．

A，Bに異なる色のカードを配るとき，まずは色の組を考えると

A	B
赤白	赤白

← まずは具体例をかく！

の場合しかありませんが，カードを区別しているので，Aにどの赤のカードを配るかで2通り，Aにどの白のカードを配るかで2通りありますので，場合の数は2×2通りになります．

← 1通りではありません．カードは 赤$_1$ 赤$_2$ 白$_1$ 白$_2$ と区別しています．

まずは，A，Bに配る色の組を考えて，
次にどのカードを配るか考える

というように2段階で考えています．

同様に(2)でもすべてを区別すると，A，B，Cにカードを配る方法は${}_6C_2 \cdot {}_4C_2$通りあり，どの場合も同様に確からしくなります．このうち，3人とも受け取ったカードの色が異なるのは，色の組を考えると

「赤白」,「赤青」,「青白」の場合しかありません．そこで，例えば

A	B	C
赤|白	赤|青	青|白

←具体例！

と配られたとすると，カードは区別しているので，どの赤，どの白，どの青のカードを配るかで 2^3 通りとなります．

さらに，誰に上の 3 つの色のペアを配るかで 3! 通りあるので，場合の数は $2^3\times3!$ 通りとなります．

←「色のペア」「どのカードを配るか」「それらを誰に配るか」の 3 段階で数えている！

複雑な数え上げでは，段階を追って数えましょう！

解　答

(1)　すべてのカードを区別すると，カードの配り方は ${}_4C_2$ 通りあり，どの場合も同様に確からしい．このうち，2 人とも受け取った 2 枚のカードの色が異なるのは $2\times2=4$ 通りあるから，求める確率は

$$\frac{4}{{}_4C_2}=\mathbf{\frac{2}{3}}$$

←カードや人を区別して分母を考えているのに，分子をカウントする際にその基準を忘れてしまう人が非常に多いです．この問題を間違った人は恐らくそうだったのでは？分母分子の基準は同じにすること！自分がどんな立場で考えているか常に意識してください．

(2)　すべてのカードを区別すると，カードの配り方は ${}_6C_2\cdot{}_4C_2$ 通りあり，どの場合も同様に確からしい．このうち，3 人とも受け取った 2 枚のカードの色が異なるのは，例えば A，B，C の 3 人に

$$\underbrace{\text{赤白}}_{\text{A}}\quad\underbrace{\text{赤青}}_{\text{B}}\quad\underbrace{\text{青白}}_{\text{C}}$$

と配ればよく，このとき，どの赤，どの青，どの白を配るかで $2\times2\times2=8$ 通りあり，さらに A，B，C にどの色のペアを配るかで 3! 通りあるから，求める確率は

$$\frac{8\times3!}{{}_6C_2\cdot{}_4C_2}=\mathbf{\frac{8}{15}}$$

(1)　2人をA，Bとし，1枚ずつ配ると考えると，Aが1枚目に何をもらおうが，2枚目に異なるカードをもらう確率は $\frac{2}{3}$ です．

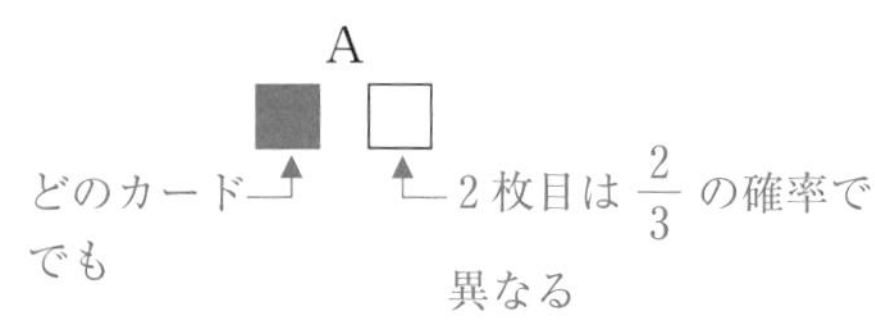

実は，本問は誰に配るかは関係なく，色の組合せ方に着目しても同じで，赤$_1$と異なる色のカードが組む確率を考えて $\frac{2}{3}$ でもO.K.です．

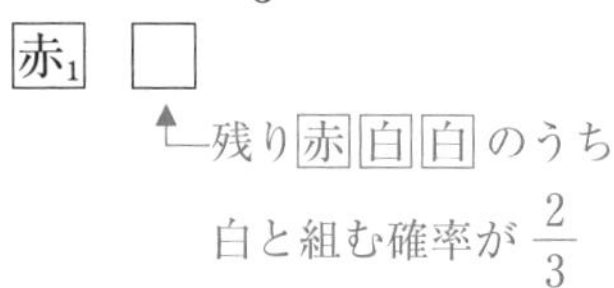

(2)　同様に色の組合せ方に着目すると，赤$_1$と赤以外が組む確率は $\frac{4}{5}$．例えば，赤$_1$が青と組んでいるとすると，残りは赤$_2$青白白となりますが，これらが異なる色の組になるのは，赤が白と組む場合で $\frac{2}{3}$．

赤$_2$　白

←青白白のうちの白と組む確率から $\frac{2}{3}$

したがって，$\frac{4}{5}\times\frac{2}{3}=\frac{8}{15}$ ともできます．（誰に配られるかは関係ないということ）

このように，確率ではいろいろなアプローチができます．いろいろ考えてみると面白いですよ．

24 独立試行・反復試行

サイコロを5回振るとき，以下の問いに答えよ．

(1) 1が3回出る確率を求めよ．

(2) 1が3回出て，かつ5回目が1となる確率を求めよ．

(3) 1が2回，2が2回出る確率を求めよ．

精講 試行 T_1，T_2 において，試行 T_1 が試行 T_2 に影響を与えないとき，2つの試行 T_1，T_2 は**独立である**といい，このような試行を**独立試行**といいます．

例えば，サイコロを繰り返し振る場合は，何回目でもどの目が出るかは同じ確率ですね．ですから，

⬅ 1回ごとにリセットがかかる試行が独立試行！何回目でも確率は変わりません．

> 独立試行において，事象 A，B が連続して起こる確率は
> $\boldsymbol{P(A)\times P(B)}$

となります．また，本問のように，独立な試行を繰り返し行う場合は**反復試行**と呼ばれます．

反復試行の問題では，

$$\boxed{\text{サンプル}}\times\boxed{\text{場合の数}}$$

と考えるのがポイントです．以下の解説を読んでしっかり考え方を掴んでください．丸暗記はだめですよ！

⬅ 反復試行において，1回の試行で事象 A の起こる確率が p であるとする．n 回の試行のうち，事象 A が k 回起こる確率は

$${}_n\mathrm{C}_k p^k(1-p)^{n-k}$$

となりますが，$p^k(1-p)^{n-k}$ がサンプル，${}_n\mathrm{C}_k$ が場合の数です．丸暗記すると，(2)や(3)のような問題に対応できなくなるので，しっかり意味を考えて覚えてください．これも，段階を追って数える例です．

(1) 具体例(サンプル)として，1，1，1，○，○(○は1以外)と出る場合を考えると，その確率は

$\left(\dfrac{1}{6}\right)^3\left(\dfrac{5}{6}\right)^2$ となりますね．

ところが，1が3回出る場合は他にもあって

1，1，○，○，1 や 1，○，○，1，1

など，3つの1と○2つの並べ方だけあります．独立試行なので，これらはどの場合も確率は同じですから

$$\underbrace{{}_5\mathrm{C}_3}_{\text{場合の数}}\times\underbrace{\left(\frac{1}{6}\right)^3\left(\frac{5}{6}\right)^2}_{\text{サンプル}}$$

⬅ 本当は

$$\underbrace{\left(\frac{1}{6}\right)^3\left(\frac{5}{6}\right)^2}_{\text{サンプル}}\times\underbrace{{}_5\mathrm{C}_3}_{\text{場合の数}}$$

とかきたいぐらいですが，教科書の順番でかきました．

となります．

　このように，独立試行の問題では，まずサンプルの確率を求め，それがどれだけあるか考える．すなわち，(サンプル)×(場合の数)と考えましょう．

(2)　具体例 1，1，○，○，1 の確率が $\left(\frac{1}{6}\right)^3\left(\frac{5}{6}\right)^2$ となり，(1)と同じですが，5回目に1が出ないといけないので，その場合の数は

← 最後は必ず1が出ることに注意！

$$\underbrace{1,\ 1,\ \bigcirc,\ \bigcirc,}_{{}_4C_2\text{通り}}\ \boxed{1}$$

となります．よって，その確率は

$$\underbrace{{}_4C_2}_{\text{場合の数}}\ \underbrace{\left(\frac{1}{6}\right)^3\left(\frac{5}{6}\right)^2}_{\text{サンプル}}\ \text{です．}$$

(3)　具体例 1，1，2，2，○の確率が $\left(\frac{1}{6}\right)^2\left(\frac{1}{6}\right)^2\cdot\frac{4}{6}$ となり，その場合の数が

← 種類が増えても，しっかり場合をカウントすればオッケー！

$$\underbrace{1,\ 1,\ 2,\ 2,\ \bigcirc}_{\frac{5!}{2!2!}\text{通り}}$$

となります．よって，その確率は

$$\underbrace{\frac{5!}{2!2!}}_{\text{場合の数}}\ \underbrace{\left(\frac{1}{6}\right)^2\left(\frac{1}{6}\right)^2\cdot\frac{4}{6}}_{\text{サンプル}}\ \text{となります．}$$

どうですか？考え方がわかりましたか？
しっかり理解してくださいね．

解　答

(1)　1が3回出る確率は

$${}_5C_3\left(\frac{1}{6}\right)^3\left(\frac{5}{6}\right)^2=\mathbf{\frac{125}{3888}}$$

← 反復試行では(サンプル)×(場合の数)と段階を追って数えましょう！

(2)　1が3回出て，かつ5回目が1となる確率は

$${}_4C_2\left(\frac{1}{6}\right)^3\left(\frac{5}{6}\right)^2=\mathbf{\frac{25}{1296}}$$

(3)　1が2回，2が2回出る確率は

$$\frac{5!}{2!2!}\left(\frac{1}{6}\right)^2\left(\frac{1}{6}\right)^2\cdot\frac{4}{6}=\mathbf{\frac{5}{324}}$$

25 ランダムウォーク

　x 軸上を動く点Aがあり，最初は原点にある．硬貨を投げて表が出たら正の方向に1だけ進み，裏が出たら負の方向に1だけ進む．硬貨を6回投げるとき，以下の問いに答えよ．

(1)　硬貨を6回投げたときに，点Aが原点に戻る確率．

(2)　硬貨を6回投げたとき，点Aが2回目に原点に戻り，かつ6回目に原点に戻る確率．

(3)　硬貨を6回投げたとき，点Aが初めて原点に戻る確率．　(埼玉大)

精講　数直線上を点が動く問題です．硬貨を投げて表が出たら右に1，裏が出たら左に1だけ等確率 $\frac{1}{2}$ で進みます．

⬅ コインを投げる試行は独立試行！この問題は，反復試行の応用問題です．

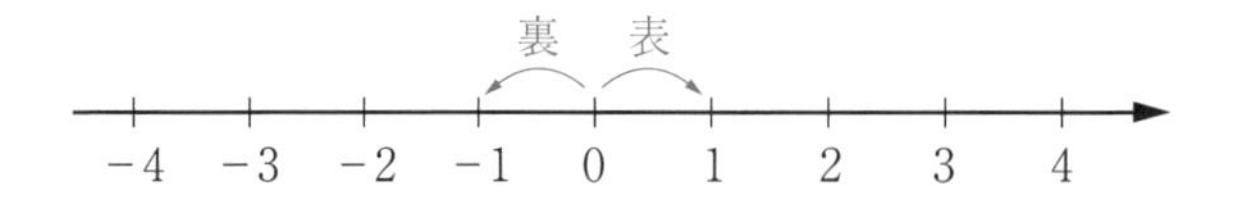

(1)　6回のうち，右に進む回数を a，左に進む回数を b として，試行回数とAの位置を考えると，次の2本の式が立ちます．

　$a+b=6$　[試行：6回]

　$a-b=0$　[位置：a 回1進み，b 回 -1 進み トータルで0]

⬅ 今回は単純なものなので，表裏は3回ずつでO.K.ですが，複雑なものは，この場合に限ることをいう必要がありますので，その例として，しっかり式で説明しました．

　これを解くと，$a=b=3$ となり，表と裏が3回ずつ出る場合のみ原点に移動します．硬貨を投げる試行は独立試行ですから，求める確率は

$$\underbrace{{}_6C_3}_{\text{場合の数}}\times\underbrace{\left(\frac{1}{2}\right)^3\left(\frac{1}{2}\right)^3}_{\text{サンプル}}$$

となります．

⬅ 例えば，サンプル 表表表裏裏裏 の順に出る確率 $\left(\frac{1}{2}\right)^3\left(\frac{1}{2}\right)^3$ に出る順番 ${}_6C_3$ をかける．

(2)　同様に考えると，2回で0に戻るのは，表と裏が1回ずつ出るときで，その確率は ${}_2C_1\left(\frac{1}{2}\right)\left(\frac{1}{2}\right)$

⬅ 表裏(サンプル)

　その後4回で再び0に戻るのは，表と裏が2回ず

⬅ 表表裏裏(サンプル)

つ出るときで，その確率は ${}_4C_2\left(\dfrac{1}{2}\right)^2\left(\dfrac{1}{2}\right)^2$

となるので，これらの積

$${}_2C_1\left(\frac{1}{2}\right)\left(\frac{1}{2}\right)\times{}_4C_2\left(\frac{1}{2}\right)^2\left(\frac{1}{2}\right)^2$$

が求める確率になります．

⬅ $0 \overset{2回}{\Longrightarrow} 0 \overset{4回}{\Longrightarrow} 0$

ここまでは普通にカウントできるのですが，(3)では途中で0に寄れないという制限がついていますので考えにくいですね．このような場合は，実際に場合をかき出してしまいましょう．すなわち

⬅ ランダムウォークの問題では，点の移動の推移を調べる必要があることが多いので，樹形図の利用が効果的です．

樹形図

の出番です．**推移を見る問題は，樹形図を用いると効果的**です．

《樹形図のかき方》

通常，樹形図は図1のようにかいていきますが，2回目に0にいるときを合わせて，図2のようにかくと(位置の樹形図)考え易くなります．

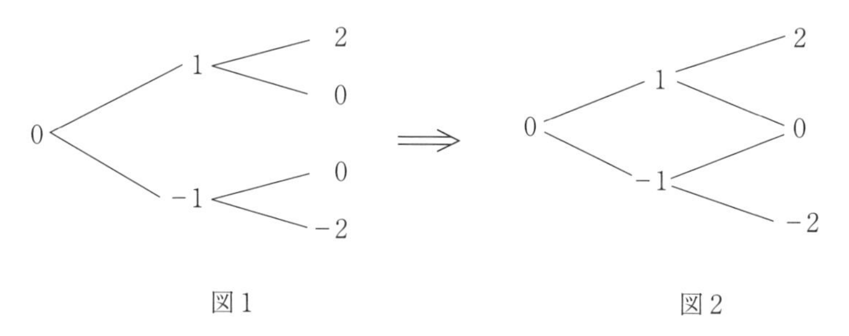

図1　　　図2

例として，2回目に原点に戻る場合を考えてみましょう．

図2において，どの枝の確率も $\dfrac{1}{2}$ ですから，2回目に原点に戻るどの経路の

確率も $\left(\dfrac{1}{2}\right)^2$(サンプル)，これに場合の数 ${}_2C_1$(最短経路の数え方)をかけて

${}_2C_1\left(\dfrac{1}{2}\right)^2$ が求める確率になります．

以下の解答では，樹形図を用いてみますので，その有効性を実感してください．

解　答

硬貨を6回投げたときのAの位置の樹形図をかくと，右のようになる．

> ⬅ランダムウォークの問題では，移動の推移を見るため，樹形図を利用するとよい問題が多い！

(1)　硬貨を6回投げたときに，点Aが原点に戻るのは，表と裏が3回ずつ出るときで，

$${}_6C_3\left(\frac{1}{2}\right)^3\left(\frac{1}{2}\right)^3=\mathbf{\frac{5}{16}}$$

> ⬅サンプルが
> $\left(\frac{1}{2}\right)^3\left(\frac{1}{2}\right)^3$
> 場合の数は表表表裏裏裏の並び方を考えて ${}_6C_3$ 通り．

(2)　硬貨を6回投げたとき，点Aが2回目に原点に戻り，かつ6回目に原点に戻るのは，初めの2回のうち1回表が出て，その後の4回のうち2回表が出るときであるから，

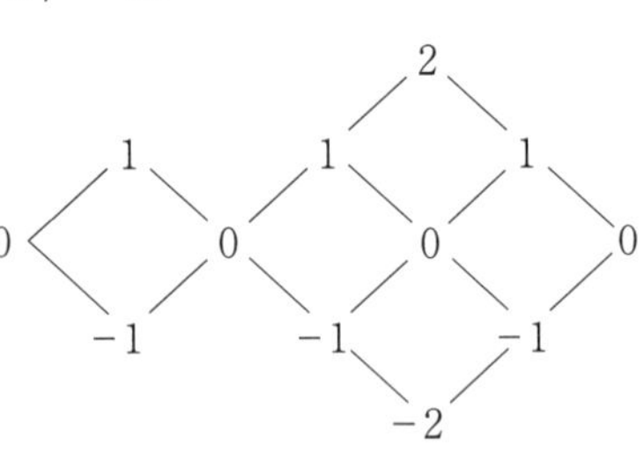

$${}_2C_1\cdot{}_4C_2\left(\frac{1}{2}\right)^6=\mathbf{\frac{3}{16}}$$

> ⬅結局表が3回，裏が3回なので，1本の経路の確率はすべて $\left(\frac{1}{2}\right)^6$ です．これに経路の数 ${}_2C_1\cdot{}_4C_2$ をかけます．

(3)　硬貨を6回投げたとき，点Aが初めて原点に戻るのは，右図のように動くときで

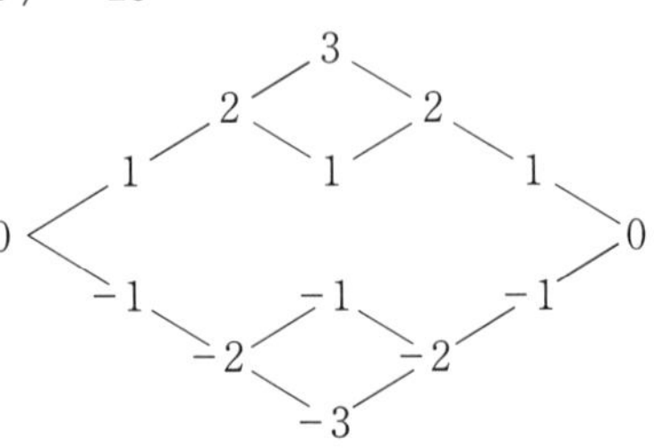

$$4\times\left(\frac{1}{2}\right)^6=\mathbf{\frac{1}{16}}$$

> ⬅樹形図をかいてみると，どのような場合になるかよくわかりますね．

26　条件付き確率

(1)　1個のサイコロを振ったら奇数の目が出た．このとき，それが3の倍数である条件付き確率を求めよ．

(2)　重さの異なる4個の玉が入っている袋から1つ玉を取り出し，もとに戻さずにもう1つ取り出したところ，2番目の玉の方が重かった．2番目の玉が，4個の中で最も重い確率を求めよ．

精講　事象Aが起こったときに，事象Bが起こる確率を，事象Aが起こったときの事象Bが起こる**条件付き確率**といい，$P_A(B)$ で表します．条件付き確率というと，難しいイメージを持っている人が多いのですが，以下に説明しますので，しっかりイメージをつかんでください．

(1)　サイコロを1個振ったとき，3の倍数となるのは3または6が出たときですから，

⬅ サイコロを振ると全事象は6通りだが….

「全事象1，2，3，4，5，6の中の3の倍数の割合」

ということで，その確率は $\frac{2}{6}$ ですね．

ところが今回は奇数の目が出たことがわかっているので，出た目は1，3，5のいずれかです．このうち，3の倍数は3のみですから，奇数の目が出たときに，3の倍数となる条件付き確率は

⬅ 奇数の目が出たという条件のもとで考えるので，分母の事象は1，3，5の3通りであり，これらは同様に確からしい．

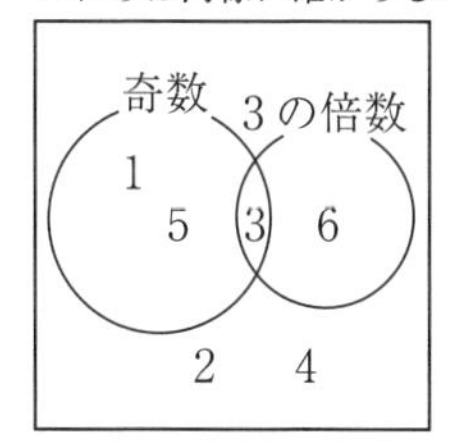

「奇数1，3，5の中の3の倍数の割合」

となり，$\frac{1}{3}$ となります．

つまり，事象Aが起こったときに，事象Bが起こる条件付き確率を考える際には，**事象Aの中での事象Bの割合**を考えることになります．これを確率を用いて表現すると，次のようになります．

⬅ 全事象がAに変わる！

事象Aが起こったときに，事象Bが起こる確率を，事象Aが起こったときの事象Bが起こる**条件付き確率**といい，$P_A(B)$ で表す．このと

き,

$$\boldsymbol{P_A(B)=\frac{P(A\cap B)}{P(A)}}$$

各根元事象が同様に確からしい試行において，その全事象をUとします．このとき，条件付き確率$P_A(B)$は，Aを全事象とした場合の $A\cap B$ が起こる確率で

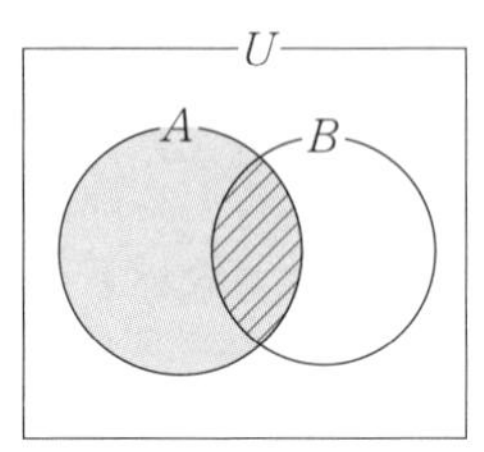

$$\boldsymbol{P_A(B)=\frac{n(A\cap B)}{n(A)}} \quad \cdots\cdots ①$$

$$=\frac{\dfrac{n(A\cap B)}{n(U)}}{\dfrac{n(A)}{n(U)}}=\boldsymbol{\frac{P(A\cap B)}{P(A)}} \quad \cdots\cdots ②$$

となります．

⬅ $n(X)$ で事象Xの場合の数を表します．

⬅ 条件付き確率は事象Aの中の事象Bの割合！
全体がUからAに変わる！
場合の数で表現したものが①，確率で表現したものが②です．
問題を解く際には，考えやすい方を利用しましょう．

条件付き確率の問題では，

まず事象に名前を付け，整理すること

そして上の①または②式を利用して解いていくことになります．しっかりマスターしてください．

解　答

(1)　1つのサイコロを振るとき，事象A，Bを
　A：奇数が出る，　B：3の倍数が出る
とすると，

$$P(A)=\frac{3}{6},\ P(A\cap B)=\frac{1}{6}$$

であるから，

$$P_A(B)=\frac{P(A\cap B)}{P(A)}=\frac{\dfrac{1}{6}}{\dfrac{3}{6}}=\boldsymbol{\frac{1}{3}}$$

⬅ 精講では①の場合の数で考えましたので，こちらは②の確率で考えてみます．

⬅ $A\cap B$ となるのは，3のみの1通り．

(2)　2番目の玉が1番目より重いという事象をA，2番目の玉が最も重いという事象をBとする．玉

⬅ まず，事象に名前をつける！

の取り出し方は 4·3=12 通りあり，これらは同様に確からしい．玉を軽い方から 1，2，3，4 とし，(1 回目の玉，2 回目の玉)とすると，事象 A となるのは，

(1，2)，(1，3)，(1，4)，(2，3)，(2，4)，(3，4) の 6 通り

⬅まず，場合の数で考えてみます．

このうち，事象 $A\cap B$ となるのは

(1，4)，(2，4)，(3，4) の 3 通りあるから，

⬅A のうち B になる場合の割合が条件つき確率です．

求める条件付き確率は

$$P_A(B)=\frac{n(A\cap B)}{n(A)}=\frac{3}{6}=\mathbf{\frac{1}{2}}$$

(2)を確率で考えると，事象 A となるのは，
(1，2)，(1，3)，(1，4)，(2，3)，(2，4)，(3，4) の 6 通りより

$$P(A)=\frac{6}{12}$$

事象 $A\cap B$ となるのは，(1，4)，(2，4)，(3，4) のときで

$$P(A\cap B)=\frac{3}{12}$$

したがって，求める条件付き確率は

$$P_A(B)=\frac{P(A\cap B)}{P(A)}=\frac{\frac{3}{12}}{\frac{6}{12}}=\frac{1}{2}$$

ともできますが，場合の数で解けるものは，①でやった方がイメージが掴みやすいと思います．

研究　《カルノー図》

みなさん，カルノー図って知ってますか？

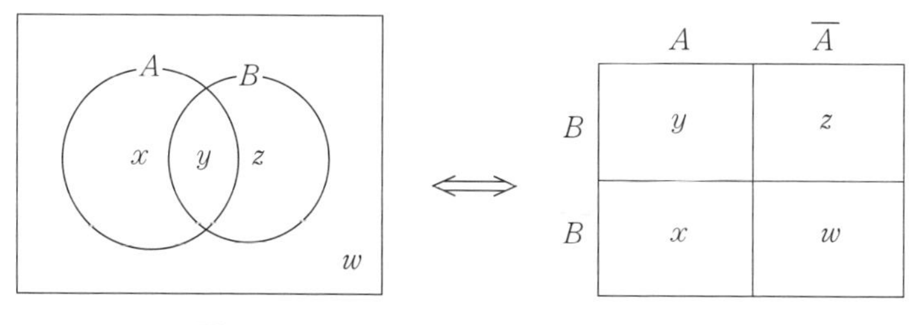

ベン図　　　　カルノー図

左の図は「ベン図」と呼ばれおなじみですが，右の図は**「カルノー図」**と呼ばれます．どちらも4つの部分に分かれていて，同じ意味をもっているのがわかりますね．

カルノー図を使うと，特に**A，Bと$\overline{A}$，$\overline{B}$を対等に扱うことができる**ので，否定が絡んだ「かつ」，「または」を議論するときに特に有効です．

ちょっと次の問題を考えてみてください．

> (1)において，奇数の目が出る事象をA，3の倍数の目が出る事象をBとすると，$P(A)=\frac{3}{6}$，$P(B)=\frac{2}{6}$，$P(A\cap B)=\frac{1}{6}$ である．条件付き確率 $P_{\overline{A}}(\overline{B})$ を求めよ．

下の図で，$P(A\cap\overline{B})=x$，$P(A\cap B)=y$，$P(\overline{A}\cap B)=z$，$P(\overline{A}\cap\overline{B})=w$ とおくと，$x+y+z+w=1$（全確率$=1$）であり，

	A	$\overline{A}$
B	y	z
$\overline{B}$	x	w

$$P(A)=x+y=\frac{3}{6},\ P(B)=y+z=\frac{2}{6},\ P(A\cap B)=y=\frac{1}{6}$$

となりますね．これを解くと

$$x=\frac{2}{6},\ y=\frac{1}{6},\ z=\frac{1}{6},\ w=\frac{2}{6}$$

となり，確率がすべて埋まります．

よって，$P_{\overline{A}}(\overline{B})=\dfrac{P(\overline{A}\cap\overline{B})}{P(\overline{A})}=\dfrac{w}{z+w}=\dfrac{\frac{2}{6}}{\frac{3}{6}}=\mathbf{\dfrac{2}{3}}$ となります．

カルノー図を用いると，x，y，z，wが決まればいろいろな条件付き確率も求められますし，否定が絡んでも，A，Bと対等に議論できます．さらに条件付き確率のイメージもわきますので，うまく活用してください．

ちょっと一言

事象Aを「Yゼミに行く」，事象Bを「第一志望に合格する」とします．

$P(B)$：第一志望に合格する確率より，$P_A(B)$：Yゼミに行ったときに，第一志望に合格する確率が高ければ皆さんどうします？

迷わず行きますよね．

27　乗法定理

箱の中に赤玉が3個，白玉が2個入っている．箱から玉を1個ずつ取り出してその色を見ることを3回繰り返す．次のそれぞれの場合に赤が2回出る確率を求めよ．

(1)　取り出した玉は常に箱に戻す．

(2)　取り出した玉は箱に戻さず続ける．

(3)　取り出した玉が赤なら戻し，白なら戻さない．

精講　まず，次の問題を考えてみましょう．

赤玉3個と白玉2個が入っている箱から，1個ずつ2回玉を取り出すとき，次のそれぞれの場合に赤が2回出る確率を求めよ．

(i)　取り出した玉は常に箱に戻す．

(ii)　取り出した玉は箱に戻さず続ける．

1回目に赤が出る事象をA，2回目に赤が出る事象をBとすると，(i)の取り出した玉を常に戻す場合は独立試行ですから，1回目に赤玉を取り出す場合も，2回目に赤玉を取り出す場合も確率は変わりません．これより，2回とも赤玉が出る確率は

$$P(A)\times P(B)=\frac{3}{5}\times\frac{3}{5}$$

となります．

⇐ 独立試行なので，1回目に赤玉が出る確率も，2回目に赤玉が出る確率も同じ！

ところが(ii)では，取り出した玉を戻さないので，玉の個数が変化してしまい，2回目に赤玉を取る確率は変わってしまいます．そこで，「1回目に赤玉が出る確率」に「1回目に赤玉が出たときに，2回目に赤玉が出る条件付き確率」をかけて

$$P(A)\times P_A(B)=\frac{3}{5}\times\frac{2}{4}$$

とすることになります．

⇐ 2回目は，赤2個，白2個となっているので

$$P_A(B)=\frac{2}{4}$$

確率が変化することに注意！

一般には，以下のようになります．

26で学習したように，事象Aが起こったときに，事象Bが起こる確率は $P_A(B)=\dfrac{P(A\cap B)}{P(A)}$ でした．

これを変形すると，2つの事象A，Bがともに起こる確率$P(A\cap B)$は

$$\boldsymbol{P(A\cap B)=P(A)P_A(B)}$$

となります．これを**確率の乗法定理**といいます．

← これは3つ以上の事象についても成り立つ．例えば，(ii)で3回玉を取り出して赤玉が3つ出る確率は，$\dfrac{3}{5}\times\dfrac{2}{4}\times\dfrac{1}{3}$ と計算できる．

以下，乗法定理を用いて**27**の問題を考えてみましょう．

(1)では取り出した玉を戻しますから，確率は変わりませんね．したがって，この試行は独立試行なので，赤が2回，白が1回出る確率は ${}_3C_2\left(\dfrac{3}{5}\right)^2\left(\dfrac{2}{5}\right)$ となります．

← **24**参照！独立試行は（サンプル）×（場合の数）でしたね．

ところが(2)では取り出すたびに玉の個数が変わってしまうので注意が必要です．例えば，赤赤白の順に出るとき，乗法定理を用いると

$$\underbrace{\frac{3}{5}}_{\text{赤が出る確率}}\times\underbrace{\frac{2}{4}}_{\text{赤の後に赤が出る確率}}\times\underbrace{\frac{2}{3}}_{\text{赤赤の後に白が出る確率}}$$

← 確率が変わっていくので，条件付き確率をかけていく！連続操作はかけ算！

となりますが，出る順番は他にもありますね．

かき出すと

赤白赤：$\dfrac{3}{5}\cdot\dfrac{2}{4}\cdot\dfrac{2}{3}$，白赤赤：$\dfrac{2}{5}\cdot\dfrac{3}{4}\cdot\dfrac{2}{3}$

これを見て何か気づきますか？

そうそう，分母は全く同じ．分子もかける順を無視すれば，計算結果は同じになります．どの場合も確率は同じですね．

← 赤2個，白1個と個数が決まっているので，分子には常に，3，2，2の積が現れ，どの場合も確率は同じ．

したがって，サンプル：$\dfrac{3}{5}\cdot\dfrac{2}{4}\cdot\dfrac{2}{3}$ に赤赤白の出る順（並び方）の総数をかけて

$$\frac{3}{5}\cdot\frac{2}{4}\cdot\frac{2}{3}\times{}_3C_2$$

← こちらも，（サンプル）×（場合の数）

となります．

(3)では，取り出した玉が**赤なら戻し，白なら戻さない**という条件がついているので，どの色の玉をどの順で取るかによって確率が変わってしまいますが，赤2個，白1個の取り出し方は高々 ${}_3C_1=3$ 通りしかないので，具体的にそれぞれを計算していきましょう．もう少し回数が多くなる場合は混乱しそうですね．その場合は，樹形図を使った方がいいでしょう．

⬅推移を見るときは「樹形図」が効果的！

解　答

(1)　取り出した玉を常に箱に戻す場合は独立試行で，何回目でも赤が出る確率は $\frac{3}{5}$，白が出る確率は $\frac{2}{5}$ であるから

$${}_3C_2\left(\frac{3}{5}\right)^2\left(\frac{2}{5}\right)=\mathbf{\frac{54}{125}}$$

(2)　例えば，赤赤白と出る場合の確率は

⬅**研究**の後半を参照．

$$\frac{3}{5}\cdot\frac{2}{4}\cdot\frac{2}{3}$$

であるが，玉の出る順が変わっても確率は同じであるから

$${}_3C_2\left(\frac{3}{5}\cdot\frac{2}{4}\cdot\frac{2}{3}\right)=\mathbf{\frac{3}{5}}$$

(3)　赤2個，白1個の取り出し方は，${}_3C_2=3$ 通りあり

⬅確率が変化するかどうかに注意して乗法定理を用いよう．

赤赤白のとき，$\frac{3}{5}\cdot\frac{3}{5}\cdot\frac{2}{5}$

赤白赤のとき，$\frac{3}{5}\cdot\frac{2}{5}\cdot\frac{3}{4}$

白赤赤のとき，$\frac{2}{5}\cdot\frac{3}{4}\cdot\frac{3}{4}$ であるから，求める確率は

$$\frac{18}{125}+\frac{9}{50}+\frac{9}{40}=9\left(\frac{2}{5^3}+\frac{1}{5^2\cdot 2}+\frac{1}{5\cdot 2^3}\right)$$

$$=\frac{9(16+20+25)}{5^3\cdot 2^3}=\mathbf{\frac{549}{1000}}$$

別解 赤を取ったら↗，白を取ったら↘として，赤白の玉の個数の樹形図をかくと，下図のようになります．

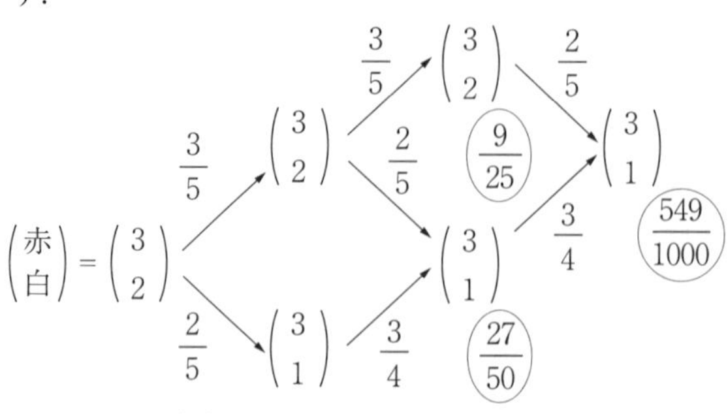

⬅ 赤が2回，白が1回出ると，3回目で赤が3個，白が1個となります．
今回は，枝にそれぞれの確率を記述し，そこまでの確率を計算したものを下に○で表しました．

2回目に$\begin{pmatrix}3\\2\end{pmatrix}$となる確率は $\dfrac{3}{5}\cdot\dfrac{3}{5}=\dfrac{9}{25}$

2回目に$\begin{pmatrix}3\\1\end{pmatrix}$となる確率は $\dfrac{3}{5}\cdot\dfrac{2}{5}+\dfrac{2}{5}\cdot\dfrac{3}{4}=\dfrac{27}{50}$

3回目に$\begin{pmatrix}3\\1\end{pmatrix}$となる確率(赤が2回，白が1回)は

$$\frac{9}{25}\cdot\frac{2}{5}+\frac{27}{50}\cdot\frac{3}{4}=\frac{9(16+45)}{2^3\cdot5^3}=\frac{549}{1000}$$

⬅ 樹形図をかくと，推移がよくわかりますね．更なる応用は，**実戦編62**で！

研究 本問では乗法定理がポイントだったので，確率のかけ算をメインに説明しましたが，(2)はいろいろな方法で解くことができます．

(2)では，取り出した玉は戻さないので，

1個ずつ3個取り出して赤2個白1個となるのも，3個同時に取り出して赤2個白1個となるのも結果的に同じこと

ですね．

3個同時に取り出すと，取り出し方は${}_5C_3$通りあり，どの場合も同様に確からしい．このうち，赤が2個，白が1個となる場合は，${}_3C_2\cdot{}_2C_1$通りあるから

$\dfrac{{}_3C_2\cdot{}_2C_1}{{}_5C_3}=\dfrac{3}{5}$ となり答えに一致します．

今回は，取り出す順番は関係なく，結果的に赤玉2個白玉1個になればよいので，

1個ずつ取っても，一気に取っても同じ

です．ただし，取り出す順番がポイントになる問題ではできませんので注意しましょう．

また，(2)において，すべての玉を区別して順列を用いて考えれば，取り出し方は $5\cdot4\cdot3={}_5P_3$ 通りあり，どの場合も同様に確からしく起こります．このうち，赤が2個，白が1個取られる場合の数を考えると，

赤白の並び方は ${}_3C_2$ 通り（赤赤白，赤白赤，白赤赤）

この各々に対して，どの赤，どの白が取られるかで

赤	赤	白
↑	↑	↑
3通り	2通り	2通り

よって，求める確率は

$$\frac{{}_3C_2\cdot3\cdot2\cdot2}{5\cdot4\cdot3}={}_3C_2\times\frac{3}{5}\cdot\frac{2}{4}\cdot\frac{2}{3}$$

ともできます．これは，解答のように確率の乗法定理を用いたものと同じです．赤が2個，白が1個取られる場合，その順番によらず確率が等しいのも納得できますね．

パターンを覚えるのも大切ですが，慣れてきたら，いろいろなアプローチで考えてみると勉強になりますよ．

28 くじ引き

袋の中に当たりくじが３本，はずれくじが７本の計 10 本のくじが入っている．この袋から５人が順に１本ずつ取り出していくとき，次の問いに答えよ．ただし，取り出したくじはもとに戻さないものとする．

(1) ５番目の人が当たりくじを引く確率を求めよ．

(2) ３番目と５番目の人が当たりくじを引く確率を求めよ．

(3) ５人のうち２人だけが当たる確率を求めよ．

精講 くじ引きの問題(引いたくじは戻さない)では，

① **確率の乗法定理の利用！**
② **順列で考える！**
③ **一部だけ見る！**

が主な方法ですが，くじの本数が多くなると，①の乗法定理の利用は考えにくそうですね．ここでは，②，研究では，③の手法を紹介しましょう．

←引く本数が少ない場合は，乗法定理を利用しますが….

②《順列で考える！》

10 本のくじを引いた順に，左から横に並べていくと思ってください．

1 2 3 4 5 6 7 8 9 10
○ ○ × × ○ × × × × ×

そう考えると，10 本のくじの引き方は，くじの並べ方 ${}_{10}C_3$ 通りあり，どの場合も同様に確からしいですね．このうち，(1)の５番目の人が当たる場合は

←順列の問題になる！
横並び順列は，区別しなくとも同様に確からしい！
15参照．

5
× × × × ○ × × ○ × ○

５番目以外の当たり２個とはずれ７個の並べ方を考えて，${}_9C_2$ 通りありますので，求める確率は $\dfrac{{}_9C_2}{{}_{10}C_3}=\dfrac{3}{10}$

となります．

このように，10本のくじを引いた順に横に並べていくと思えば，順列の問題として考えることができるので，かなり考え易くなります．是非マスターしてください．

⬅引く本数が多い場合は，②の考え方がイチオシです！

解　答

(1)　10本のくじの引き方は，当たり3本とはずれ7本の並べ方の ${}_{10}C_3=120$ 通りあり，どの場合も同様に確からしい．このうち，5番目の人が当たるような引き方は，

⬅5番目は当たりなので，その他9個の並び方を考える！

×××× [○]（5番目）××○×○

${}_9C_2=36$ 通りあるので，求める確率は $\dfrac{36}{120}=\mathbf{\dfrac{3}{10}}$

(2)　3番目と5番目の人が当たるのは，残りのくじの並べ方だけあり ${}_8C_1$ 通り

⬅残りのくじは8本で，当たりが1本．

××[○]（3番目）×[○]（5番目）××○××

よって，求める確率は $\dfrac{{}_8C_1}{120}=\mathbf{\dfrac{1}{15}}$

(3)　5人のうち2人が当たるのだから，5番目までに2本，6番目以降に1本の当たりが出る場合だから，${}_5C_2\times{}_5C_1=50$ 通り

⬅5番目までの並び方が ${}_5C_2$ 通り，6番目以降が ${}_5C_1$ 通りある．分母が10本すべてを並べているので，分子も10本の並べ方を考えないといけない．分母分子の基準は同じにすること！

××○×○ | ××○××

（××○×○：${}_5C_2$ 通り，××○××：${}_5C_1$ 通り）

以上より，求める確率は $\dfrac{50}{120}=\mathbf{\dfrac{5}{12}}$

S君：「先生！問題文に5人が順に引くってかいてあるんですが，10本全部引くと考えていいんですか？」

T先生：「今君がくじを引く順番を5人目で待っている．君の後ろに誰もいない場合と5人いる場合ではどちらがよいですか？」

S君：「あっ！どっちでも同じですね！」

T先生：「まだ，誰も引いていない状態では，5人目でやめようが，全員引こうが同じことですよね．くじ引きの問題では，途中でやめるとあっても，すべて引いたと考えた方が考え易い場合が多いです．」

S君：「5人のみで考えることはできないのですか？」

T先生：「(1)は次のようにできます．」

くじをすべて区別すると，5人のくじの引き方は ${}_{10}P_5$ 通りあり，どの場合も同様に確からしい．このうち，5番目の人が当たりくじを引く場合は

△	△	△	△	◎
↑	↑	↑	↑	↑
9通り	8通り	7通り	6通り	3通り

5番目にどの当たりくじがくるかで3通り，1〜4番目に残りのどのくじが来るかで ${}_9P_4$ 通りあるので，

$$\frac{3\cdot{}_9P_4}{{}_{10}P_5}=\frac{3\cdot9\cdot8\cdot7\cdot6}{10\cdot9\cdot8\cdot7\cdot6}=\frac{3}{10}$$

S君：「なるほど！よくわかりました．」

T先生：「実は，5番目のみに着目すればもっと簡単なんだけど，それは研究でね．」

⬅ 以前授業で同じ質問をしたら，「後ろにいない方がいいです」といわれた．ガーン！

⬅ 僕が受験生だったときの先生は，「くじ引きは神様の順列！」とおっしゃってました．僕らが途中でやめようがやめまいが，神様は10人の引き方 ${}_{10}C_3$ 通りの中から，等確率で1つの場合を選んでくれるのです．
我々の運命は神様が握っているのです．

⬅ 5番目の人が当たるような順列の総数なので，5番目から考えていく！

⬅ 5人に着目して考えた場合は，くじを区別しないといけないことに注意！（**17**参照）
引く人数が多い場合は，神様に従って10人全員引くと考えた方が解き易くなる問題が多いです．

研究 《③ 一部だけ見る！》

(1)において，くじを引いた順に左から並べていくとき，5番目のみ見えるようになっていると思ってください．5番目以外は何が出たかわからない状況です．

5
……[?]……

このとき，5番目にはどのくじが現れる可能性がありますか？

5番目に出るくじは10本のどれかであり，それらの場合は同様に確からしいですね．

当たりくじは3本ありますから，5番目に当たりくじが出る確率は $\frac{3}{10}$ になります．

同様に考えれば，何番目に引いても確率は同じとなり，

くじ引きは，引く順に関係なく公平です！

同様に(2)において，3番目と5番目のみ何が出たかわかる状況を考えてください．このとき，3番目と5番目に出るくじは 10×9 通りあり，どの場合も同様に確からしいですね．


```
          3             5
…… [?] …… [?] ……
          ↑             ↑
     10通り        9通り
```

このうち，3番目と5番目に当たりくじが出る場合は，3×2 通りですから，求める確率は $\dfrac{3\cdot2}{10\cdot9}=\dfrac{1}{15}$ となり，解答と一致します．

順列で考えた場合，何番目から並べても場合の数は変わりませんね．ですから，最初に5番目を決めようが，3番目，5番目の順に決めようが確率は変わりません．つまり，取り出す順番は関係ないということです．見えてる部分が少ないときは，一部だけ見ましょう！((3)は見えてる部分が5つもあるので②の解法がお勧めです．)

29 期待値

(1) 100 本のくじがあり，当たりくじは 1 等 1000 円が 1 本，2 等 500 円が 5 本，3 等 100 円が 10 本である．このくじを 1 本引くときの賞金の期待値を求めよ．

(2) サイコロを 2 個振ったときの目の和の期待値を求めよ．

精講 ある数量 x が，x_1，x_2，…，x_n の値をとり，それらが起こる確率がそれぞれ p_1，p_2，…，p_n であるとするとき，

x	x_1	x_2	…	x_n
確率	p_1	p_2	…	p_n

← 左の表は「確率分布表」という．$p_1+p_2+\cdots+p_n=1$

$$\boldsymbol{x_1p_1+x_2p_2+\cdots+x_np_n}$$

を数量 x の期待値(Expected value)といいます．

← 数学B「統計的な推測」では，x の期待値は $E(x)$ と表します．また，数量 x は確率変数と呼ばれます．

(1)では，賞金を x とすると，確率分布表が

	1 等	2 等	3 等	はずれ
x	1000 円	500 円	100 円	0 円
確率	$\frac{1}{100}$	$\frac{5}{100}$	$\frac{10}{100}$	$\frac{84}{100}$

となり，賞金の期待値は

$$1000\times\frac{1}{100}+500\times\frac{5}{100}+100\times\frac{10}{100}+0\times\frac{84}{100} \quad \cdots(*)$$

$$=10+25+10+0=45\text{(円)}$$

となります．ちなみに，(＊)は

$$1000\times\frac{1}{100}+500\times\frac{5}{100}+100\times\frac{10}{100}+0\times\frac{84}{100}$$

$$=\frac{1000\times1+500\times5+100\times10+0\times84}{100}$$

$$=\frac{\boxed{\text{賞金総額}}}{\boxed{\text{くじの本数}}}$$

となり，賞金の期待値は，賞金の平均値なのです．

← 期待値は平均値を確率の言葉で捉えたものです．

(2) 期待値の定義を利用してみましょう．

← 実は上手い方法がありますので，ちょっと一言 参照！

解 答

(1) 精講から，賞金の期待値は **45 円**

(2) 2つのサイコロの目の和の表は次のようになる． ⬅サイコロは表を作れでしたね．

	1	2	3	4	5	6
1	2	3	4	5	6	7
2	3	4	5	6	7	8
3	4	5	6	7	8	9
4	5	6	7	8	9	10
5	6	7	8	9	10	11
6	7	8	9	10	11	12

これより，確率分布表は

x	2	3	4	5	6	7	8	9	10	11	12
確率	$\frac{1}{36}$	$\frac{2}{36}$	$\frac{3}{36}$	$\frac{4}{36}$	$\frac{5}{36}$	$\frac{6}{36}$	$\frac{5}{36}$	$\frac{4}{36}$	$\frac{3}{36}$	$\frac{2}{36}$	$\frac{1}{36}$

となるので，求める目の和の期待値は ⬅期待値の定義に当てはめましょう．

$$2\times\frac{1}{36}+3\times\frac{2}{36}+4\times\frac{3}{36}+5\times\frac{4}{36}+6\times\frac{5}{36}+7\times\frac{6}{36}$$
$$+8\times\frac{5}{36}+9\times\frac{4}{36}+10\times\frac{3}{36}+11\times\frac{2}{36}+12\times\frac{1}{36}$$
$$=\frac{2+6+12+20+30+42+40+36+30+22+12}{36}$$

⬅目の和の平均値になっています．

$$=\frac{252}{36}=\mathbf{7}$$

《期待値の和は，和の期待値》

確率変数 X，Y に対して，

$$\boldsymbol{E(X+Y)=E(X)+E(Y)} \quad \cdots(**)$$

が成り立つ．

⬅詳しい説明と，応用問題に関しては，71参照．

サイコロを1個投げたときの出る目は

$$\frac{1+2+3+4+5+6}{6}=\frac{21}{6}=3.5$$

と期待できますので，2個投げれば2倍の7と期待できますよね．この感覚は大切です． ⬅もちろん，3個投げれば3倍の10.5期待できます．

2つのサイコロの目の確率変数をそれぞれ X，Y とすれば，$(**)$から

$$E(X+Y)=E(X)+E(Y)=3.5+3.5=7$$

ということです．

第3章 場合の数 実戦編

30 余りで分類

0から9までの数字を1字ずつかいた10枚の札を入れた箱がある．この箱から札を3枚取り出し，左から1列に並べて整数をつくる．ここで，例えば 0|2|5 は25と考える．

(1) この整数の100の位を a，10の位を b，1の位を c とする．このとき，$a+b+c$ が3の倍数になることは，この整数が3の倍数となるための必要十分条件であることを証明せよ．

(2) 3の倍数となる2けたの整数は何通りできるか．

(3) 3の倍数となる3けたの整数は何通りできるか．　　　　　（宮城教育大）

精講　$abc_{(10)}$ が3の倍数になるための必要十分条件は，$a+b+c$ が3の倍数，すなわち，**各桁の和が3の倍数になること**です．

←**基本編 2** でやりましたね．

この性質を用いて，3の倍数となる2桁の整数をカウントするには，まず $a=0$ として残り2数の組合せを考えると

←まずは素朴にかき出してみます！

(1, 2)(1, 5)(1, 8)(2, 4)(2, 7)(3, 6)
(3, 9)(4, 5)(4, 8)(5, 7)(6, 9)(7, 8) の12通り

どちらが b か c かと考えて，$12\times2!=24$ 通り

また，3つの数の和が3の倍数となる数の組は

0が含まれるものが上の12通り……(*)

0を含まないものが

(1, 2, 3)(1, 2, 6)(1, 2, 9)(1, 3, 5)(1, 3, 8)
(1, 4, 7)(1, 5, 6)(1, 5, 9)(1, 6, 8)(1, 8, 9)
(2, 3, 4)(2, 3, 7)(2, 4, 6)(2, 4, 9)(2, 5, 8)
(2, 6, 7)(2, 7, 9)(3, 4, 5)(3, 4, 8)(3, 5, 7)
(3, 6, 9)(3, 7, 8)(4, 5, 6)(4, 5, 9)(4, 6, 8)
(4, 8, 9)(5, 6, 7)(5, 7, 9)(6, 7, 8)(7, 8, 9)

の30通り……(**)

←ふう～．
数えるのは大変ですね．
重複のないようだんだん大きくなるように数えています．

よって，3桁の3の倍数は，これらを a，b，c に対応させて

(*)はそれぞれ $2\times2\times1=4$ 通り，
(**)はそれぞれ $3!$ 通りあるから
$4\times12+3!\times30=228$ 通り

← 3桁の数なので，0は百の位になれない．
3! から百の位が0になる場合の2通りを引いて
$3!-2=4$ 通り
でもO.K.

数え上げると以上のようになりますが，間違えそうですね．ところで皆さん，以下の問題ならどう考えますか？

← 地道に数え上げることも重要だが….

0から9までの数から，重複を許さず3つ選んだ数の和が偶数となる場合の数を求めよ．

すべてかき出してもよいのですが，偶奇で場合分けするのがうまい考えです．すなわち，3つの数の和が偶数となるのは
(偶，偶，偶)，(偶，奇，奇)
の場合であるので，
${}_5C_3+{}_5C_1\times{}_5C_2=60$ 通り

← 2で割った余りで分類している！

これと同様に，本問でも3で割った余りで分類して考えると簡単にカウントできます．
整数は，$3k$，$3k+1$，$3k+2$ のグループに分けられますので

← 本質は3で割った余り！
余りが0，1，2のグループに分類すると考え易いですね．

$S_0=\{0,\ 3,\ 6,\ 9\}$　(3で割った余りが0のグループ)
$S_1=\{1,\ 4,\ 7\}$　(3で割った余りが1のグループ)
$S_2=\{2,\ 5,\ 8\}$　(3で割った余りが2のグループ)

と分類すると，例えば，S_0 から9，S_1 から4，S_2 から8を選んだ場合，$9+4+8$ を3で割った余りは，それぞれを3で割った余りの和を考えればいいので

$0+1+2=3$ より3で割り切れる

とわかりますよね．
あとは，どのグループから選んだら和が3の倍数になるか考えて解答してください．

解　答

(1)　$100a+10b+c=(99a+a)+(9b+b)+c$
$=\underbrace{(99a+9b)}_{3\text{の倍数}}+a+b+c$

　したがって，$a+b+c$ が 3 の倍数になることは，100 の位が a，10 の位が b，1 の位が c である整数が 3 の倍数であるための必要十分条件である．

(2)　0 から 9 までの整数を 3 で割った余りに着目して，次の 3 つの集合に分類する．

$S_0=\{0,\ 3,\ 6,\ 9\}$，$S_1=\{1,\ 4,\ 7\}$，$S_2=\{2,\ 5,\ 8\}$

⬅ 3 で割った余りで分類する！

　3 の倍数となる 2 桁の整数を $\boxed{0|b|c}$ とおくとき，$b+c$ は 3 の倍数である．

　このとき，b，c は

　① S_0 から 2 個(ただし，0 を除く)

　② S_1 と S_2 から 1 個ずつ

選んで並べればよく

$${}_3C_2\times 2!+({}_3C_1\times{}_3C_1)\times 2!=\mathbf{24}\text{ **通り**}$$

⬅ 3 の倍数となる余りの組合せは
(0，0)，(1，2)

(3)　3 の倍数となる 3 桁の整数は

　① S_0 から 3 個

　② S_1 から 3 個

　③ S_2 から 3 個

　④ S_0，S_1，S_2 から 1 個ずつ

選んで並べたときで

$${}_4C_3\cdot 3!+3!+3!+{}_4C_1\cdot{}_3C_1\cdot{}_3C_1\times 3!=252\text{ 通り}$$

⬅ 3 の倍数となる余りの組合せは
(0，0，0)，(1，1，1)，
(2，2，2)，(0，1，2)

⬅ 3 つの数字の組を決めてから並べる！

　この中には，(2)の 2 桁のものが含まれるので，これを除いて

$$252-24=\mathbf{228}\text{ **通り**}$$

(2)で 2 桁のものはカウントし終わっているので，(3)では，2 桁のものも含めてカウントして，(2)の 2 桁の 3 の倍数の個数を引きました．

31　隣り合う・隣り合わない

YAMANAMIの8つの文字を1列に並べるとき，その並べ方について，次の問いに答えよ．

(1)　全部で何通りの並べ方があるか．

(2)　Mが2つ続く並べ方は何通りあるか．

(3)　Aが3つ続く並べ方は何通りあるか．

(4)　Aが2つ以上続く並べ方は何通りあるか．

(5)　Aが2つ以上続き，かつMも2つ続く並べ方は何通りあるか．

（山形大）

精講　**基本編 4** の隣り合う順列・隣り合わない順列の応用問題です．

(1)は同じものを含む順列．

(2)，(3)は同じものが連続する順列なので，**ひとかたまりにして**並べます．

(4)は余事象である，Aが連続しない順列をカウントして，全体から引くのが普通でしょう．

問題は(5)です．

「かつ」，「または」はベン図をイメージ！

すると考え易くなります．実際ベン図をかいてみると(2)のMが2つ連続する場合から，Mは2つ連続するがAが連続しない場合を除いたものが答えとなります．ベン図をうまく利用してください．

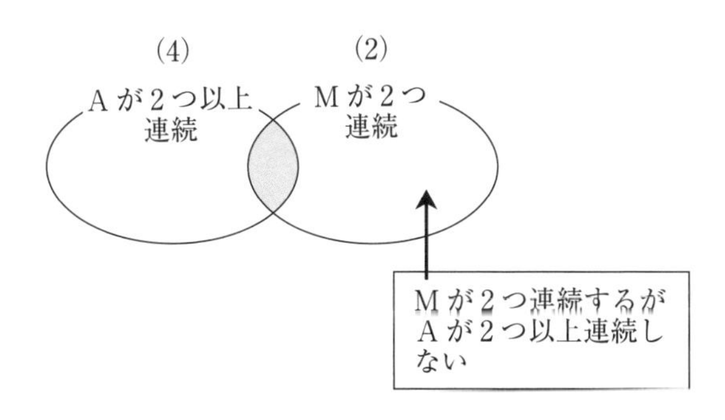

← 隣り合う・隣り合わない順列は**基本編 4**，
同じものを含む順列は**基本編 6**を参照！

← (4)のAが2つ以上連続する場合から，Aが2つ以上連続し，かつMが連続しない場合を引くと考えた人もいるかもしれませんが，ちょっとやりにくそうですね．
Aが2つ以上連続する場合の中には，Aが2つ連続する場合と3つ連続する場合があるので場合分けが必要のようです．
考え易い方でやりましょう．
(場合分けなしでやる方法は**研究**参照！)

解　答

(1)　$\dfrac{8!}{2!\cdot 3!}=$**3360通り**

← 同じものを含む順列！

(2)　MMをひとかたまりにして，他の6文字と並べて

$\dfrac{7!}{3!}=$**840通り**

← 「隣り合う」はひとかたまり！

(3)　AAAをひとかたまりにして，他の5文字と並べて

$\dfrac{6!}{2!}=$**360通り**

(4)　Aが続かないのはY，M，N，M，Iを並べておいて，両端または間に3つのAを入れると考えて

← 余事象の利用！
(1)全体から，Aが隣り合わない場合を引く！

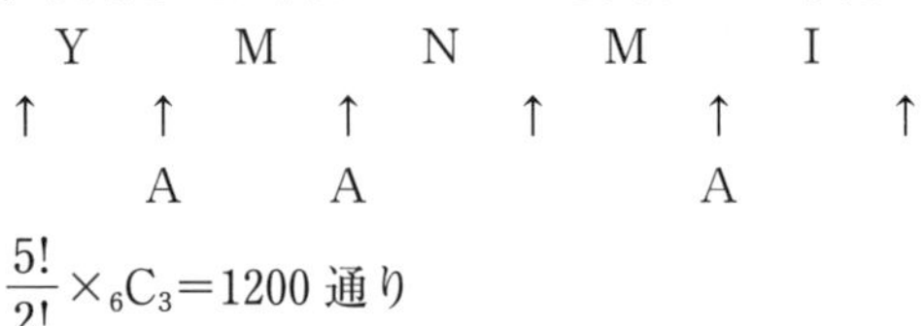

$\dfrac{5!}{2!}\times{}_6C_3=1200$通り

これを(1)から除いて　3360−1200=**2160通り**

(5)

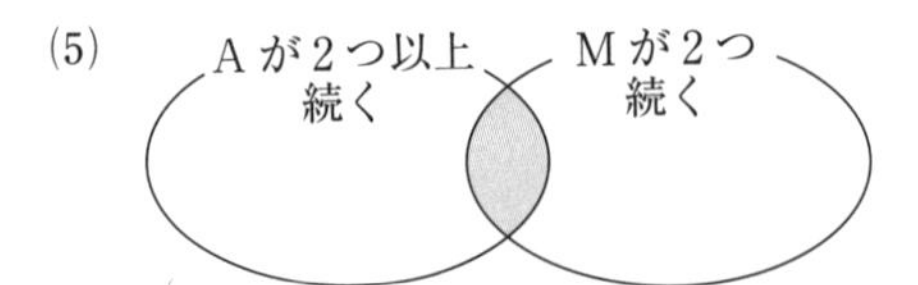

(2)のMが2つ続くもの840通りから，Mは2つ続くがAが2つ以上続かないものである，

← MM，Y，N，Iを並べておいて，それらの間または端に3つのAを入れると考える．

MM　Y　N　I

↑　↑　↑　↑　↑

A　A　A

$4!\times{}_5C_3=240$通りを除いて，840−240=**600通り**

研究　《別解研究》

別解を考えてみます．まずは(4)について．

(3)でAが3つ隣り合う場合は計算済みなので，Aが2つ連続する場合を考えると

　　Y　　M　　N　　M　　I
↑　　↑　　↑　　↑　　↑　　↑
　　AA　　　　　　　A

Y，M，M，N，Iを並べておいて，間または端に AA，Aを入れると考えて

$\frac{5!}{2!}\times 6\times 5$ 通り　⟸（AA とAは異なるので，入れ方は 6×5 に注意！）

これに，(3)を加えて

$360+\frac{5!}{2!}\times 6\times 5=360+1800=2160$ 通り

となります．これは，排反に場合分けする方法ですが，今回はAが3つなので

「意図的に重複させる方法」

でも簡単にできます．まず，2つのAをひとかたまりにして

AA，A，Y，M，N，M，Iを並べると $\frac{7!}{2!}=2520$ 通りあります．

ところが，この中のAが3つ連続するもの（(3)の場合）は

AA AYMNMI，A AA YMNMI

のようにダブルカウントされますから 2520－(3)＝2160 通りとなります．

この方法で(5)を解いてみると

MM，AA，A，Y，N，Iを並べると 6!＝720 通りありますが，この中でAが3つ連続する場合は

AA A MM YNI，A AA MM YNI

のようにダブルカウントされています．

したがって，AAA MM YNI の並べ方 5! 通りを 6! 通りから除いて

$6!-5!=720-120=600$ 通りとなります．

結局どちらも，Aが3個連続する場合がダブルカウントされていることがポイントですね．意図しない重複はダメですが，重複させるなら意図的に！

32 最短経路

ある町には，図のように東西に 6 本の道と南北に 7 本の道がある．次の問いに答えよ．

(1) P 地点から Q 地点まで行く最短経路は何通りあるか．

(2) P 地点から Q 地点まで行く最短経路のうち，4 回以上連続で東に進む経路は何通りあるか．

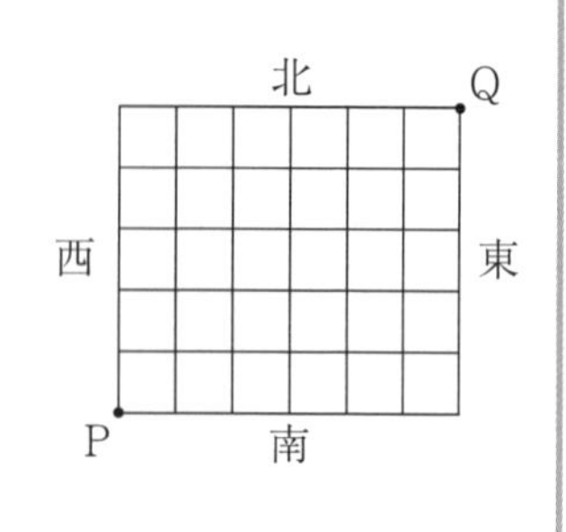

精講 (2) 東には最高で 6 回連続で動けますから，連続する回数が，「4 回」「5 回」「6 回」で場合分けして考えることもできますが，

← 各自解いてみてください．

「○○回以上連続する」という問題では，重複を防ぐために

「どこで初めて○○回連続するか？」

← 解答と 研究 参照！

と考えるのも明快です．

解答

(1) 東に 6 回，北に 5 回進むので，$_{11}C_5=$**462 通り**

(2) 下の図において，ヨは東，○は東北どちらでもよく，タは北とする．

どこで初めて 4 回連続するかで場合分けすると

← 初めて 4 回連続する場所で場合分けすれば，排反な場合分けになる．例外については 研究 で！

ヨヨヨヨ○○○○○○○

(○の内訳は，ヨ 2 つ，タ 5 つ)

タヨヨヨヨ○○○○○○
○タヨヨヨヨ○○○○○
○○タヨヨヨヨ○○○○
○○○タヨヨヨヨ○○○
○○○○タヨヨヨヨ○○
○○○○○タヨヨヨヨ○
○○○○○○タヨヨヨヨ

(○の内訳は，ヨ 2 つ，タ 4 つ)

← あとは，残りの要素の並べ方を考えればよい！

これより，求める場合の数は

$_7C_2+{}_6C_2\times7=$**126 通り**

次の問題はどうでしょう.

コインを7回投げたとき，表が続けて3回以上出る場合の数を求めよ.

(2)と同じタイプですね. どこで初めて表が3回連続するかで場合分けすると

表　表　表　○　○　○　○　……①
裏　表　表　表　○　○　○
○　裏　表　表　表　○　○
○　○　裏　表　表　表　○
○　○　○　裏　表　表　表　……②

の場合が考えられ，○は何が出てもよく，それぞれ2通りあるので，
$2^4+2^3\times4=48$ 通りとなりそうですが，実は重複が起きています. どんな場合かわかりますか？

①と②の中に

表　表　表　裏　表　表　表

が重複してカウントされてますね. このように「どこで初めて…」を利用する場合，連続する個数が少ないと重複が起こってしまうので注意が必要です. 答えは $48-1=47$ 通りとなります.

ちなみに本問の(2)ではヨが4回連続すると，残りのヨは2つなので重複は起きませんが，この考え方を使う場合は重複に注意しましょう.

33 円順列

赤玉，白玉，青玉，黄玉がそれぞれ 2 個ずつ，合計 8 個ある．このとき，次のように並べる方法を求めよ．ただし，同じ色の玉は区別がつかないものとする．

(a)　8 個の玉から 4 個取り出して直線上に並べる方法は［ア］通りである．

(b)　8 個の玉から 4 個取り出して円周上に並べる方法は［イ］通りである．

（立命館大）

精講　(a)では同じ色の玉を何個ずつ取り出すかで，順列の総数は変わってきますので，4 個の色のパターンを考える必要があります．

← 同じ色が何個ずつ出るか分類
⇒色を決める
⇒並べる
というように段階を追って数える！

4 個の色のパターンは

○○△△，○○△□，○△□◇

の場合が考えられますので，後は色を決めて並べればオッケーです．

○○△△のとき，色の決め方が ${}_4C_2$ 通りで，並べ方が $\dfrac{4!}{2!2!}$ 通り

○○△□のとき，色の決め方が 3 色選んでどれを 2 個にするかで ${}_4C_3\times3$ 通り，並べ方が $\dfrac{4!}{2!}$ 通り

← ○○△□の色の決め方は，○○の決め方が ${}_4C_1$ 通り，△□の決め方が ${}_3C_2$ 通りあるので ${}_4C_1\times{}_3C_2$ 通りでもよい．

○△□◇のとき，色は決定するので，並び方を考えて 4! 通り

以上を加えたものが答えになります．

(b)では，(a)と色の決め方までは全く同じで，最後の並べ方が円順列になります．ここで注意することは，○○△□，○△□◇のタイプは 1 つのものを固定して次のように

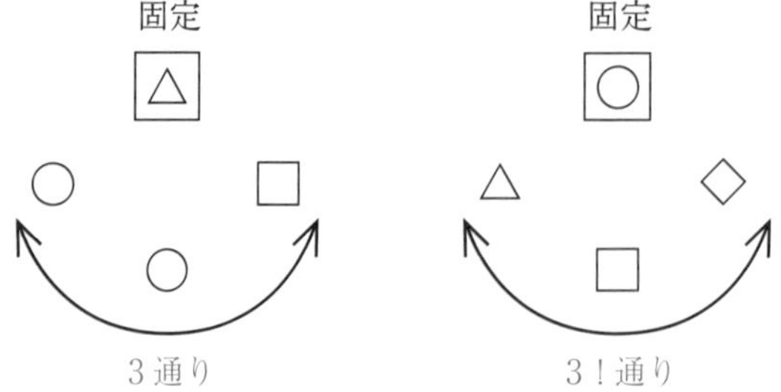

とカウントできますが，○○△△ではすべて複数個あるので，**固定すると間違ってしまう**ということです．これはかき出して

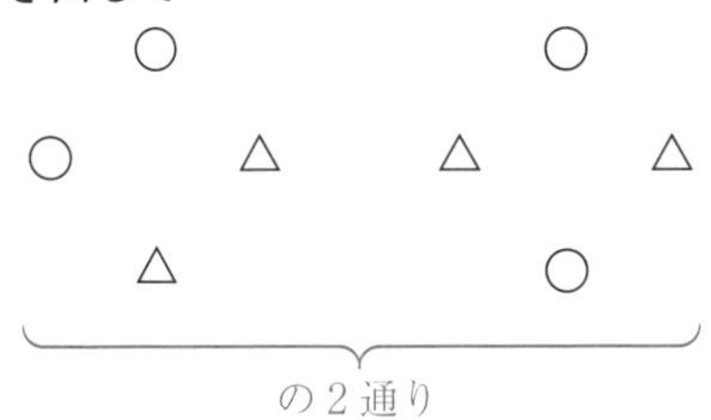

とします．○を固定して3通りとした人が多いんじゃないかな？

⬅ 場合の数**基本編** 10 参照！
固定できるものは1つだけのもの！
複数個あるものは固定してはいけない．
円順列の一般的な考え方は **研究** を参照してください．

解　答

(a)　取り出された4個の玉の色のパターンは

○○△△，○○△□，○△□◇

それぞれどの色が選ばれるか考えて並べると

$${}_4C_2\cdot\frac{4!}{2!2!}+{}_4C_3\cdot 3\cdot\frac{4!}{2!}+4!$$

$=36+144+24=$ ア**204** 通り

(b)　4個の玉を円形に並べる方法はそれぞれ

○○△△のときは，2通り

○○△□のときは，3通り

○△□◇のときは，$3!=6$ 通り

ある．どの色が選ばれるかも考えて，求める場合の数は

$${}_4C_2\times 2+{}_4C_3\cdot 3\times 3+3!$$

$=$ イ**54** 通り

研究　ここからは，興味がある人だけ考えてください．

場合の数**基本編** 10 で，円順列を考える際，固定法でできるものは1つだけのものを含むときであることを学びました．**すべてが複数個ずつある場合は，固定法ではできません．**

本問の(b)の○○△△の円順列ぐらいならかき出せばよいのですが，一般にはどうやればいいのかを説明します．

○○△△××を円形に並べる方法の総数を求めよ。

すべて複数個なので固定法ではできません．普通は，例えば2つの○の位置で場合分けして数えていくことになりますが，うまい方法があるので紹介します．

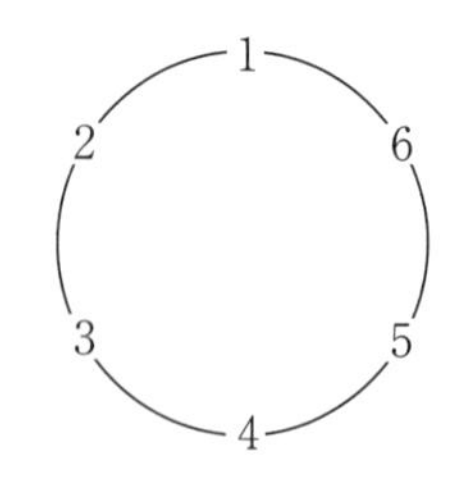

とりあえず座席を区別して並べると，

1	2	3	4	5	6
○	○	△	△	×	×

並べ方は $\dfrac{6!}{2!2!2!}=90$ 通りありますが，回転したときにいくつ重複するかがポイントになります．（横に並べてダブりで割る！）

1	2	3	4	5	6
○	○	△	△	×	×

の場合は，回転すると

1	2	3	4	5	6
○	○	△	△	×	×
×	○	○	△	△	×
×	×	○	○	△	△
△	×	×	○	○	△
△	△	×	×	○	○
○	△	△	×	×	○

6回回転して元に戻る
（回転周期6で6つ重複）

ところが，

1	2	3	4	5	6
○	×	△	○	×	△

の場合は，回転すると

1	2	3	4	5	6
○	×	△	○	×	△
△	○	×	△	○	×
×	△	○	×	△	○

3回回転して元に戻る
（回転周期3で3つ重複）

となってしまいます．3つしか重複しないタイプは，最初の3つの繰り返しだから，○×△の並べ方を考えて3! 通り．

○×△○×△
$\underbrace{\text{○×△}}_{3!\text{ 通り}}$

よって，残りの 90−3! 通りは 6 つ重複します．したがって，求める円順列の総数は

$$\frac{90-3!}{6}+\frac{3!}{3}=14+2=16 \text{ 通り}$$

となります．

すべてが異なれば，回転したときの重複は常に個数分あるのですが，**同じものが含まれると重複の度合いが変わってしまうことがある**ということがポイントになります．○○△△××は 6 つなので，重複の周期は約数を考えて，2，3，6 のいずれかですが，同じものの個数の関係で重複の周期は，3 か 6 しかありません．

参考　ある大学で○○○○×××を円形に並べる方法を問う問題が出題されたことがあります．○○○○×××を円形に並べる場合は，7 個なので，約数を考えると重複の周期は 7 しかありません．よって，

$$\frac{7!}{3!\cdot 4!}\div 7=5 \text{ 通り}$$　となります．

たまたま正解した生徒は多かったかもしれませんが，本当にわかって正解した生徒がどのくらいいるかは微妙ですね．

34 3つの集合の和集合

さいころを続けて n 回ふる．このときのさいころの目の出方について考える．目の出方は全部で□通りある．1の目が1回も出ない目の出方は□通りあり，1の目も2の目も1回も出ない目の出方は□通りある．したがって，1，2の中の少なくとも一方の目が1回も出ない目の出方は□通りある．また，1の目も2の目も3の目も1回も出ない目の出方は□通りあり，したがって，1，2，3の中の少なくとも1つの目が1回も出ない目の出方は□通りある．以上のことから，1の目も2の目も少なくとも1回は出る目の出方は□通りあり，1，2，3の中のどの目も少なくとも1回は出る目の出方は□通りあることがわかる．

（関西学院大）

精講　2つの事象の「かつ」「または」に絡む問題は

$$n(A\cup B)=n(A)+n(B)-n(A\cap B) \quad \cdots①$$

を利用することが多いですが，3つの事象の場合は

$$n(A\cup B\cup C)=n(A)+n(B)+n(C) -\{n(A\cap B)+n(B\cap C)+n(C\cap A)\} +n(A\cap B\cap C) \quad \cdots②$$

を利用しましょう．

⬅「かつ」「または」はベン図やカルノー図の利用が効果的です．

$n(A)+n(B)+n(C)$ を計算すると，右のベン図の領域はそれぞれ○の回数だけ重複してカウントされます．

$n(A\cap B)+n(B\cap C)+n(C\cap A)$ を引くと，$n(A\cap B\cap C)$ の部分がなくなってしまうので，加えて補っています．

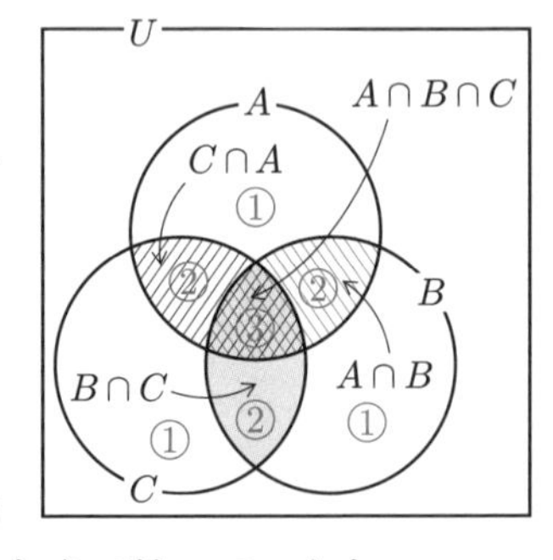

⬅計算による証明と発展事項に関しては **研究** を参照してください．

解　答

n 回さいころを振ったとき，$k(1\leqq k\leqq 6)$ が少なく

とも1回出る事象をA_kとおき，その場合の数を$n(A_k)$とおくと，目の出方は$\mathbf{6^n}$通りある．

1が1回も出ない目の出方は，1以外がn回出るときだから

$$n(\overline{A_1})=\mathbf{5^n}\text{ 通り}$$

⬅ kが1回も出ない事象は$\overline{A_k}$です．

1の目も2の目も1回も出ない目の出方は，1，2以外が出るときだから

$$n(\overline{A_1}\cap\overline{A_2})=\mathbf{4^n}\text{ 通り}$$

よって，$n(\overline{A_2})=5^n$とから，1，2の少なくとも一方の目が1回も出ない目の出方は

⬅ ①の利用！

$$n(\overline{A_1}\cup\overline{A_2})=n(\overline{A_1})+n(\overline{A_2})-n(\overline{A_1}\cap\overline{A_2})$$
$$=5^n+5^n-4^n=\mathbf{2\cdot5^n-4^n}\text{ 通り}$$

また，1の目も2の目も3の目も1回も出ない目の出方は，1，2，3以外が出るときだから

$$n(\overline{A_1}\cap\overline{A_2}\cap\overline{A_3})=\mathbf{3^n}\text{ 通り}$$

したがって，1，2，3の中の少なくとも1つの目が1回も出ない目の出方は

$$n(\overline{A_1})=n(\overline{A_2})=n(\overline{A_3})=5^n$$
$$n(\overline{A_1}\cap\overline{A_2})=n(\overline{A_2}\cap\overline{A_3})=n(\overline{A_3}\cap\overline{A_1})=4^n$$

より，

$$n(\overline{A_1}\cup\overline{A_2}\cup\overline{A_3})$$

⬅ ②の利用！

$$=n(\overline{A_1})+n(\overline{A_2})+n(\overline{A_3})$$
$$-\{n(\overline{A_1}\cap\overline{A_2})+n(\overline{A_2}\cap\overline{A_3})+n(\overline{A_3}\cap\overline{A_1})\}$$
$$+n(\overline{A_1}\cap\overline{A_2}\cap\overline{A_3})$$
$$=\mathbf{3\cdot5^n-3\cdot4^n+3^n}\text{ 通り}$$

以上のことから，1，2の目が少なくとも1回出る目の出方は

⬅ 余事象を利用しましょう．ド・モルガンの法則は3つ以上でも成り立ちます．
$\overline{A\cap B}=\overline{A}\cup\overline{B}$
$\overline{A\cap B\cap C}=\overline{A}\cup\overline{B}\cup\overline{C}$

$$n(A_1\cap A_2)=6^n-n(\overline{A_1\cap A_2})=6^n-n(\overline{A_1}\cup\overline{A_2})$$
$$=6^n-(2\cdot5^n-4^n)$$
$$=\mathbf{6^n-2\cdot5^n+4^n}\text{ 通り}$$

1，2，3の目が少なくとも1回出る目の出方は

$$n(A_1\cap A_2\cap A_3)=6^n-n(\overline{A_1\cap A_2\cap A_3})$$
$$=6^n-n(\overline{A_1}\cup\overline{A_2}\cup\overline{A_3})$$
$$=6^n-(3\cdot5^n-3\cdot4^n+3^n)$$
$$=\mathbf{6^n-3\cdot5^n+3\cdot4^n-3^n}\text{ 通り}$$

研究 《包除の原理》

集合の分配法則

$$(A\cup B)\cap C=(A\cap C)\cup(B\cap C)$$

と

$$n(A\cup B)=n(A)+n(B)-n(A\cap B) \quad \cdots ①$$

を用いると

$$\begin{aligned} n(A\cup B\cup C)&=n((A\cup B)\cup C)\\ &=n(A\cup B)+n(C)-n((A\cup B)\cap C)\\ &=\{n(A)+n(B)-n(A\cap B)\}+n(C)\\ &\quad -n((A\cap C)\cup(B\cap C))\\ &=\{n(A)+n(B)-n(A\cap B)\}+n(C)\\ &\quad -\{n(A\cap C)+n(B\cap C)-n(A\cap B\cap C)\}\\ &=n(A)+n(B)+n(C)\\ &\quad -\{n(A\cap B)+n(B\cap C)+n(C\cap A)\}+n(A\cap B\cap C) \end{aligned}$$

$\cdots ②$

← 分配法則はベン図で確認してみましょう．これらを利用して②を計算で示してみます．さらに，n 個の集合の和集合へ一般化できます．

同様に考えると，4個の集合に関しては

$$\begin{aligned} &n(A\cup B\cup C\cup D)\\ &=n(A)+n(B)+n(C)+n(D)\\ &\quad -\{n(A\cap B)+n(A\cap C)+n(A\cap D)+n(B\cap C)+n(B\cap D)+n(C\cap D)\}\\ &\quad +\{n(A\cap B\cap C)+n(A\cap B\cap D)+n(A\cap C\cap D)+n(B\cap C\cap D)\}\\ &\quad -n(A\cap B\cap C\cap D) \end{aligned}$$

となり，一般に，n 個の集合の和集合の要素の個数は

← n 個の和集合に一般化できる．

$n(A_1\cup A_2\cup\cdots\cup A_n)$

＝(1個の集合の要素の個数の和)

－(2個の集合の共通部分の要素の個数の和)

＋(3個の集合の共通部分の要素の個数の和)

－(4個の集合の共通部分の要素の個数の和)

⋮　　　　⋮

＋$(-1)^{n-1}$(n 個の集合の共通部分の要素の個数の和)

のように拡張することができます．

← 証明は数学的帰納法を用いる方法などがあります．

交互に足したり引いたりしていけばいいのが面白いですね．

35　対　応

平面上に11個の相異なる点がある．このとき2点ずつ結んでできる直線が全部で48本あるとする．次の問いに答えよ．

(1)　与えられた11個の点のうち3個以上の点を含む直線は何本あるか．またその各々の直線上に何個の点が並ぶか．

(2)　与えられた11個の点から3点を選び三角形を作ると，全部で何個できるか．

精講　右の図の縦8本，横8本の線分で作られる格子のなかに四角形は何個あるでしょうか？縦の線分を2つ，横の線分を2つ決めると四角形が1つ決まりますので，

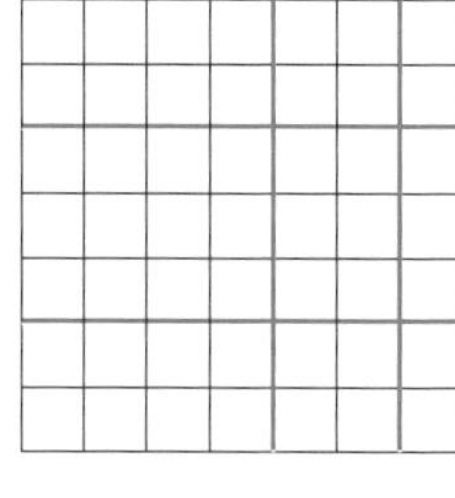

← 図形の個数を数える問題では，「対応」が重要である．縦2本，横2本の線分の選び方と四角形の個数が1：1に対応する．

$$\underbrace{{}_8C_2}_{\text{縦の直線2本の選び方}} \times \underbrace{{}_8C_2}_{\text{横の直線2本の選び方}}$$

より，784個あることがわかります．

同様に本問でも**「対応」**をしっかり考えることが重要になります．

直線は2つの点を決めると1本定まりますね．本問では，平面上に11個の点があるので，それらから2点の選び方を考えると，直線は ${}_{11}C_2=55$ 本ありそうなのですが48本しかありません．**なぜでしょう？**

← 3点以上が同一直線上にないときは，2点の選び方と直線の本数が1：1に対応する．

例えば，3点が同一直線上にあるとき

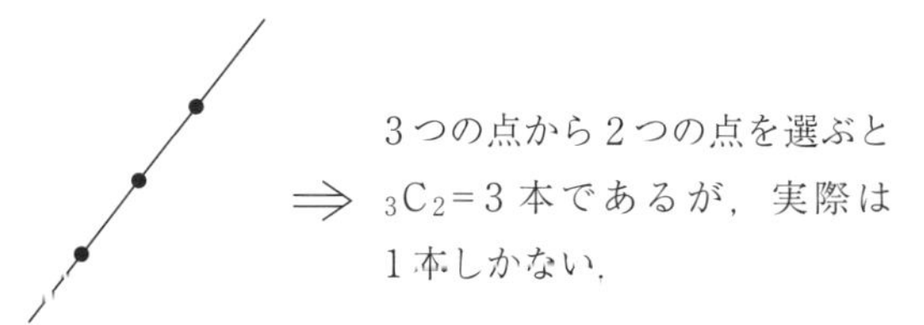

← 直線の本数が減るのは，3点以上が同一直線上にあるときである．あとは具体的に何本減るか調べていく．

よって，直線は $3-1=2$ 本減ります．

同様に，4点が同一直線上にあるとき

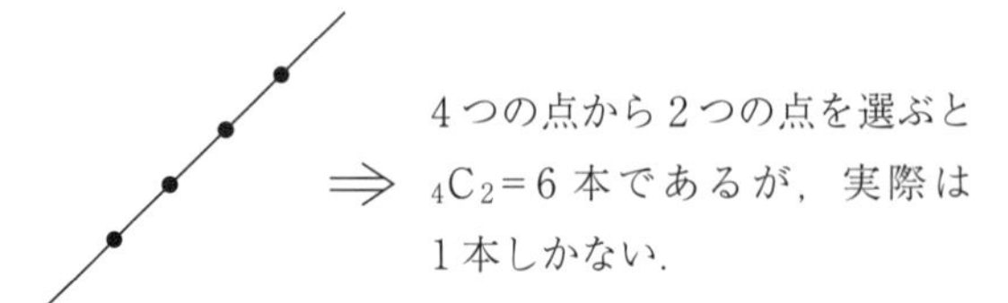

よって，直線は6−1=5本減りますね．同様に，5点が同一直線上にあるときは，${}_5C_2-1=9$ 本減ってしまいます．実際には55−48=7本減っていますから，「3点が同一直線上にあるもの」と「4点が同一直線上にあるもの」が1つずつあることがわかります．

⬅一般には，m 個の点が同一直線上にあると，${}_mC_2-1$ 本減ってしまう．

三角形の個数も同様に考えましょう．11個のどの点も3点以上が同一直線上になければ，3つの点の選び方を考えて，三角形は ${}_{11}C_3=165$ 個あるのですが

⬅3点以上が同一直線上にないとき，3点の選び方と三角形の個数が1：1に対応する．

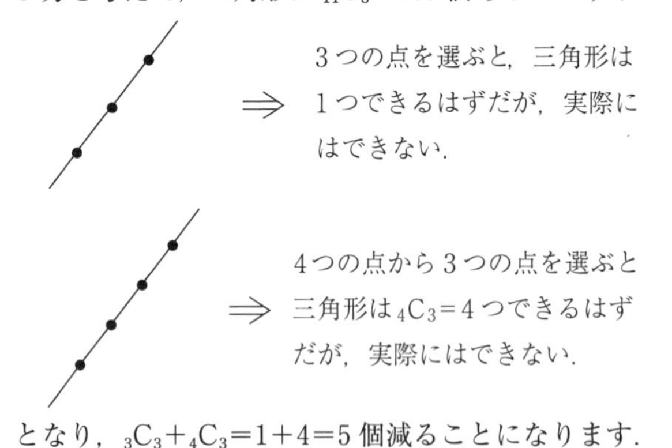

となり，${}_3C_3+{}_4C_3=1+4=5$ 個減ることになります．

解　答

(1)　3点以上を含む直線がないとき，直線は ${}_{11}C_2=55$ 本あるが，実際には48本なので7本少ない．

3点が同一直線上にある場合，それら3点から2点を選ぶと ${}_3C_2-1=2$ 本の異なる直線が作れない．

4点が同一直線上にある場合，それら4点から2点を選ぶと ${}_4C_2-1=5$ 本の異なる直線が作れない．

同様に，$n\geqq5$ のとき，n 点が同一直線上にある場合，${}_nC_2-1\geqq{}_5C_2-1=9(>7)$ 本の異なる直線が作れない．

⬅5点以上を含む直線上の点から2点を選ぶと直線は9本以上減ってしまい，題意に合わないことをきっちりいいましょう．

したがって，$2+5=7$ より，**3個以上の点を含む直線は2本**で，その内訳は，**3個の点を含む直線と4個の点を含む直線が1本ずつ**となる．

(2)　(1)により，3点を含む直線と4点を含む直線が1本ずつある．

3点以上を含む直線がないとき，三角形の個数は ${}_{11}C_3=165$ 個であるが，このうち，3点を含む直線から3点を選んだ場合と4点を含む直線から3点を選んだ場合は三角形が作れないので，求める三角形の個数は

$$165-({}_3C_3+{}_4C_3)=\mathbf{160}\text{ **個**}$$

である．

研究　《何と対応させる？》

精講のイントロの 7×7 の格子において，正方形は何個取れるでしょう．

具体的に調べてみましょう．

7×7 の正方形は1個ですね．このとき，正方形の左上の頂点は黒四角です．

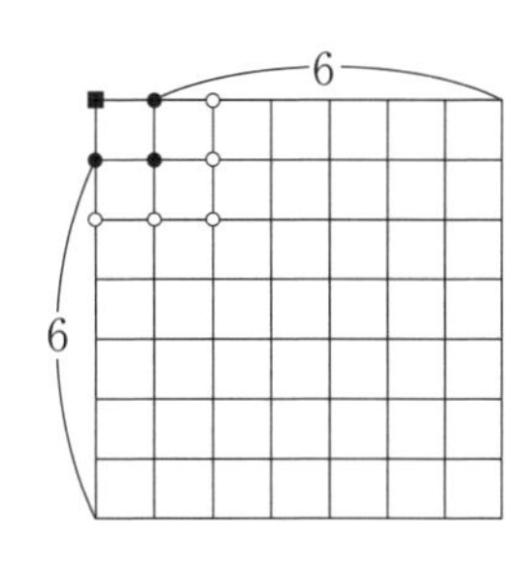

6×6 のものは $1+3=4=2^2$ 個です．わかりますか？

6×6 の正方形の左上の頂点に着目すると，左上の頂点となれる点は，右図の黒四角1個に黒丸3つを加えた4点です．つまり，このような正方形の左上の頂点の個数と正方形の個数が $1:1$ に対応し，7×7 の場合より3つ増えていますね．

さらに 5×5 の正方形の左上の頂点の個数は，黒四角1つと黒丸3つに図の白丸5個を加え $1+3+5=3^2$ 個となります．

n 個の奇数の和は n^2 なので同様に考えれば，4×4 の正方形は 4^2 個，3×3 の正方形は 5^2 個，2×2 の正方形は 6^2 個，1×1 の正方形は 7^2 個となり，求める正方形の個数は

$$1+2^2+3^2+\cdots+7^2=\sum_{k=1}^{7}k^2=\frac{1}{6}\cdot7\cdot8\cdot15=140\text{ 個}$$

となります．

うまく考えられましたか？　場合の数では，対応が大事です．うまい対応を考えて効率よく数えましょう．

36 三角形の個数

A_i ($i=1, 2, \cdots, 12$) を頂点とする正 12 角形を考える．12 個の頂点から 3 頂点を選んで三角形を作るとき，三角形は［　　］個できる．このうち，正三角形は［　　］個，二等辺三角形は［　　］個できる．また，直角三角形は［　　］個，鈍角三角形は［　　］個できる．

精講　三角形の個数は，12 個の頂点から 3 個の頂点の選び方に対応しますので，

$${}_{12}C_3=220 \text{ 個}$$

あります．

①正三角形の個数

弧の長さを 3 等分して，まず $\triangle A_1A_5A_9$ を考えます．これらの頂点を右回りに 1 個ずつスライドさせていくと，4 回ずらすと重なりますね(右図参照)．したがって，正三角形は 4 個となります．

⬅黒三角スタートで頂点を A_1, A_2, … と変えていくイメージ．

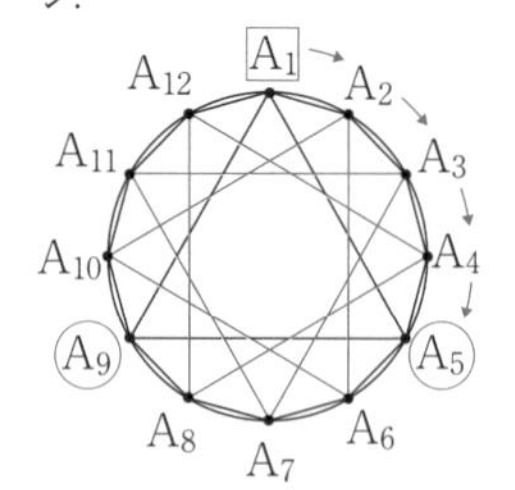

具体例を 1 つかいて，回転させていく！

②二等辺三角形の個数

対称軸として，A_1A_7 をとり，頂角がA_1 の二等辺三角形をカウントすると，右図のように 5 個ありますね．考えられる頂角は 12 個ありますから，これを 12 倍して

$$12\times5=60 \text{ 個}$$

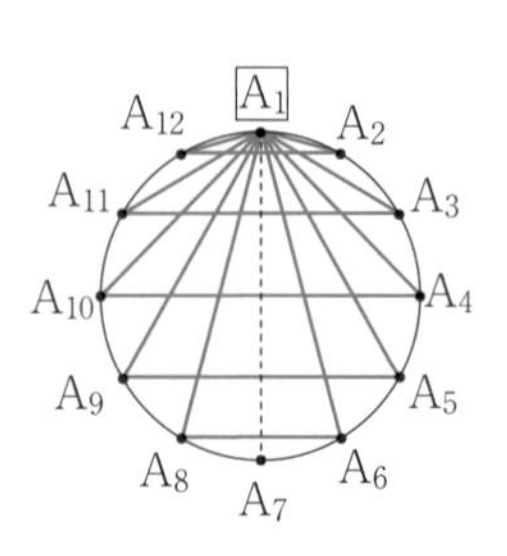

としたいところですが，下図を見ればわかるように 1 つの正三角形が 3 回カウントされています．

⬅頂角と対称軸を回転させて数える．

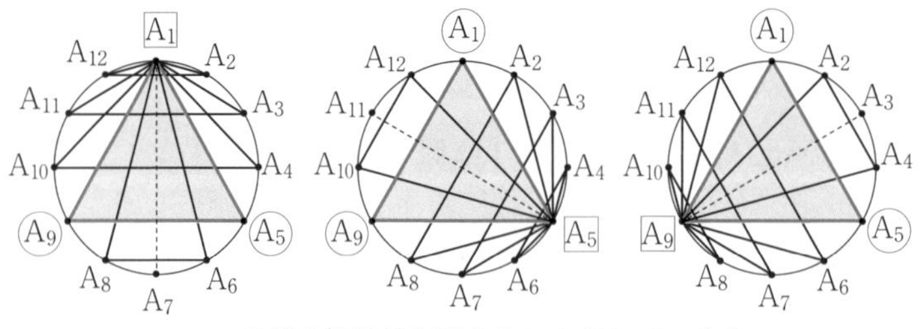

一つの正三角形が 3 回カウントされている!!

実際は4個のものが4×3個とカウントされているので，重複分4×2個を除かないといけません．

したがって，二等辺三角形の個数は

$$60-4\times2=52\text{ 個}$$

⬅正三角形はトリプルカウントされるので，ダブルカウント分をとる．

⬅12個から実際の個数4個を引いた分だけ多い．

③直角三角形

直角三角形の斜辺は外接円の直径になります．1つの直径に対して直角三角形は10個あります．直径は6本ありますから，直角三角形の個数は $10\times6=60$ 個

⬅直径に対する円周角は90°であることがポイント！

④鈍角三角形

円周を12等分して，

$$\overset{\frown}{A_1A_2}=\overset{\frown}{A_2A_3}=\cdots=\overset{\frown}{A_{12}A_1}=1$$

とします．このとき，正12角形の外接円を考えると，鈍角となる角に対応する弧の長さは円周の半分(長さ6)より長くなります．

⬅外接円を考えたとき，鈍角に対応する弧の長さは半周より長い．可能な弧の長さは，7，8，9，10である．11では三角形ができない．

例えば，鈍角に対する弧の長さが7のとき，弧を1つ($\overset{\frown}{A_1A_8}$)決めると，上図より4個の鈍角三角形ができます．順にスライドさせて，$\overset{\frown}{A_1A_8}$，$\overset{\frown}{A_2A_9}$，$\overset{\frown}{A_3A_{10}}$，…，$\overset{\frown}{A_{12}A_7}$ を考えると弧の決め方は12通りあるので鈍角三角形は4×12個となります．

同様に，弧を固定すると，鈍角に対する弧の長さが8のときは3個，9のときは2個，10のときは1個となるので，それぞれ12倍して，鈍角三角形の個数は

$$(4+3+2+1)\times12=120\text{ 個}$$

となります．

ちょっと一言

右図において，1つの直径 A_1A_7 の左側にあり，A_1 を鋭角とする鈍角三角形は A_8～A_{12} から2つの頂点を選んで ${}_5C_2$ 個あります．あとは直径を12回ずらして ${}_5C_2\times12=120$ 個ともできます．${}_5C_2$ は上の解法の $4+3+2+1$ に一致していますね．${}_5C_2$ の内訳が $4+3+2+1$ です．

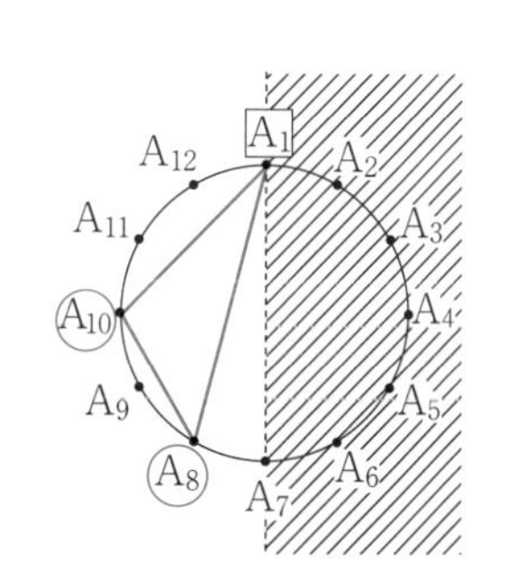

解　答

順に，三角形は **220** 個，正三角形は **4** 個，
二等辺三角形は **52** 個，直角三角形は **60** 個，
鈍角三角形は **120** 個

⬅鋭角三角形は全体から，直角または鈍角三角形分を引いて 220－60－120＝40 とします．

研究　12 個の弧を 3 つの組に分けると考えると，以下のようにもできます．

鈍角三角形となるのは(弧の長さが 7 以上のものが存在)

(10，1，1)(9，2，1)(8，3，1)(8，2，2)(7，4，1)(7，3，2)

例えば，(9，2，1) のとき，9 を固定して円形に配置する方法は 2 通り，これを **12 回回転しても重なることはない**ので，2×12 通り

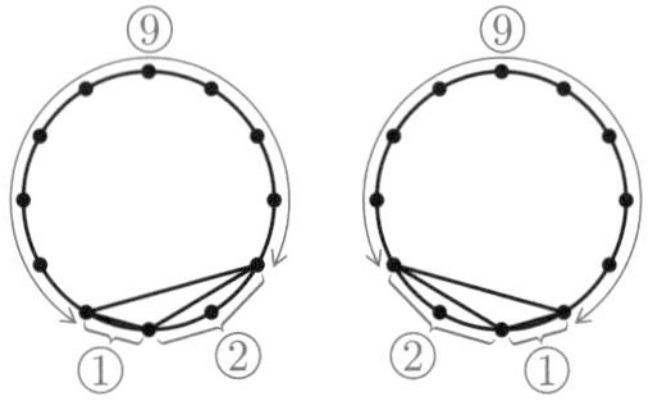

他も同様に考えて

(1＋2＋2＋1＋2＋2)×12＝120 通り

また，鋭角三角形の場合は(弧の長さがすべて 5 以下)

(5，5，2)(5，4，3)(4，4，4)

ただし，(4，4，4)(正三角形)の場合は，**4 回回転すると重複してしまう**ので

1×12＋2×12＋4＝40 通り

と直接計算できます。回転する際には正三角形の場合に注意が必要です．同じ考えで本問の他の問題も解いてみてください．

37　色塗り(1)

図の①から⑥の6つの部分を色鉛筆を使って塗り分ける方法について考える．ただし，1つの部分は1つの色で塗り，隣り合う部分は異なる色で塗るものとする．

①	③	④
①	②	⑤
①	②	⑥

(1)　6色で塗り分ける方法は，□通りである．

(2)　5色で塗り分ける方法は，□通りである．

(3)　4色で塗り分ける方法は，□通りである．

(4)　3色で塗り分ける方法は，□通りである．

（立命館大）

精講　6色で塗る場合は，①～⑥にすべて異なる色を塗ればよいので

← 頭の中で樹形図をイメージ！

　　6×5×4×3×2×1 通り

とすればよいですが，5色で塗る場合は，隣り合う色が異なるように①～⑥に順に塗っていって

← これを利用して解く方法は **研究** 参照！

　　5×4×3×4×3×3 通り

とすると，①，②，③は色が異なりますが，他は同じ色になる可能性があるので，3色以上5色以下で塗る場合になってしまいます．そこで，漏れなくダブりなくカウントするために

同じ色を塗る場所で場合分け

← 同じ色を塗る位置を決めてから塗っていく！すなわち，段階を追って数えるのがポイントです！

をして考えていきましょう．

5色で塗る場合は同じ色が

　（2箇所，1箇所，1箇所，1箇所，1箇所）

同様に，4色の場合は同じ色が

　（3箇所，1箇所，1箇所，1箇所）

　（2箇所，2箇所，1箇所，1箇所）

3色の場合は同じ色が

　（3箇所，2箇所，1箇所）

　（2箇所，2箇所，2箇所）

と塗る場合が考えられるので，同じ色を塗る位置を決めてから，色を塗っていきましょう．

解 答

(1) ①〜⑥を6色で塗り分ける方法は

$6\cdot5\cdot4\cdot3\cdot2\cdot1=6!=$**720** 通り

← 6色の順列となる.

(2) 5色で塗る場合，2箇所を同じ色で塗り，残り4箇所は異なる色で塗ることになる．同じ色を塗る2箇所の決め方は

{①，④}，{①，⑤}，{①，⑥}，{②，④}，
{③，⑥}，{④，⑤}，{④，⑥}

の7通りあるから，この色の決め方と他の4つの場所の塗り方を考えて，$7\times\underbrace{{}_5C_1}_{\text{2ヶ所塗る色を決める}}\times\underbrace{4!}_{\text{残りを塗る}}=$**840** 通り

← 同じ色を塗る位置で場合分けする．多くないのでめんどくさがらず書き出そう！

(3) 4色で塗る場合は，同じ色を

(ア) (3箇所，1箇所，1箇所，1箇所)
(イ) (2箇所，2箇所，1箇所，1箇所)

のように塗る2つの場合がある．

← 同じ色を塗る位置で場合分けする.

(ア)のとき，同じ色を塗る3箇所の決め方は

{①，④，⑤}，{①，④，⑥}

の2つの場合があるので，この色の決め方と他の場所の塗り方を考えて

$2\times\underbrace{{}_4C_1}_{\text{3ヶ所塗る色を決める}}\times\underbrace{3!}_{\text{残りを塗る}}=48$ 通り

(イ)のとき，同じ色を塗る2箇所の決め方は

{(①，④)，(③，⑥)}，{(①，⑤)，(②，④)}，
{(①，⑤)，(③，⑥)}，{(①，⑤)，(④，⑥)}，
{(①，⑥)，(②，④)}，{(①，⑥)，(④，⑤)}，
{(②，④)，(③，⑥)}，{(③，⑥)，(④，⑤)}

の8通りある．この色の決め方と他の場所の塗り方を考えて

← 書き出すことは大切です．これぐらいは嫌がらずきちんと書き出しましょう！

$8\times\underbrace{{}_4C_2\times2!}_{\text{2ヶ所塗る色を決める}}\times\underbrace{2!}_{\text{残りを塗る}}=192$ 通り

以上より，48＋192＝**240** 通り

(4) 3色で塗るとき，同じ色を4箇所に塗ることはできないので

(ア) (3箇所，2箇所，1箇所)

← 実は，色の種類が少ないので，直接数えた方が簡単！ **研究** 参照！

(イ)（2箇所，2箇所，2箇所）

のように塗る2つの場合がある．

(ア)のときは，{(①，④，⑤)，(③，⑥)，②}

(イ)のときは，{(①，⑤)，(②，④)，(③，⑥)}

の場合のみであるから，その塗り方は

$3!+3!=\mathbf{12}$ **通り**

研究　問題の流れと逆行してしまいますが，3色から考えることもできます．

3色で塗る場合，①，②，③の塗り方が $3\times2\times1$ 通りあるが，この時点で3色使っているので，④，⑤，⑥の塗り方は $2\times1\times1$ 通りある．

← 実は3色が一番簡単．

よって，$3\times2\times1\times2\times1\times1=12$ 通り

4色で塗る場合は，①～⑥を4色以下で塗る方法が

← 4色以下で塗る方法から，3色で塗る方法を引いてみた．

$4\times3\times2\times3\times2\times2=288$ 通り

あるが，これは3色以上を使っているので，3色で塗る場合の

$\underbrace{{}_4C_3}_{\text{4色から3色選ぶ}}\times12=48$ 通り

を除いて，$288-48=240$ 通り

5色で塗る場合も同様に，①～⑥を5色以下で塗る方法が

← 5色以下で塗る方法から，4色以下で塗る方法を引いてみた．例えば，4色以下で塗る方法を ${}_5C_4\times288$ 通りなどとしてしまうと，3色塗る場合の重複が起こってしまうので注意しましょう．

$5\times4\times3\times4\times3\times3=2160$ 通り

これから，4色で塗る方法と3色で塗る方法

$\underbrace{{}_5C_4}_{\text{5色から4色選ぶ}}\times240+{}_5C_3\times12=1320$ 通り

を除いて

$2160-1320=840$ 通り

ともできます．皆さんはどのように考えましたか？間違っていたときは，場合が多ければどこが重複しているか？ 場合が少なければどの場合が足りないか？解答を参考にしっかり考えてみてください．その試行錯誤が力になります．

38 色塗り(2)

立方体の各面に，隣り合った面の色は異なるように，色を塗りたい．ただし，立方体を回転させて一致する塗り方は同じとみなす．このとき，次の問いに答えよ．

(1) 異なる 6 色をすべて使って塗る方法は何通りあるか．

(2) 異なる 5 色をすべて使って塗る方法は何通りあるか．

(3) 異なる 4 色をすべて使って塗る方法は何通りあるか．

（琉球大）

精講 回転して重なるものは同じ塗り方になりますから，ポイントは，色を塗る場所を固定するということです．なぜなら，塗る場所を固定すると

「動きが制限される！」

からです．

⇐ 色を塗る場所を固定すると，動きが制限される．

例えば(1)で，6 色のうちに赤が含まれるとして，1 つの面に赤を塗ってみます．

①

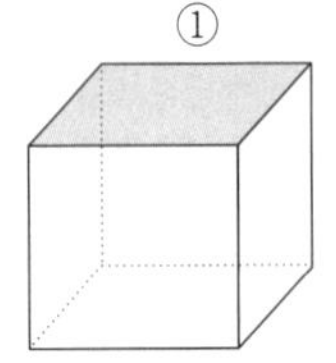

②

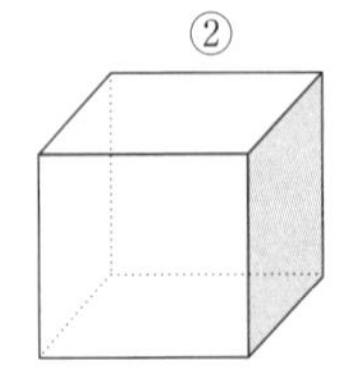

①も②も回転すると重なりますから，どの面に赤を塗ろうが**本質的に①と同じ**ですね．だから，まず赤は上面に塗ったと思ってよいわけです．よって，上面に赤を固定すれば，赤の位置を変えない動きは

⇐ 赤は上面に塗ったと思ってよい．

⇐ 上面が赤であるような動きは許される．

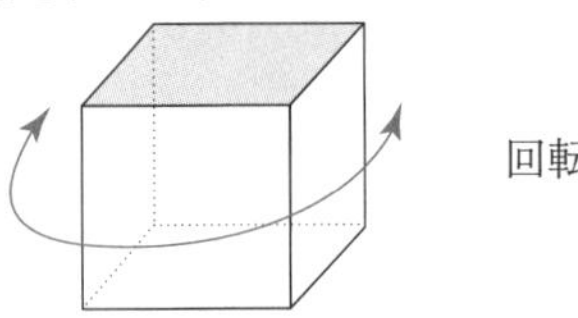

回転のみ許される

ということになります．したがって，下面の塗り方が 5 通り，側面が 4 色の円順列になりますので，$(4-1)!$ 通りとなり，6 色で塗る方法は

$5\times(4-1)!=30$ 通りとなります．

⇐ 下面に塗る色を決め，側面を塗る．

(2)では，5色で塗り分ける方法なので，**どれか1色は2面塗らないといけません**．さらに，同じ色が隣り合ってはいけないので，**1つの対面に同じ色を塗る必要があります**．そこで，上面と下面に同じ色を塗り固定すると

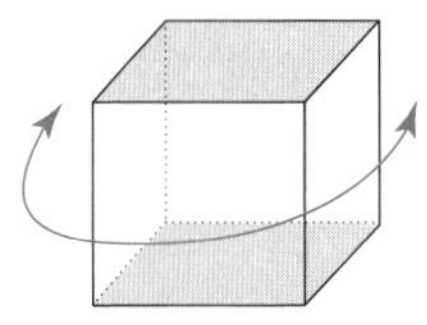

(1)と同様に側面の回転についてはオッケーですね．

ところが今回は，上面と下面が同じ色なので上面と下面の入れかえも許されることに注意すると，側面は4色のじゅず順列になります．

⬅ 上面と下面を入れかえても色の位置は変わらない．

よって，2面塗る色の決め方が5通り，側面はじゅず順列で $5\times\dfrac{(4-1)!}{2}$ 通りとなります．

解　答

(1)　上面の色を固定すると，底面の塗り方は5通りあり，側面は4色の円順列となるから

$5\times(4-1)!=$**30通り**

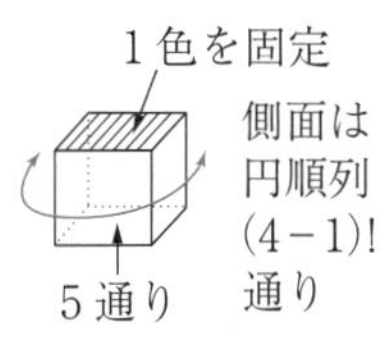

⬅ 1色を上面に固定すると側面は円順列！

(2)　5色で塗る場合，対面が同じ色となるものが1組できる．したがって，上面と下面を同じ色に塗ると，その色の決め方が5通り，側面は4色のじゅず順列となるから

$5\times\dfrac{(4-1)!}{2}=$**15通り**

上面と下面の色を固定（${}_5C_1$ 通り）

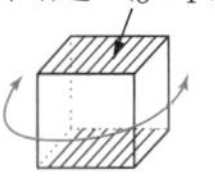

側面はじゅず順列 $\dfrac{(4-1)!}{2}$ 通り

⬅ 上面と下面に同じ色を塗ると，側面はじゅず順列！

(3)　4色で塗る場合，対面が同じ色となるものが2組できる．したがって，その色の決め方が ${}_4C_2$ 通り，さらにこの塗り方に対して残りの2色の塗り方は1通りしかないから ${}_4C_2\times1=$**6通り**

2面塗る色を2つ決めると，塗り方は1通り

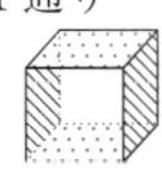

⬅ 対面が2組同じ色だと，残りの面をどう塗ろうが同じ塗り方になる．（残りの面が反対になるように回転すると重なる．）

研究　《難問(？)に挑戦！》

赤，黄，緑の色紙があり，同じ色の色紙は区別しないものとする．この3種の色紙からそれぞれ2枚ずつとってきて立方体の各面に1枚ずつ貼るとする．このとき異なる配色を持つ立方体はいくつ作れるか，略図をかいて答えよ．ただし，回転によって同じ配色となるものは同じものとみなす．(東北大)

赤を貼る位置は，対面に貼るか，隣り合うように貼るかになりますね．

① 対面に赤を貼る場合

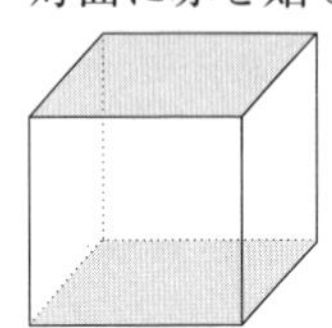

許される動きは，側面の回転と上下の逆転です．
よって，側面の貼り方は，黄色と緑が交互になる場合とそれぞれが隣り合う場合の2通りあります．

② 赤が隣り合うように貼る場合

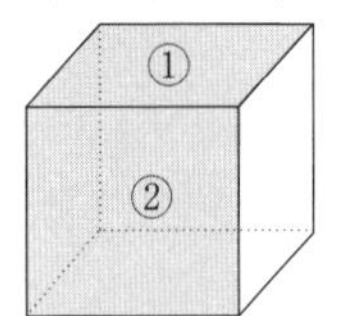

左図において，許される動きは①と②の逆転であることに注意して残りの色の位置を決めていきます．

(i) まずは，向かい合う面に同じ色を貼るとき

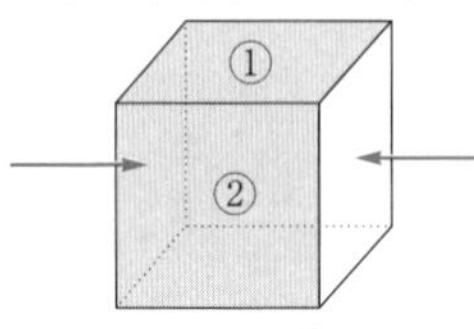

したがって，向かい合う面の色の決め方を考えて2通りとなります．

(ii) 向かい合う面の色が異なるように貼るとき，黄色の貼り方は4通りありますが，①と②の入れかえは許されるので

黄色を

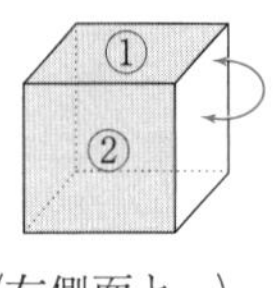

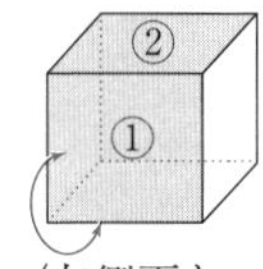

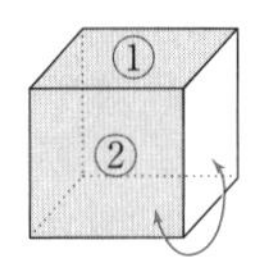

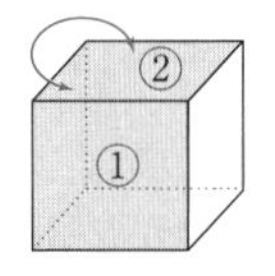

(右側面と裏面に貼る) ＝ (左側面と下面に貼る)　(下面と右側面に貼る) ＝ (左側面と裏面に貼る)

となり，2通りしかないことがわかります．

したがって，求める場合の数は6通りになります．

39 組分け(1)

男女6人ずつ12人を4人ずつ3つのグループに分ける．

(1)　このような分け方は何通りあるか．

(2)　各グループが男女2人ずつとなるような分け方は何通りあるか．

(3)　(2)のように分けるとき，女Aさんと男Bさんが同じ組になる分け方は何通りあるか．

精講　組分けの問題です．(2)からが問題ですが，皆さんならどう仕切りますか？

(2)ではまず，男子女子それぞれ2人ずつ3組に分かれてもらいましょうか．このような分かれ方は，男子も女子もそれぞれ $\dfrac{{}_6C_2\times{}_4C_2}{3!}$ 通りあります．

⬅ まずは，男女それぞれ3組分かれ，ご対面！

男$_1$男$_2$　　男$_3$男$_4$　　男$_5$男$_6$

⇕

女$_1$女$_2$　　女$_3$女$_4$　　女$_5$女$_6$

⬅ 男$_1$男$_2$と，どの女子グループが組むかで3通り，
男$_3$男$_4$と，どの女子グループが組むかで2通り
より，3! の組み方がある．

その後，男女に対面してもらうと，男女の組み方は3! 通りありますね．したがって，求める場合の数は

$$\frac{{}_6C_2\times{}_4C_2}{3!}\times\frac{{}_6C_2\times{}_4C_2}{3!}\times 3!\ \text{通り}$$

となります．

こんなのはどうでしょう．

まずは男子が2人ずつ3組に分かれます．

⬅ 「この指とまれ」作戦！
男子が3組に分かれ，「俺たちと組みたい人～」と女子を誘います．
場合の数，**基本編** 12 参照！

$$\frac{{}_6C_2\times{}_4C_2}{3!}\ \text{通り}$$

次に，男$_1$男$_2$が6人の女子から2人選んで ${}_6C_2$ 通り，男$_3$男$_4$が4人の女子から2人選んで ${}_4C_2$ 通りと考えて

$$\frac{{}_6C_2\times{}_4C_2}{3!}\times{}_6C_2\times{}_4C_2\ \text{通り}$$

ともできます．

さらに4人部屋A，B，Cに，男女2人ずつを入れ，その後で部屋の区別をなくすと考えて

$$\frac{({}_6C_2\cdot{}_6C_2)\times({}_4C_2\cdot{}_4C_2)\times({}_2C_2\cdot{}_2C_2)}{3!}$$

としてもいいですね．

(3)では，女Aさん，男Bさんと特定の人が決まっているので，**「この指とまれ！」的**な考えが有効ですね．

⬅女Aさんと男Bさんのカップルが「私たちと組みたい人〜」と誘う．この考え方は，特定の人が決まっているとき，特に有効です．

まず，女Aさん，男Bさんと組む男女2人の決め方が

${}_5C_1\times{}_5C_1$ 通り

残り男女各4人の計8人を男女2人ずつ4人のグループ2つに分けると考えるとわかり易いですね．

解　答

(1)　$\frac{{}_{12}C_4\cdot{}_8C_4\cdot{}_4C_4}{3!}=$**5775通り**

⬅この指とまれ方式だと ${}_{11}C_3\cdot{}_7C_3$ 通り．

(2)　男子を3つのグループに分けておいて，

$\frac{{}_6C_2\times{}_4C_2\times{}_2C_2}{3!}$ 通り

⬅この指とまれ方式では，${}_5C_1\cdot{}_3C_1$ 通り．

さらに，この3組に女子を2人ずつ組ませて

$\left(\frac{{}_6C_2\times{}_4C_2\times{}_2C_2}{3!}\right)\times{}_6C_2\times{}_4C_2=$**1350通り**

(3)　女Aさん，男Bさんと同じ組になる男女の決め方が

${}_5C_1\times{}_5C_1$ 通り

残り2組を男女2人ずつに分ける方法は，男子を2人ずつ2組に分けておいて，この2組に女子を2人ずつ組ませて，

$\frac{{}_4C_2\cdot{}_2C_2}{2!}\times{}_4C_2$ 通り

⬅男子女子をそれぞれ2人ずつに分けて $\frac{{}_4C_2}{2!}\cdot\frac{{}_4C_2}{2!}\cdot2!$ 通りとしてもよい．

よって，

${}_5C_1\times{}_5C_1\times\frac{{}_4C_2\cdot{}_2C_2}{2!}\times{}_4C_2=$**450通り**

40　組分け(2)

4人乗りと5人乗りの自動車が1台ずつあり，a，b，c，d，e，f，gの7人が同じ目的地に出かける．誰が運転するか，どの席に座るかは，区別しないものとして，次の問いに答えよ．

(1)　全員が運転でき，かつ全員が2台の自動車に分乗するものとする．分乗の仕方は，何通りあるか．

(2)　7人のうち運転できるのは，a，b，cの3人だけで，各車に少なくとも1人は運転できる人が乗ることにする．全員が2台の自動車に分乗するとき，分乗の組合せは何通りあるか．

(3)　全員が運転できるとする．歩いていく人がいても，誰も乗らない自動車があってもよいとするとき，分乗の組合せは何通りあるか．

（東北大）

第3章

精講　(1)　自動車A，Bに7人を分乗させるとき，**人数制限**がなければ1人につき2通りの乗り方があるので，2^7通りの乗り方がありますが，今回は人数制限があるので一気にはできませんね．2^7通りの内訳は，人数で場合分けすると

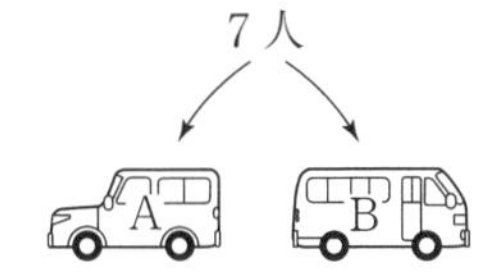

← 運転者，座席を区別しないので，7つの異なるものをA，Bの箱に入れる問題と同じ．(玉区別，箱区別)場合の数**基本編** 13 を参照！ただし，人数制限がついていることに注意！

$$(A,\ B)=(7,\ 0),\ (6,\ 1),\ (5,\ 2),\ (4,\ 3),\ (3,\ 4),\ (2,\ 5),\ (1,\ 6),\ (0,\ 7)$$

← 内訳を考えると構造がよくわかりますね．一般的な話は **研究** 参照！

Aは4人乗り，Bは5人乗りなので，このうち適する

$$(4,\ 3),\ (3,\ 4),\ (2,\ 5)\ \cdots\cdots\ (*)$$

の場合をカウントしましょう．

(2)　($*$)の場合にさらに制限がついています．運転できる人が3人しかいません．運転できる人がどちらの車にも少なくとも1人乗らないと出発できませんね．これは余事象である**「運転者が一方の自動車に乗ってしまう場合」**を考えた方がよさそうです．

← 直接計算したい人は **研究** 参照！

(3)　歩いていく人のグループをCとすると，7人をA，B，Cの3グループに分ける方法に対応しますが，Aは4人まで，Bは5人までという制限がついています．内訳をすべてかき出せばよいのですが大変そうです．制限がなければ，組分けの仕方は3^7通りですので，こちらも余事象を考え，**Aに7人，6人または5人乗るときと，Bに7人または6人乗る場合を除いた**方が，調べる場合が少なくなります．

←場合をすべてかき出すと大変そう！直接計算したい人は **研究** 参照！

←常に，直接考えた方がよいか，余事象を考えた方がよいか考えましょう！

解　答

(1)　4人乗りの自動車をA，5人乗りの自動車をBとし，(Aの人数，Bの人数)とする．このとき，7人の分乗の仕方は

(4，3)，(3，4)，(2，5)……(＊)

のときで，${}_7C_4+{}_7C_3+{}_7C_2=35+35+21=$**91通り**

(2)　(1)の91通りの中で適さないのは，a，b，cが同じ車に乗る場合である．このようになるのは(＊)に注意すると

(4，3)のとき，3人がAに乗る場合とBに乗る場合を考えて，

${}_4C_1+1=5$通り

←Aに乗る場合，Aに乗るもう1人の選び方を考えて${}_4C_1$通り，Bに乗る場合は1通りしかない．

(3，4)のとき，3人がAに乗る場合とBに乗る場合を考えて

$1+{}_4C_1=5$通り

(2，5)のとき，3人がBに乗る場合を考えて

${}_4C_2=6$通り

←Bに乗るあと2人の選び方を考えて${}_4C_2$通り．

よって，求める場合の数は

$91-(5+5+6)=$**75通り**

(3)　自動車に乗れる人の人数制限がなければ，7人がA，B，徒歩のいずれかを選ぶ方法は，3^7通りある．

ところが自動車に乗れる人数の人数制限があるので，

①　Aに7人乗る場合の1通り

②　Aに6人乗る場合の${}_7C_6\times2=14$通り

③　Aに5人乗る場合の${}_7C_5\times2^2=84$通り

④　Bに7人乗る場合の1通り

⑤　Bに6人乗る場合の${}_7C_6\times2=14$通り

←例えば②では，Aに乗る6人の決め方が${}_7C_6$通り，あと1人はBか徒歩なので2通り，③では，Aに乗る5人の決め方が${}_7C_5$通り，あと2人はBか徒歩なので2^2通りと考えられる．①～⑤は排反なので，これらを単に加えればオッケー！

が適さない．したがって，求める場合の数は

$3^7-(1+14+84+1+14)=2187-114=$**2073通り**

研究　(1)で出てきた内訳を一般化します．n 個の異なるものをA，Bの箱に入れる方法は 2^n 通りですが，この内訳は

(Aの個数，Bの個数)$=(0,\ n),\ (1,\ n-1),\ (2,\ n-2),\ \cdots\cdots,\ (n,\ 0)$

よって，　$\boldsymbol{2^n={}_nC_0+{}_nC_1+{}_nC_2+\cdots+{}_nC_k+\cdots+{}_nC_n}$

が成り立つことがわかります．この公式は通常2項定理から導きますが，このように意味付けするのも明快ですね．入れる個数を決めないで組分けする場合と個数を決めて組分けする場合の関係をしっかり掴んでください．

(2)を直接やると次のようになります．

例えば (A，B)$=(4,\ 3)$ のとき，a，b，c は1人と2人になるように乗らなければなりませんので，

A，Bに1人，2人と乗る場合は

$$\underbrace{{}_3C_1}_{a,\ b,\ c\text{の誰がAに乗るか}}\times\underbrace{{}_4C_3}_{\text{Aに乗る残り3人は誰か}}\ \text{通り}$$

A，Bに2人，1人と乗る場合は

$$\underbrace{{}_3C_2}_{a,\ b,\ c\text{の誰がAに乗るか}}\times\underbrace{{}_4C_2}_{\text{Aに乗る残り2人は誰か}}\ \text{通り}$$

(A，B)$=(3,\ 4),\ (2,\ 5)$ のときも同様に考えると

$$\underbrace{({}_3C_1\times{}_4C_3+{}_3C_2\times{}_4C_2)}_{(A,\ B)=(4,\ 3)\text{のとき}}+\underbrace{({}_3C_1\times{}_4C_2+{}_3C_2\times{}_4C_1)}_{(A,\ B)=(3,\ 4)\text{のとき}}+\underbrace{({}_3C_1\times{}_4C_1+{}_3C_2)}_{(A,\ B)=(2,\ 5)\text{のとき}}$$

$=30+30+15=75$ 通りとなります．

また，(3)を直接やると次のようになります．自動車に7人乗る場合は(1)から91通り

6人乗る場合は (A，B)$=(4,\ 2),\ (3,\ 3),\ (2,\ 4),\ (1,\ 5)$ の場合で

${}_7C_4\cdot{}_3C_2+{}_7C_3\cdot{}_4C_3+{}_7C_2\cdot{}_5C_4+{}_7C_1\cdot{}_6C_5=392$ 通り

5人乗る場合は，自動車に乗る5人の決め方が ${}_7C_5$ 通り，人数制限が無いとこれら5人は 2^5 通りの乗り方があるが，(A，B)$=(5,\ 0)$ の場合のみ不適なので

${}_7C_5(2^5-1)=651$ 通り

4人以下が自動車に乗る場合は，人数制限はないので

$$\underbrace{{}_7C_4\cdot2^4}_{\text{自動車に4人}}+\underbrace{{}_7C_3\cdot2^3}_{\text{自動車に3人}}+\underbrace{{}_7C_2\cdot2^2}_{\text{自動車に2人}}+\underbrace{{}_7C_1\cdot2^1}_{\text{自動車に1人}}+\underbrace{1}_{\text{自動車に0人}}$$

$=939$ 通り

以上を加えて，$91+392+651+939=2073$ 通りとなります．

41 組分けの応用(1)

(1) 8個の正の符号＋と6個の負の符号−とを，左から順に並べ，符号の変化が5回起こるようにする仕方は全部で何通りあるか． （滋賀大）

(2) 30個の正の整数 x_1，x_2，……，x_{30} が

$$x_1 \geqq x_2 \geqq \cdots\cdots \geqq x_{30},\ x_1=3$$

を満たすとする．このような並び$(x_1,\ x_2,\ \cdots\cdots,\ x_{30})$は何通りあるか．

精講 (1)も(2)も自分の知っている考え方に落とし込めるかがポイントです．うまい対応を考えましょう．

(1)では

① [＋＋＋] [−] [＋＋] [−−] [＋＋＋] [−−−]
② [−] [＋＋] [−−] [＋＋＋] [−−−] [＋＋＋]

のように＋から始まるものと−から始まるものがあります．このような符号が5回変化するものは，どのように数えたらよいのでしょう．

①も②も ＋，− が並ぶ場所は決まっていますから，あとは何個ずつ連続するかになります．したがって，＋，− をそれぞれ，3つの場所(箱)に入れる方法に対応しますね．ただし，3つの場所には1個以上符号を入れます．

← 場合の数基本編 14 のりんごを各人に1個以上配る方法．

(2)では，$x_1=3$ で，$3 \geqq x_2 \geqq x_3 \geqq \cdots\cdots \geqq x_{30}$ となっています．x_2〜x_{30} をかき出してみると

$$3,\ \cdots,\ 3,\ 2,\ \cdots,\ 2,\ 1,\ \cdots,\ 1$$

となり，結局，3，2，1がそれぞれ何個ずつかということになりますね．これは区別のつかない29個の玉を1，2，3の3つの箱に入れる方法(0個でも可)と同じです．

← 場合の数基本編 9 のだんだん大きくなるタイプ．

← 重複組合せでも可．研究参照．

解　答

(1)　①　[+++] [−] [++] [−−] [+++] [−−−]
　　②　[−] [++] [−−] [+++] [−−−] [+++]

のように並ぶ場合が考えられる．①のとき，3つの＋のグループに8個の＋をそれぞれ1個以上分配する方法は

$$+_{\wedge}+_{\wedge}+_{\wedge}+_{\wedge}+_{\wedge}+_{\wedge}+_{\wedge}+$$

7つの間から2つ選んで仕切りを入れる方法に対応するので，${}_7C_2$ 通りある．同様に，3つのグループに6つの − をそれぞれ1個以上分配する方法は

$$-_{\wedge}-_{\wedge}-_{\wedge}-_{\wedge}-_{\wedge}-$$

5つの間から2つ選んで仕切りを入れる方法に対応するので，${}_5C_2$ 通りある．

①，②の場合の数は等しいので，求める場合の数は

$${}_7C_2\times{}_5C_2\times 2=\textbf{420 通り}$$

⬅ ＋の場所に入る＋の個数を左から順に a，b，c とすると
$a+b+c=8$
$a\geqq 1$，$b\geqq 1$，$c\geqq 1$

⬅ −の場所に入る−の個数を左から順に x，y，z とすると
$x+y+z=6$
$x\geqq 1$，$y\geqq 1$，$z\geqq 1$

(2)　$x_1\geqq x_2\geqq\cdots\cdots\geqq x_{30}$，$x_1=3$ を満たす正の整数の組は区別のつかない29個の玉を3つの箱1，2，3に入れる方法に対応する．

例えば，1の箱に5個，2の箱に11個，3の箱に13個入ったとき，$x_2\sim x_{30}$ は順に

$$\underbrace{3,\ 3,\ \cdots,\ 3}_{13\text{個}},\ \underbrace{2,\ 2,\ \cdots,\ 2}_{11\text{個}},\ \underbrace{1,\ 1,\ \cdots,\ 1}_{5\text{個}}$$

となる．

したがって，求める場合の数は，29個の○と仕切り2本の並べ方を考えて，${}_{31}C_2=$**465 通り**

⬅ 1，2，3の個数をそれぞれ p，q，r とすると
$p+q+r=29$
$p\geqq 0$，$q\geqq 0$，$r\geqq 0$

研究　(2)は1，2，3を重複を許して29個選ぶ方法に対応するので，重複組合せの公式を用いて求めると

$${}_3H_{29}={}_{29+3-1}C_{29}={}_{31}C_2=465\text{ 通り}$$

42 組分けの応用(2)

K を 3 より大きな奇数とし，$l+m+n=K$ を満たす正の奇数の組 $(l,\ m,\ n)$ の個数 N を考える．ただし，たとえば，$K=5$ のとき，$(l,\ m,\ n)=(1,\ 1,\ 3)$ と $(l,\ m,\ n)=(1,\ 3,\ 1)$ とは異なる組とみなす．

(1) $K=99$ のとき，N を求めよ．

(2) $K=99$ のとき，$l,\ m,\ n$ の中に同じ奇数を 2 つ以上含む組 $(l,\ m,\ n)$ の個数を求めよ．

(3) $N>K$ を満たす最小の K を求めよ．

（東北大）

精講 $l,\ m,\ n$ は奇数なので，自然数 $x,\ y,\ z$ に対して

← 14 の箱玉問題（玉区別なし・箱区別）の応用問題です．

$$l=2x-1,\ m=2y-1,\ n=2z-1$$

とおいて考えましょう．そうすると，N は

$$l+m+n=K \iff x+y+z=\frac{K+3}{2}$$

を満たす自然数 $x,\ y,\ z$ の組の個数を考えればよいことになります．

これは，基本編 14 で解説した箱玉問題の玉区別なし・箱区別のタイプになりますね．今回は $x,\ y,\ z$ が 1 個以上なので，$\dfrac{K+3}{2}$ 個の玉の間 $\dfrac{K+3}{2}-1=\dfrac{K+1}{2}$ ヶ所の中から，2 本の仕切りの場所を選ぶと考えましょう．

← ちょっと一言 参照！

← K は奇数なので $\dfrac{K+3}{2}$ は自然数です．

$\dfrac{K+3}{2}$ 個

○∧○∧○∧○∧○∧…∧○∧○∧○

(2)では，$x=y,\ y=z,\ z=x$ となる場合を数え上げましょう．ただし，$x=y=z$ となる場合が重複することに注意です．

解　答

(1)　自然数x, y, zに対して

$l=2x-1$, $m=2y-1$, $n=2z-1$

とおくと $l+m+n=K$ は

$(2x-1)+(2y-1)+(2z-1)=K$

$$x+y+z=\frac{K+3}{2}\quad\cdots①$$

となり，これをみたす自然数x, y, zの組の個数がNに等しい．

⬅ $K=99$ として計算してもよいが，一般化して計算した．

Kは3より大きい奇数であるから，$\frac{K+3}{2}$は自然数であるので，①は$\frac{K+3}{2}$個の玉を3人に配る方法(ただし，各人に少なくとも1個以上)に対応するから，$\frac{K+3}{2}$個の玉を並べておいて，その間$\frac{K+1}{2}$ヶ所から2ヶ所を選んで仕切りを入れる方法を考えて

⬅ 各人1個以上なので，間に仕切りを入れた．

$$N={}_{\frac{K+1}{2}}C_2=\frac{\frac{K+1}{2}\cdot\frac{K-1}{2}}{2}=\frac{K^2-1}{8}$$

よって，$K=99$ のとき，$N=\frac{99^2-1}{8}=$**1225**

(2)　$K=99$ のとき，$x+y+z=51$

(1)の1225通りの中で，$x=y$ となるものは

$(1,\ 1,\ 49)$, $(2,\ 2,\ 47)$, $\cdots$, $(25,\ 25,\ 1)$

の25通りあり，$y=z$, $z=x$ のときも同様である．これらを加えると，$x=y=z=17$ となるときが3回カウントされることに注意すると，求める場合の数は

⬅ 3回カウントされているので，2回分とる．

$25\times3-2=$**73個**

(3)　(1)の考察より，$N=\frac{K^2-1}{8}$ であるので

$$N>K \iff \frac{K^2-1}{8}>K \iff (K-4)^2>17$$

⬅ $K\geqq4$ で $(K-4)^2$ は単調増加関数である．

となるから，$K\geqq5$ から，$N>K$ をみたす最小のKは**9**であることがわかる．

(1)では，隙間に仕切りを入れる方法で解きましたが，x，y，z に1個ずつ配っておいて，残り $\dfrac{K-3}{2}$ 個を各人に0個以上配ると考えてもいいです．これを式で書くと

$$x+y+z=\frac{K+3}{2},\ x\geqq 1,\ y\geqq 1,\ z\geqq 1$$

$x'=x-1$，$y'=y-1$，$z'=z-1$ とおくと，

$$(x-1)+(y-1)+(z-1)=\frac{K-3}{2}$$

かつ $x-1\geqq 0$，$y-1\geqq 0$，$z-1\geqq 0$

$$\Longleftrightarrow x'+y'+z'=\frac{K-3}{2},\ x'\geqq 0,\ y'\geqq 0,\ z'\geqq 0$$

このように変数変換して考える方法もあります．

⬅ この場合，$\dfrac{K-3}{2}$ 個の玉と仕切り2本の計 $\dfrac{K+1}{2}$ 個を並べて，${}_{\frac{K+1}{2}}\mathrm{C}_2$ 通りとなります．

43　組分けの応用(3)

自然数nをそれより小さい自然数の和として表すことを考える．ただし，$1+2+1$ と $1+1+2$ のように和の順列が異なるものは別の表し方とする．

例えば，自然数2は $1+1$ の1通りの表し方ができ，自然数3は $2+1$，$1+2$，$1+1+1$ の3通りの表し方ができる．

(1)　自然数4の表し方は何通りあるか．

(2)　自然数5の表し方は何通りあるか．

(3)　2以上の自然数nの表し方は何通りあるか．

精講　(1)，(2)は題意の条件に従って表すと

$4=1+3$，$2+2$，$3+1$，$1+1+2$，
$1+2+1$，$2+1+1$，$1+1+1+1$ の7通り

$5=1+4$，$2+3$，$3+2$，$4+1$，$1+1+3$，$1+3+1$，
$3+1+1$，$1+2+2$，$2+1+2$，$2+2+1$，
$1+1+1+2$，$1+1+2+1$，$1+2+1+1$，
$2+1+1+1$，$1+1+1+1+1$ の15通り

となりますが，(3)ではこれを一般化しなければなりません．いくつかのアプローチを考えてみましょう．

⇐ 具体的にかき出していきながら，一般化の糸口を探していこう！

⇐ 表し方 a_n $(n\geqq2)$ をかき出すと
$1,\ 3,\ 7,\ 15,\ \cdots$
より $a_n=2^{n-1}-1$ と予想できるが，これは予想に過ぎない．

1°)　まずは，何個の和に分けるかを考えるのが普通でしょうか？

例えば，4を2つの数の和に分ける場合は

①$_\wedge$①$_\wedge$①$_\wedge$①

4つの1の間3つのうちのどこに1つの仕切りを入れるかが問題になりますね．これは，${}_3C_1$ 通りあります．

⇐ 2つに分ける場合，3つに分ける場合…と考えて，和を考えれば求められそう！

同様に，3つの数の和に分ける場合は，3つの間から2つ選んで仕切りを入れて ${}_3C_2$ 通り，4つの数の和に分ける場合は ${}_3C_3=1$ 通りなので，

${}_3C_1+{}_3C_2+{}_3C_3=7$ 通り

となります．

⇐ ここまでくれば一般化はできそうですね．

これを一般化すると，$n(\geqq2)$ を2つの和に分ける場合は

①$_\wedge$①$_\wedge$①$_\wedge$①$_\wedge$……$_\wedge$①$_\wedge$①

間は $n-1$ 個ある

$n-1$ 個の間に仕切りを1つ入れる方法を考えて，${}_{n-1}\mathrm{C}_1$ 通り．

同様に，n を3つの和に分ける場合は $n-1$ 個の間から，仕切り2つの場所を選んで ${}_{n-1}\mathrm{C}_2$ 通り，…と順にいって，n を n 個の和に分ける方法が ${}_{n-1}\mathrm{C}_{n-1}$ 通りですから

$${}_{n-1}\mathrm{C}_1+{}_{n-1}\mathrm{C}_2+\cdots+{}_{n-1}\mathrm{C}_{n-2}+{}_{n-1}\mathrm{C}_{n-1}$$
$$=2^{n-1}-1 \text{ 通り}$$

となります．

⬅ **実戦編** **40** の **研究** で説明した公式
${}_n\mathrm{C}_0+{}_n\mathrm{C}_1+\cdots+{}_n\mathrm{C}_n=2^n$ を用いると，$n\geqq1$ のとき
${}_{n-1}\mathrm{C}_0+{}_{n-1}\mathrm{C}_1+\cdots$
$\cdots+{}_{n-1}\mathrm{C}_{n-1}=2^{n-1}$
よって
${}_{n-1}\mathrm{C}_1+\cdots+{}_{n-1}\mathrm{C}_{n-1}$
$=2^{n-1}-{}_{n-1}\mathrm{C}_0$
$=2^{n-1}-1$

2°)　もっと効率のいい方法はないでしょうか？

$n(\geqq2)$ を1個以上の組に分けていけばいいので，結局，$n-1$ 個の間のどこに仕切りを入れるかということになりますね．

①$_\wedge$①$_\wedge$①$_\wedge$①$_\wedge$……$_\wedge$①$_\wedge$①

1つの間に仕切りを入れるか入れないかは2通りなので，全部で 2^{n-1} 通りの仕切り方がありそうですが，この中には間すべてに仕切りを入れない場合（1通り）が含まれます．したがって，これを除いて $2^{n-1}-1$ 通りとなります．

⬅ これまでの考察から，結局 n 個の①の間各々に仕切りを入れるか入れないかで分割の仕方が決まることに気づくと，うまく解ける．うまい対応を考えよう！

この問題のポイントは，**具体から一般化へ！**そして，**組分けの問題にすりかえる！**ことです．見た目にだまされず，自分の知っている考え方に対応させて考えることは重要です！

⬅ 一見してわからない場合でも，自分がよく知っているものと本質的に同じ場合はよくあることです．

解　答

(1)　$4=1+3,\ 2+2,\ 3+1,\ 1+1+2,\ 1+2+1,$
$2+1+1,\ 1+1+1+1$ の **7通り**

⬅ 一般化の糸口を考えながら，丁寧に数え上げましょう．

(2)　$5=1+4,\ 2+3,\ 3+2,\ 4+1,\ 1+1+3,\ 1+3+1,$
$3+1+1,\ 1+2+2,\ 2+1+2,\ 2+2+1,$
$1+1+1+2,\ 1+1+2+1,\ 1+2+1+1,$
$2+1+1+1,\ 1+1+1+1+1$ の **15通り**

(3)　$n\geqq2$ のとき，題意の場合の数は，1を n 個並べ，

⬅ 2°) の考え方でかいてみました．もちろん，1°) の方法でもよいですよ．

それを1個以上の組に分割する方法に対応する．

①$_\wedge$①$_\wedge$①$_\wedge$①$_\wedge$……$_\wedge$①$_\wedge$①

間は $n-1$ 個あるので，その間に仕切りを入れる方法は 2^{n-1} 通りあるが，この中には分割されない場合が1通り含まれるので，求める場合の数は

$2^{n-1}-1$ 通り

⬅仕切りが入らない場合を除くのを忘れずに！

44 組分けの応用(4)

　自然数nに対して，1から$2n$までのすべての自然数を次の条件(ア)および(イ)を満たすように並べた数列$[i_1,\ i_2,\ i_3,\ i_4,\ \cdots,\ i_{2n-1},\ i_{2n}]$の総数を$f(n)$とする．

(ア)　$k=1,\ 2,\ \cdots,\ n$ に対して $i_{2k-1}<i_{2k}$

(イ)　$n\geqq 2$ ならば $i_1<i_3<\cdots<i_{2n-1}$

　例えば $n=1$ のとき条件(ア)を満たす数列は$[1,\ 2]$のみであるから$f(1)=1$ となる．

(1)　$f(2)$，$f(3)$ を求めよ．

(2)　$f(n)$ を求めよ．　　（鳥取大・改）

精講　$f(2)$ は1，2，3，4を並べた数列で，

$$i_1<i_2,\ i_3<i_4 \text{ かつ } i_1<i_3$$

を満たすものの数なので

$$[1,\ 2,\ 3,\ 4],\ [1,\ 3,\ 2,\ 4],\ [1,\ 4,\ 2,\ 3]$$

より3通り．

← 最初は1で次は何でもいいですね．

　$f(3)$ もかき出していくと結構あります．何かうまい考え方はないでしょうか？　$f(3)$ を例に考えてみましょう．

← 具体例から一般化を狙う！ただかき出すのではなく，何か法則がないか考えよう！

　$f(3)$ は1，2，3，4，5，6を並べた数列で，

$$i_1<i_2,\ i_3<i_4,\ i_5<i_6 \text{ かつ } i_1<i_3<i_5$$

を満たすものの数です．奇数番目はだんだん大きくなり，隣り合う数は（奇数番目）<（偶数番目）です．

　このとき，まずi_1は最も小さく1であることがわかりますね．i_2はi_1より大きいという条件を満たせばよいので，なんでもオッケーで5通りあります．仮に $i_2=3$ とすると，残りの数は2，4，5，6です．同様に，i_3はこの中で最も小さい数なので2となり，i_4は何でもよく3通り，後の2つは自動的に決まります．

よって，

$$f(3)=1\cdot5\cdot1\cdot3\cdot1\cdot1=15$$

となります．これを

← 奇数番目は1通り，偶数番目は場合が奇数個あることがわかれば….

$$f(n)=1\cdot(2n-1)\cdot1\cdot(2n-3)\cdot1\cdot(2n-5)\cdot\cdots\cdot1\cdot3\cdot1\cdot1$$
$$=(2n-1)(2n-3)(2n-5)\cdot\cdots\cdot5\cdot3\cdot1 \quad \cdots①$$

と一般化するのは難しくないでしょう．

結局，奇数の積となることがわかります．

こんな考えはどうでしょうか？

奇数番目はだんだん大きくなり，隣り合う数は（奇数番目）<（偶数番目）であることに注意します．まず，1 から $2n$ までの数を 2 個ずつ n 組に分けます．分け方は

$$\frac{{}_{2n}C_2\cdot{}_{2n-2}C_2\cdot\cdots\cdot{}_2C_2}{n!}$$ 通り…（＊）あります．

これらの分け方に対して，2 つずつ分けた数字をそれぞれ（小，大）のように並べます．

(2，5)，(1，6)，(3，7)，……

さらにそれぞれの（　，　）を小の数字が小さい順に並べると

(1，6)，(2，5)，(3，7)，……

となり，題意の数列が完成します．$f(n)$ は，（＊）の組分けの仕方と 1 対 1 に対応し，

$$f(n)=\frac{{}_{2n}C_2\cdot{}_{2n-2}C_2\cdot\cdots\cdot{}_2C_2}{n!}$$
$$=\frac{2n(2n-1)(2n-2)(2n-3)\cdot\cdots\cdot4\cdot3\cdot2\cdot1}{2^n\cdot n!}$$
$$=\frac{(2n-1)(2n-3)\cdot\cdots\cdot3\cdot1\cdot\{2n(2n-2)(2n-4)\cdot\cdots\cdot4\cdot2\}}{2^n\cdot n!}$$
$$=\frac{(2n-1)(2n-3)\cdot\cdots\cdot3\cdot1\cdot\{2^n\cdot n!\}}{2^n\cdot n!}$$
$$=(2n-1)(2n-3)\cdot\cdots\cdot3\cdot1$$

となり，①と一致しますね．

←今まで勉強した組分けの総決算！

←この指とまれ方式でやると ${}_{2n-1}C_1\cdot{}_{2n-3}C_1\cdot\cdots\cdot{}_3C_1$

←それぞれ並び方は 1 通り．

←結局，2 つずつ n 組に分ける方法に 1 対 1 に対応する．

解　答

(ア)，(イ)を満たすとき，$i_1=1$ である．i_2 は $i_1<i_2$ を満たせば何でもよいので $2n-1$ 通りある．仮に $i_2=3$ とすると，残りの数は

$2,\ 4,\ 5,\ 6,\ \cdots,\ 2n-1,\ 2n$

←**解答**は，初めから一般化して考えたものをかきます．

第3章

であり，i_3 はこの中で最も小さいもので 2 となるが，
$i_3<i_4$ より，i_4 は何でもよいので $2n-3$ 通りとなる．

以下左から順に，奇数番目は残った数のうち最も小さいものを選び，偶数番目は残りの数字から任意に選ぶという操作を繰り返せば，(ア)，(イ)を満たす数列が作成される．よって，

$$\begin{aligned} f(n) &= 1\cdot(2n-1)\cdot1\cdot(2n-3)\cdot1\cdot(2n-5)\cdot \\ &\qquad \cdots\cdot1\cdot3\cdot1\cdot1 \\ &= (2n-1)(2n-3)(2n-5)\cdot\cdots\cdot5\cdot3\cdot1 \\ &= \frac{2n(2n-1)(2n-2)(2n-3)\cdot\cdots\cdot3\cdot2\cdot1}{2n(2n-2)\cdot\cdots\cdot4\cdot2} \\ &= \frac{(2n)!}{2^n\cdot n!} \end{aligned}$$

⬅ 奇数番目は 1 通り，偶数番目は奇数通り．

⬅ 答えはかけ算のままでもよいが，分母分子に偶数を埋め込み階乗で表しました．

これより，(1) $f(2)=\mathbf{3}$，$f(3)=\mathbf{15}$ (2) $f(n)=\boldsymbol{\frac{(2n)!}{2^n\cdot n!}}$

研究 実際の鳥取大の問題では，(2)の前に，「$n=2,\ 3,\ \cdots$ とするとき，$f(n)$，$f(n-1)$ の間の関係式を求めよ．」という設問がついていました．つまり，$f(n)$ の漸化式を導けということです．漸化式に関しては，第 5 章で詳しくやりますが，ここでは軽く触れてみます．難しい人は，第 5 章を勉強してからもう一度挑戦してみましょう．

$1\sim2n$ の数字を題意のように並べると，$i_1=1$ でしたね．i_2 は何でもよいから，$2n-1$ 通りあります．仮に $i_2=3$ とすると，残りの数字は

$$2,\ 4,\ 5,\ 6,\ \cdots,\ 2n-1,\ 2n$$

です．これを，$i_3<i_5<\cdots<i_{2n-1}$ かつ $i_{2k-1}<i_{2k}$ を満たすように並べればよいのですが，結局，$2(n-1)$ 個の数字を奇数番目はだんだん大きく，(奇数番目)<(偶数番目) となるように並べることになるので，その場合の数は $f(n-1)$ に他なりませんね．

よって，$f(n)=(2n-1)f(n-1)$ となり，これを繰り返せば

$$\begin{aligned} f(n) &= (2n-1)f(n-1) \\ &= (2n-1)(2n-3)f(n-2) \\ &= (2n-1)(2n-3)(2n-5)f(n-3) \\ &= \cdots\cdots \\ &= (2n-1)(2n-3)(2n-5)\cdot\cdots\cdot3\cdot f(1) \\ &= (2n-1)(2n-3)(2n-5)\cdot\cdots\cdot3\cdot1 \end{aligned}$$

となります．漸化式を考えると途中の…の部分がすっきりしますね．

第4章 確率 実戦編

45 靴下の問題(同様に確からしい)

相異なる10足の靴下，すなわち20本の靴下のうち，6本をなくしたとする．このとき，使用可能な靴下が5足となる確率を求めよ．　(愛知大)

精講　すべての靴下を区別すると，なくした靴下6本の選び方は，${}_{20}C_6$ 通りあり，どの場合も同様に確からしいですね．このうち，使用可能な靴下が5足となるのは，**使用不可能な靴下が5足のときであり，その選び方は ${}_{10}C_5$ 通りあります．**

← 確率では，すべてのものを区別して考えるのが基本でしたね．

← まず，使用不可能な靴下を決める！

それらを

$\boxed{A_1A_2}$，$\boxed{B_1B_2}$，$\boxed{C_1C_2}$，$\boxed{D_1D_2}$，$\boxed{E_1E_2}$

とすれば，1足の靴下は両方なくしていますね．

$\boxed{A_1A_2}$ をなくしているとすれば，残り4本はB，C，D，Eから片方ずつになりますので，

$$\underbrace{{}_5C_1}_{\text{両方なくした靴下の決め方}} \times \underbrace{2^4}_{\text{片方なくした靴下の決め方}} \text{通り}$$

← 片方の選び方はそれぞれ2通りずつありますね．

← 10色の玉が2個ずつあり，6個取り出したら同じ色のペアが5組残る確率と同じ！出題形式にだまされないように．

これに使用不可能な靴下の選び方 ${}_{10}C_5$ 通りをかけたものが場合の数になります．**「どの靴下」の「どちら？」**をなくしたかと段階を追って数えましょう！

解答

なくした靴下の選び方は ${}_{20}C_6$ 通りあり，どの場合も同様に確からしい．このうち，5足が使用可能になるのは，使用不可能な靴下が5足のときであり，5足の靴下の選び方が ${}_{10}C_5$ 通りあるが，これらは1足のみ両方(${}_5C_1$ 通り)，残り4足は片方(2^4 通り)なくすことになる．したがって，求める確率は

$$\frac{{}_{10}C_5 \cdot {}_5C_1 \cdot 2^4}{{}_{20}C_6} = \mathbf{\frac{168}{323}}$$

46 円順列の確率

次の問いに答えよ.

(1) 白い玉を 2 個, 黒い玉を 2 個, 全部で 4 個の玉を円周上に並べる. このとき, 同じ玉が隣り合わない確率を求めよ.

(2) 赤い玉を 2 個, 青い玉を 2 個, 黄色い玉を 2 個, 全部で 6 個の玉を円周上に並べる. このとき, 同じ玉が隣り合わない確率を求めよ. (東北大)

精講 白玉 2 個と黒玉 2 個を円形に並べる方法は

⬅ 見た目の場合の数は 2 通りであるが….

○　　　　○

● (A) ●　　● (B) ○

○　　　　●

の 2 通りだから, 同じ色の玉が隣り合わない確率は $\frac{1}{2}$ としてはいけません. なぜなら, すべての玉を区別すると全部で 3!=6 通りありますが, 白玉の位置で場合分けすると

⬅ 区別すると (A) (B) に対応する場合の数が異なってしまうので, (A) (B) は同様に確からしくない.

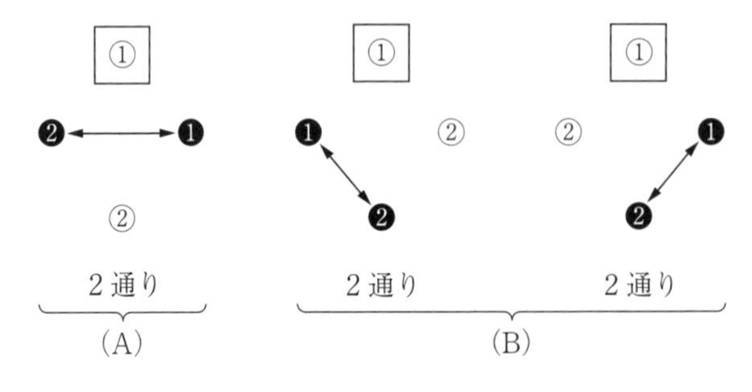

となるので, (A) は 2 通り, (B) は 4 通りとなり同様に確からしくないからです.

確率では, すべてのものを区別したときに起こる場合が各々同様に確からしい!

と考えるのが基本でしたね.

解　答

(1)　すべての玉を区別すると，4個の玉を円形に並べる方法は3!通りあり，これらは同様に確からしい．このうち，同じ色の玉が隣り合わないのは，2通りあるから，求める確率は

$$\frac{2}{3!}=\mathbf{\frac{1}{3}}$$

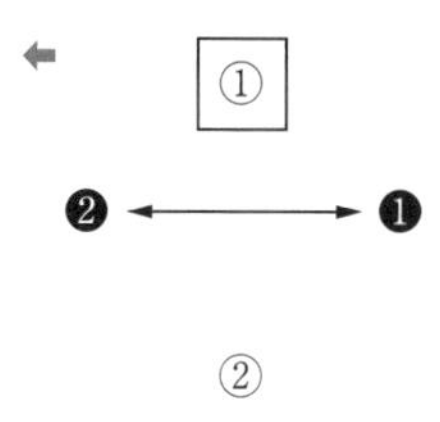

(2)　すべての玉を区別すると6個の玉を円形に並べる方法は5!通りあり，これらは同様に確からしい．このうち，同じ色の玉が隣り合わないのは，赤玉①を固定し，赤玉②の位置で場合分けすると

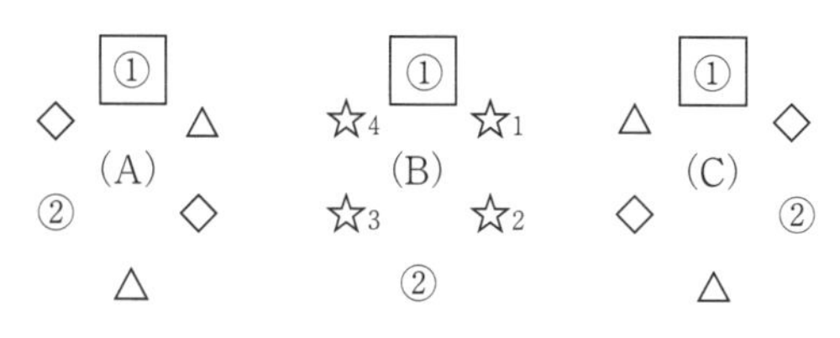

(A)，(C)のとき，△◇は右周りに
$4\times2\times1\times1=8$通り，
(B)のとき，$4\times2\times2\times1=16$通りであるから，求める確率は

$$\frac{8+8+16}{5!}=\mathbf{\frac{4}{15}}$$

例えば(B)のとき，

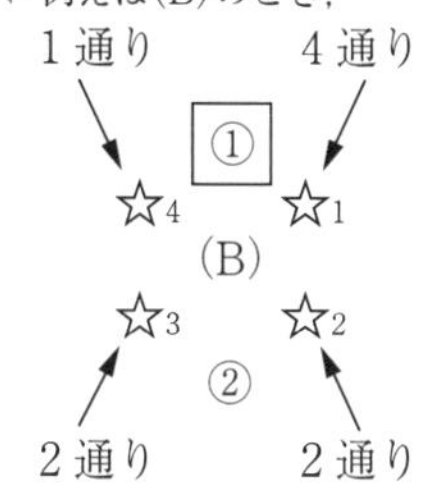

$☆_1$は何でもよく4通り，$☆_2$は$☆_1$と異なるもので2通り，$☆_3$は何でもよく2通り，$☆_4$は1通りとなる．○の位置を固定して順に並べていきましょう．

研究 **解答**では，すべてのものを区別する方針で解きましたが，黒玉を区別しなくても解くことができます．

別解 (1) 白玉を１つ固定すると，もう１つの白玉の置き方は，３通りあり(３つの△の位置)同様に確からしい．

したがって，同じ色の玉が隣り合わない確率は $\frac{1}{3}$

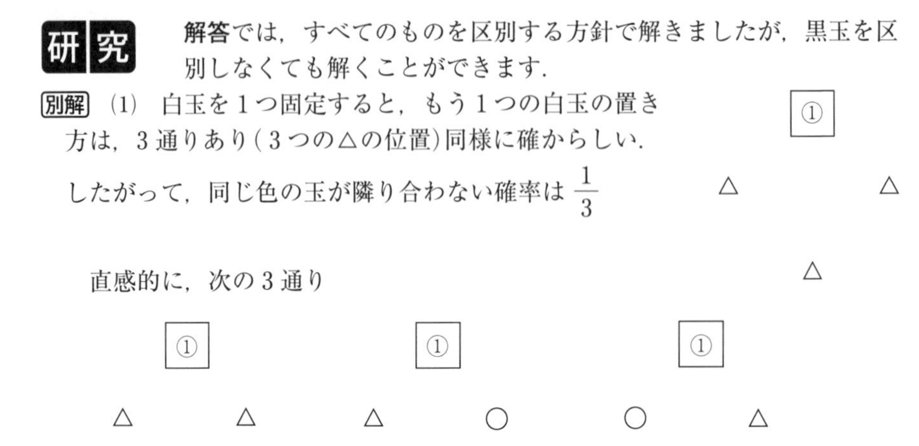

直感的に，次の３通り

は等確率で起こることはわかると思いますが，精講で考察したことから，玉を区別するとそれぞれ２通りあるので，等確率のかたまり(２通りをまとめる)ができ，もう１つの白玉の位置のみ考えればよいことがわかりますね．

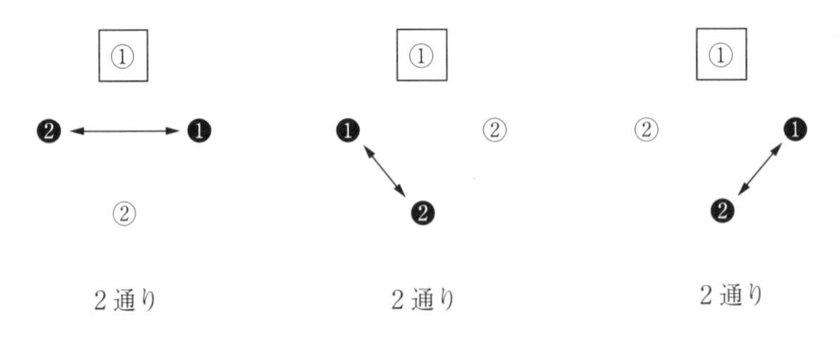

等確率なら単位の取り方は自由です．

47　根元事象をどうとるか？

0から9までの数字を1つずつかいた10個の球が袋に入っている．この袋から1つずつ順に球を取り出す試行において，m をかいた球と n をかいた球が取り出されたとき，m と n がそろったということにする．例えば10個の球にかかれた数字が取り出された順に8，1，4，9，5，3，6，0，2，7であった場合には，9つ目の球が取り出された段階で1と2がそろったということである．

(1)　7と8がそろうよりも前に1と2がそろう確率を求めよ．

(2)　1と2がそろうのが，7と8がそろうより前であるか，または，4と6がそろうよりも前である確率を求めよ．

（京都薬科大・改）

精講　取った球を戻さないので，**基本編28**で学んだくじ引きタイプですね．数字がそろったところでやめてしまうと，何回目でそろうかで分ける必要が出てきて大変です．10個全部並べてしまって10! 通りが同様に確からしいとしましょう！そうすれば順列の問題です．

← **基本編28**参照！確率のかけ算で考えると考えにくそうです．

このとき，(1)の7と8がそろうよりも前に1と2がそろう場合の数は，10個の場所のうち，7，8，1，2の出る場所の決め方が $_{10}C_4$ 通り．

← **基本編8**の順が決まっている順列の考え方と同じですね．

0，□，3，□，4，□，5，6，□，9

← 1°) 7，8，1，2の場所を決める
2°) 7，8，1，2の順を決める
3°) その他の並び方を考える！
というように「段階を追って数える」のがポイントです．

4つの数字7，8，1，2の並び方のうち，最後に7または8が出る場合が適する場合であるから3!×2通り．

さらに，7，8，1，2以外の並べ方が6! 通りあるので，求める確率は

$$\frac{_{10}C_4\cdot 3!\cdot 2\cdot 6!}{10!}=\frac{1}{2}$$

となります．以上がオーソドックスな考え方ですが，実はよく考えてみると，7，8，1，2以外は確率に全

く関係ありません．他の数字がどう出ようと，7，8，1，2が出る順番で確率は決まりますので，7，8，1，2のみに着目すればよいことがわかります．(1)は4つの数字，(2)は6つの数字の出る順に着目するのがポイントです．

⬅同様に確からしい場合なら，どんな単位を考えてもよい．いろいろな考え方を学んでセンスを磨いてほしい！

解　答

(1)　1，2，7，8のみに着目したとき，4つの数字の出る順は4! 通りあり，これらは同様に確からしい．このうち，1，2が7，8より前にそろうのは，4番目が7，8のときであるから

$$\frac{3!\times 2}{4!}=\mathbf{\frac{1}{2}}$$

⬅「一部だけ見る」考え方を用いると，4つ目に7，8が出る確率を考えて $\frac{2}{4}=\frac{1}{2}$ でもオッケー！

・・・・□
⬆
7, 8

(2)　1，2，4，6，7，8のみに着目したとき，6つの数字の出る順は6! 通りあり同様に確からしい．このうち，1，2が7，8または4，6より前にそろうのは，6番目が4，6，7，8のときであるから

$$\frac{5!\times 4}{6!}=\mathbf{\frac{2}{3}}$$

⬅6つ目に4，6，7，8が出る確率を考えて $\frac{4}{6}=\frac{2}{3}$ でもオッケー！

・・・・・・□
⬆
4, 6, 7, 8

研究　《答えがきれいな理由》

(1)では，1，2が最初にそろうか，7，8が最初にそろうかはフィフティ・フィフティですよね．1，2と7，8は対等です．もう少し詳しくいうと○○□□を適当に並べてから，1，2を2つの○か2つの□に置くと思ってください．例えば，○□○□と並べた場合，1，2が○に入る確率は $\frac{1}{2}$ です．同様に，1，2が□に入る確率も $\frac{1}{2}$ です．1，2が○○に入るか，□□に入るかは，どんな並べ方に対しても $\frac{1}{2}$ なので，1，2と7，8のどちらが最初にそろうかは等確率です．

同様に，1，2，4，6，7，8の場合は，例えば

○□△○△□

の○，△，□のいずれかの位置に，1，2を置くと考えると，(2)は○か△の位置に入ればよく，$\frac{2}{3}$（1番目か2番目にそろう）となります．

48　順列の応用（くじ引き型）

袋の中に青玉が7個，赤玉が3個入っている．袋から1回につき1個ずつ玉を取り出す．一度取り出した玉は袋に戻さないとして，以下の問いに答えよ．

(1)　4回目に初めて赤玉が取り出される確率を求めよ．

(2)　8回目が終わった時点で赤玉がすべて取り出されている確率を求めよ．

(3)　赤玉がちょうど8回目ですべて取り出される確率を求めよ．

（東北大）

精講　**基本編28**で勉強したくじ引き型の演習問題です．取り出した順に並べていきましょう！**解答**では，順列を利用した解答を示します．

← 基本編28参照！

解　答

(1)　10個の玉の取り出し方は，${}_{10}C_3$ 通りあり，これらは同様に確からしい．このうち，4回目に初めて赤玉が取り出されるのは，赤を○，青を×として

$$\underbrace{\times\times\times}_{1}\ \boxed{\bigcirc}\ \underbrace{\times\times\bigcirc\bigcirc\times\times}_{{}_6C_2}$$

∴　求める確率は $\dfrac{1\times{}_6C_2}{{}_{10}C_3}=\dfrac{15}{120}=\mathbf{\dfrac{1}{8}}$

← **解答**では，玉をすべて取り出して考えました．10個の玉の取り出し方と並べ方が1対1に対応します．いろいろな方法があるので，復習がてら，**研究**も見てください．

(2)　8回目までに赤玉がすべて取り出されるのは

$$\underbrace{\bigcirc\bigcirc\bigcirc\times\times\times\times\times}_{{}_8C_3}\ \Big|\ \underbrace{\times\times}_{1}$$

∴　求める確率は $\dfrac{{}_8C_3\times1}{{}_{10}C_3}=\dfrac{56}{120}=\mathbf{\dfrac{7}{15}}$

← 8回目までに○が3個出る場合をカウントする．

(3)　赤玉がちょうど8回目ですべて取り出されるのは

$$\underbrace{\bigcirc\bigcirc\times\times\times\times\times}_{{}_7C_2}\ \boxed{\bigcirc}\ \underbrace{\times\times}_{1}$$

∴　求める確率は $\dfrac{{}_7C_2\times1}{{}_{10}C_3}=\dfrac{21}{120}=\mathbf{\dfrac{7}{40}}$

← 8回目が○で，7回目までに○が2個出る場合をカウントする．

研究 《別解研究》

1°) 一部だけ見る方法

(2) 8回目までにすべての赤玉が取り出されるのは，9回目が青，10回目が青のときで $\dfrac{7\cdot6}{10\cdot9}=\dfrac{7}{15}$

(3) ちょうど8回目にすべての赤玉が取り出されるのは，8回目が赤，9回目が青，10回目が青のときで $\dfrac{3\cdot7\cdot6}{10\cdot9\cdot8}=\dfrac{7}{40}$ ともできます．

2°) すべてを区別して，途中までの確率の積を考える

(1) 青青青赤のときで $\dfrac{7}{10}\cdot\dfrac{6}{9}\cdot\dfrac{5}{8}\cdot\dfrac{3}{7}=\dfrac{1}{8}$

(2) 8回目までに青5回，赤3回出る場合で

$$\underbrace{\frac{7}{10}\cdot\frac{6}{9}\cdot\frac{5}{8}\cdot\frac{4}{7}\cdot\frac{3}{6}\cdot\frac{3}{5}\cdot\frac{2}{4}\cdot\frac{1}{3}}_{\text{青青青青青赤赤赤}}\times\underbrace{{}_8C_3}_{\text{8回までの出方}}=\frac{7}{15}$$

(3) 8回目が赤，7回目までに青が5回，赤が2回出る場合で

$$\underbrace{\frac{7}{10}\cdot\frac{6}{9}\cdot\frac{5}{8}\cdot\frac{4}{7}\cdot\frac{3}{6}\cdot\frac{3}{5}\cdot\frac{2}{4}}_{\text{青青青青青赤赤}}\cdot\underbrace{\frac{1}{3}}_{\text{8回目赤}}\times\underbrace{{}_7C_2}_{\text{7回までの出方}}=\frac{7}{40}$$

生徒の中には ${}_nC_k$ を利用して解いている人もいました．**1個ずつ取っても，一気に取っても**確率は同じです．

(1) まず，一度に3個取り出したときすべて青で，次に赤を取り出すと考えて

$$\underbrace{\frac{{}_7C_3}{{}_{10}C_3}}_{\text{3個取って青3個}}\cdot\underbrace{\frac{{}_3C_1}{{}_7C_1}}_{\text{赤}}=\frac{1}{8}$$

(2) 一度に8個取り出したとき，青が5個，赤が3個取り出される確率を考えて

$$\frac{{}_7C_5\cdot{}_3C_3}{{}_{10}C_8}=\frac{{}_7C_2\cdot{}_3C_3}{{}_{10}C_2}=\frac{7}{15}$$

(3) まず，一度に7個取り出したとき青5個，赤2個で，次に赤を取り出すと考えて

$$\underbrace{\frac{{}_7C_5\cdot{}_3C_2}{{}_{10}C_7}}_{\text{7個取って青5個}}\cdot\underbrace{\frac{1}{{}_3C_1}}_{\text{赤}}=\frac{{}_7C_2\cdot{}_3C_1}{{}_{10}C_3}\cdot\frac{1}{{}_3C_1}=\frac{7}{40}$$

これもなかなか上手ですね．

49　数え上げ(樹形図の利用)

ある囲碁大会で，5つの地区から男女が各1人ずつ選抜されて，男性5人と女性5人のそれぞれが異性を相手とする対戦を1回行う．その対戦組合せを無作為な方法で決めるとき，同じ地区同士の対戦が含まれない組合せが起こる確率は□である．　　(早稲田大)

精講　5つの地区を A, B, C, D, E とし，男子を□，女子を○で表すことにします．

対戦方法は🄰🄱🄲🄳🄴を並べておき，その向かいにⒶⒷⒸⒹⒺを並べる方法の 5! 通りあり，どの場合も同様に確からしいですね．

このとき，下の図のように，同じ地区の男女が向かい合わない場合が何通りあるかが問題です．

🄰　🄱　🄲　🄳　🄴
Ⓑ　Ⓐ　Ⓓ　Ⓔ　Ⓒ

数え上げの基本は樹形図です．まずは，樹形図を利用してみます．🄰とⒷが対戦したとき，下の樹形図より 11 通りあります．

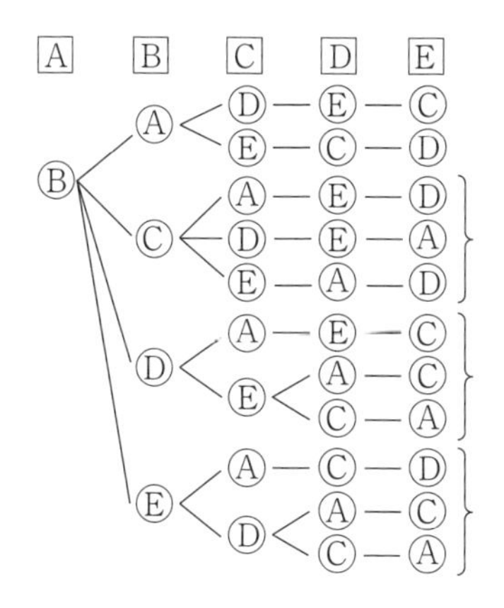

🄰に対して，Ⓑ, Ⓒ, Ⓓ, Ⓔは対等ですから，🄰がⒸ, Ⓓ, Ⓔと対戦する場合も同じく 11 通りずつあります．したがって，求める確率は $\frac{11\times 4}{5!}=\frac{11}{30}$ となります．

⬅ いくつかの文字を並べかえたとき，どの文字ももとの位置にこない順列を**完全順列**(かく乱順列)といいます．モンモールの問題といわれる有名問題です．

⬅ 図のように男女を並べたとき，向かいあう男女同士が対戦すると考えるとわかり易い．

⬅ 対等性に気づけば，すべての樹形図をかく必要はありません．
ちなみに }の部分も同じ構造です．

第4章

対戦の仕方は，2人と3人のグループができるか，5人のグループができるかで，下の2タイプになります．

←矢印で対戦相手を表します．

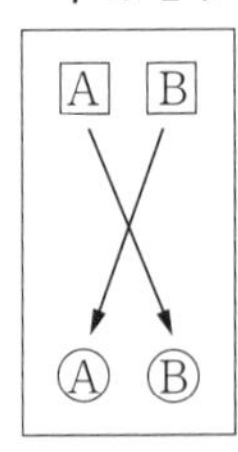

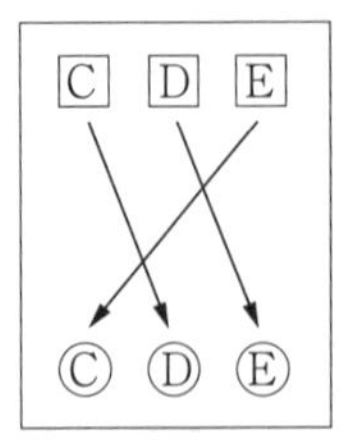

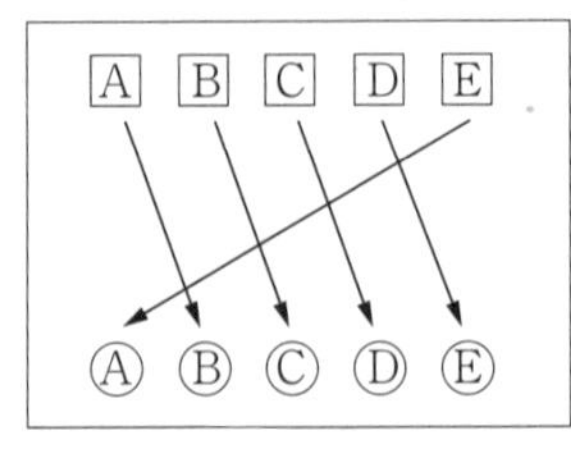

2人グループは1通り，3人グループは2通り，5人グループは[A]の対戦者がⒶ以外で4通り，それがⒷとすると[B]の対戦者は，A，B以外で3通り，それをⒸとすると…というように，順に相手を決めていくと $4\cdot3\cdot2\cdot1=4!$ 通りの対戦方法があるので

$$\underbrace{{}_5C_2}_{\text{2人と3人に分ける}}\times1\times2+\underbrace{4!}_{\text{5人}}=44 \text{ 通り}$$

とわかります．

←3人グループでは，[C]はⒹ，Ⓔと対戦できて2通り，[C]が決まると残りの対戦は決まります．

解　答

精講の樹形図より，求める確率は $\dfrac{11\times4}{5!}=\boldsymbol{\dfrac{11}{30}}$

研究

1°）《包除の原理の利用》

34の研究にある**包除の原理**を用いると次のように解くこともできます．

←余事象である，少なくとも1地区が同地区で対戦する場合を考えます．

5つの地区の代表がそれぞれ同地区同士で対戦する事象を，A，B，C，D，E とすると，

$n(A)=n(B)=n(C)=n(D)=n(E)=4!$

$n(A\cap B)=n(A\cap C)=\cdots=3!$

$n(A\cap B\cap C)=n(A\cap B\cap D)=\cdots=2!$

$n(A\cap B\cap C\cap D)=n(A\cap B\cap C\cap E)=\cdots=1$

$n(A\cap B\cap C\cap D\cap E)=1$ より

$n(A\cup B\cup C\cup D\cup E)$

$=n(A)+n(B)+n(C)+n(D)+n(E)$

←対戦する地区以外の組合せを考えればOKです．もちろん，それ以外で同地区が対戦する場合も含まれますよ．

$-\{n(A\cap B)+n(B\cap C)+\cdots\}$　［${}_5C_2$ 個］
$+\{n(A\cap B\cap C)+\cdots\}$　［${}_5C_3$ 個］
$-\{n(A\cap B\cap C\cap D)+\cdots\}$　［${}_5C_4$ 個］
$+n(A\cap B\cap C\cap D\cap E)$
$=4!\times5-3!\times{}_5C_2+2!\times{}_5C_3-1\times{}_5C_4+1$
$=76$ 通り

← 例えば，$A\cap B$ のように少なくとも A と B が同地区で対戦するのは，5つの地区から2つの地区を選んで ${}_5C_2$ 通りあります．

これを，全体の $5!=120$ から引くと 44 通りとなります．

2°)《漸化式を作る》

この問題を n 地区にして，完全順列の総数を a_n とすると漸化式が作れます．

$\boxed{A}$に着目すると，$\boxed{A}$が対戦する相手の選び方は $n-1$ 通りあります．

例えばこれがⒷとすると，

① $\boxed{B}$の対戦相手がⒶとなる場合，残りは $n-2$ 地区の完全順列で a_{n-2} 通り．

② $\boxed{B}$の対戦相手がⒶでない場合，$\boxed{B}$はⒶと対戦できないので，$\boxed{B}$にとってⒶはⒷと同じ役割になる．したがって残りは，$n-1$ 地区の完全順列になるから a_{n-1} 通り．

a_{n-2}通り

a_{n-1}通り

もちろん，$\boxed{A}$が他の人と対戦する場合も同じであるから

$$a_n=(n-1)a_{n-2}+(n-1)a_{n-1}=(n-1)(a_{n-2}+a_{n-1})$$

となります．

50 数え上げ(表の利用)

右図の正五角形 ABCDE の頂点の上を，動点Qが，頂点Aを出発点として，1回サイコロを投げるごとに，出た目の数だけ反時計回りに進む．例えば，最初に2の目が出た場合には，Qは頂点Cに来て，つづいて4の目が出ると，Qは頂点Cから頂点Bに移る．このとき，次の確率を求めよ．

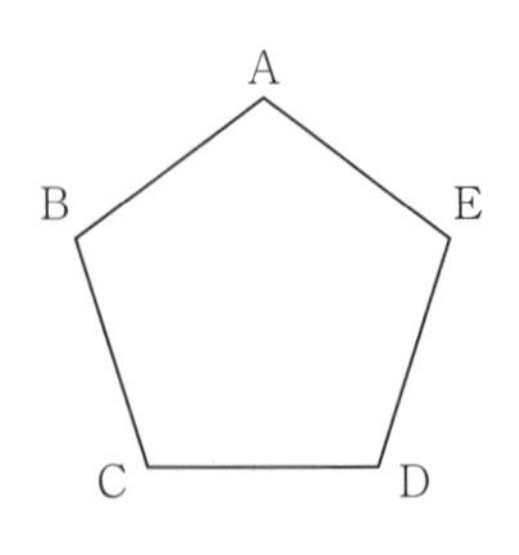

(1) サイコロを3回投げ終えたとき，Qがちょうど1周して頂点Aに止まる確率を求めよ．

(2) サイコロを3回投げ終えたとき，Qが頂点Aにある確率を求めよ．

(3) サイコロを3回投げ終えたとき，Qが初めて頂点Aに止まる確率を求めよ．

(秋田大)

精講 Bから反時計回りに番号を振ると，3回サイコロを投げてAに来るのは，目の和が5，10，15のときとわかります．目の和がポイントですから，**基本編 21** で学習した，目の和の表が有効です．「**サイコロは表を作れ！**」でしたね．

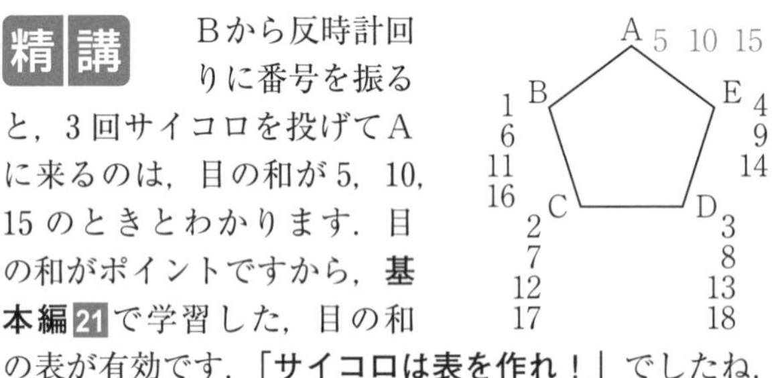

⬅ 数え上げてもできますが，これは皆さんにお任せします．**基本編 21** 参照．

解答

(1) 2回サイコロを投げたときの表を利用して考える．

3回サイコロを投げたとき，1周してAに戻るのは，3回の目の和が5のときである．これは2回で目の和が2〜4となるときであるが，このとき，3回目にAに止まる場合は，各々1通りあるから，表より

1回＼2回	1	2	3	4	5	6
1	2	3	4	5	6	7
2	3	4	5	6	7	8
3	4	5	6	7	8	9
4	5	6	7	8	9	10
5	6	7	8	9	10	11
6	7	8	9	10	11	12

⬅ 2回で目の和が2〜4となるのは，表より6通りある．
2回の目の和が
2のとき，3回目は3
3のとき，3回目は2
4のとき，3回目は1
が出ればよい．立体の表をイメージするのでしたね．

$$\frac{6\cdot 1}{6^3}=\frac{1}{36}$$

(2)　3回目にAに戻るのは，3回の目の和が5，10，15のときである．和が10，15となるのはそれぞれ2回目までの和が4～9，9～12のときであるが，このとき，3回目にAに止まる場合は各々1通りあるから，表より

1回＼2回	1	2	3	4	5	6
1	2	3	4	5	6	7
2	3	4	5	6	7	8
3	4	5	6	7	8	9
4	5	6	7	8	9	10
5	6	7	8	9	10	11
6	7	8	9	10	11	12

⬅ 2回で目の和が2～4は6通り，4～9は27通り，9～12は10通りの計43通りある．

⬅ 表で囲みがだぶっているところは2通りにカウントされる．例えば，2回で和が4のとき，3回目が1(和が5)または6(和が10)でAにいく．

$$\frac{36+7}{6^3}=\frac{43}{216}$$

(3)　3回目で初めてAに戻るのは，(2)の43通りから，途中でAに止まる場合，すなわち，1回目に5が出る場合と2回目までの和が5または10となる場合を除いて

1回＼2回	1	2	3	4	5	6
1	2	3	4	5	6	7
2	3	4	5	6	7	8
3	4	5	6	7	8	9
4	5	6	7	8	9	10
5	6	7	8	9	10	11
6	7	8	9	10	11	12

⬅ 太線のところが不適なところ！9は2通りとカウントされているので，13通りが除かれる．

$$\frac{43-13}{6^3}=\frac{5}{36}$$

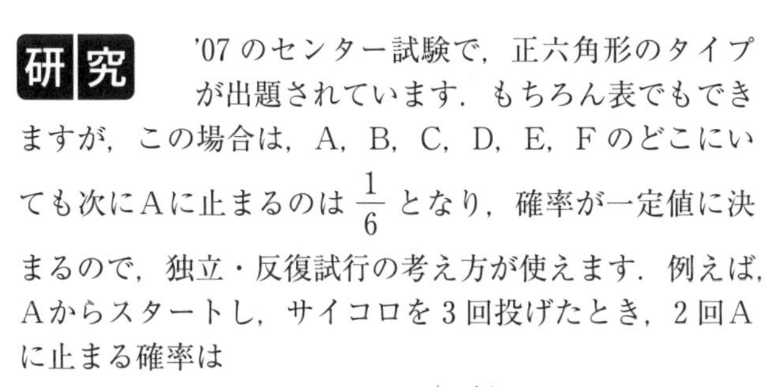

研究　'07のセンター試験で，正六角形のタイプが出題されています．もちろん表でもできますが，この場合は，A，B，C，D，E，Fのどこにいても次にAに止まるのは $\frac{1}{6}$ となり，確率が一定値に決まるので，独立・反復試行の考え方が使えます．例えば，Aからスタートし，サイコロを3回投げたとき，2回Aに止まる確率は

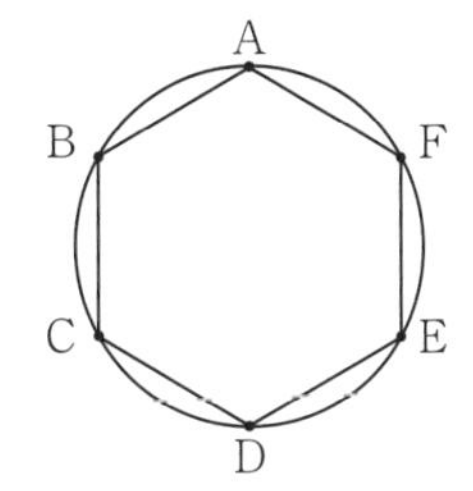

A，A，×の順を考慮して ${}_3C_1\left(\frac{1}{6}\right)^2\frac{5}{6}=\frac{5}{72}$ となります．

状況に応じて，臨機応変に！五角形と六角形では状況が変わってきます．なお，確率が一定値に決まる問題に関しては 61 で扱います．

第4章

51 数え上げ(判別式の利用)

サイコロを3回投げて出た目の数を順に p_1, p_2, p_3 とし，x の2次方程式

$$2p_1x^2+p_2x+2p_3=0 \qquad \cdots\cdots(*)$$

を考える．

(1) 方程式(∗)が実数解をもつ確率を求めよ．

(2) 方程式(∗)が実数でない2つの複素数解 α, β をもち，かつ $\alpha\beta=1$ が成り立つ確率を求めよ．

(3) 方程式(∗)が実数でない2つの複素数解 α, β をもち，かつ $\alpha\beta<1$ が成り立つ確率を求めよ．

(東北大)

精講

数え上げの練習問題です．効率よく数え上げましょう！

(1), (2)では，判別式と解と係数の関係を用いて求めた条件を用いて，適する場合を数え上げましょう．この際，どの文字から決めていったらよいか考え，効率よく処理してください．

⇐ どの文字から考えるかで解き易さが変わってきます！

(3)では，直接数え上げることもできますが，(1), (2)の流れをうまく用いると簡単に解くことができます．入試問題では，誘導に乗ることは非常に大切です．前問が利用できるかどうか，常に頭に入れておきたいですね．

⇐ 誘導に乗れるかどうかが勝負の分かれ目！

解答

(1) (∗)の判別式を D とすると

$$D=p_2{}^2-16p_1p_3\geqq 0 \quad \therefore \quad p_2{}^2\geqq 16p_1p_3$$

より，$p_2\geqq 4$ である。

⇐ 右辺が16以上に気づければ，p_2 は4, 5, 6のいずれかですね．p_2 が決まれば p_1, p_3 は絞り込まれます．また，p_1 と p_3 は対等なことに注意しましょう！

$p_2=4$ のとき，$1\geqq p_1p_3 \quad \therefore \quad (p_1,\ p_3)=(1,\ 1)$

$p_2=5$ のとき，$\dfrac{25}{16}\geqq p_1p_3 \quad \therefore \quad (p_1,\ p_3)=(1,\ 1)$

$p_2=6$ のとき，$\dfrac{9}{4}\geqq p_1p_3$

よって，$(p_1,\ p_3)=(1,\ 1),\ (1,\ 2),\ (2,\ 1)$ となり

方程式(＊)が実数解をもつ確率は

$$\frac{1+1+3}{6^3}=\mathbf{\frac{5}{216}}$$

(2) 条件より，$D=p_2{}^2-16p_1p_3<0$

$\therefore\quad p_2{}^2<16p_1p_3\quad\cdots$①

かつ $\alpha\beta=\dfrac{p_3}{p_1}=1\qquad\therefore\quad p_1=p_3$

①に代入して　$p_2{}^2<16p_1{}^2\quad\therefore\quad p_2<4p_1$

よって，$p_1=1$ のとき，$p_2<4$ より $p_2=1,\ 2,\ 3$

$p_1\geqq2$ のとき，$p_2=1,\ 2,\ 3,\ 4,\ 5,\ 6$

であるから求める確率は

$$\frac{3+6\times5}{6^3}=\frac{33}{216}=\mathbf{\frac{11}{72}}$$

⬅ $p_1(=p_3)$ を決めると，p_2 は絞り込める．$p_1=1$ のときのみ3通り，他の場合は6通りずつある．

(3) (1)より虚数解をもつ確率は $1-\dfrac{5}{216}=\dfrac{211}{216}$

このとき，$D<0\iff p_2{}^2<16p_1p_3$ であり，

この条件の下で，p_3 と p_1 は対等であるので

$$\begin{cases}\alpha\beta<1\iff p_3<p_1 & \cdots① \\ \alpha\beta=1\iff p_3=p_1 & \cdots(2) \\ \alpha\beta>1\iff p_3>p_1 & \cdots②\end{cases}$$

とすると，①と②の確率は等しい．

したがって，(2)より求める確率は

$$\left(\frac{211}{216}-(2)\right)\times\frac{1}{2}=\left(\frac{211}{216}-\frac{11}{72}\right)\times\frac{1}{2}=\mathbf{\frac{89}{216}}$$

⬅ $D<0$ の条件下で $D<0$ の確率から，(2)の $\alpha\beta=1$ の確率を除けば，$\alpha\beta>1$ または $\alpha\beta<1$ の確率になる．これらは等しいので2で割った！このように考えると，設問の流れがわかりますね．

別解 普通にカウントする場合は，表をイメージするとわかり易いと思います．

p_1＼p_3	1	2	3	4	5	6
1						
2	○					
3	○	○				
4	○	○	○			
5	○	○	○	○		
6	○	○	○	○	○	

⬅ サイコロは，表を作れ！

題意の条件は，

$p_2{}^2<16p_1p_3$

かつ $p_3<p_1$

$p_2=1$ のとき，$1<16p_1p_3$

$p_2=2$ のとき，$1<4p_1p_3$

$p_2=3$ のとき，$9<16p_1p_3$

$p_2=4$ のとき，$1<p_1p_3$

⬅ $p_3<p_1$ より $p_3\geqq1$，$p_1\geqq2$ なので $16p_1p_3\geqq16\cdot2\cdot1=32$ です．ほとんど成り立っちゃいますね．p_2 で場合分けしていきましょう！

$p_2=5$ のとき，$\dfrac{25}{16}<p_1p_3$　から　$2\leqq p_1p_3$

これらの場合，p_1，p_3 は $p_3<p_1$ を満たせば何でもよく，表よりそれぞれ15通りある．

⬅ 誘導に乗れない場合，しっかり数え上げましょう！解き終えるとたいした問題ではないですね．見た目にだまされないように！

また，$p_2=6$ のとき，$\dfrac{36}{16}<p_1p_3$　より　$3\leqq p_1p_3$ となるが，これを満たさないものは $(p_1,\ p_3)=(2,\ 1)$ の1通りしかないので $15-1=14$ 通りある．

したがって，求める確率は

$$\frac{15\times5+14}{6^3}=\frac{89}{216}$$

52　数え上げ（最大番号・最小番号）

1から8までの番号が1つずつ重複せずにかかれた8個の玉が，箱の中に入っている．1回目の操作として，箱から3個の玉を同時に取り出し，最大番号と最小番号の玉は箱に戻さず，残りの1個を箱に戻す．この状態から2回目の操作として，さらに箱から3個の玉を同時に取り出す．1回目の操作で取り出した3個の玉の最大番号と最小番号の差を n_1，2回目の操作で取り出した3個の最大番号と最小番号の差を n_2 とする．以下の問いに答えよ．

(1)　$n_1 \geqq 3$ となる確率を求めよ．

(2)　2回目の操作で取り出した3個の玉の中に，5の番号がかかれた玉が含まれる確率を求めよ．

(3)　$n_1+n_2 \leqq 11$ となる確率を求めよ．　（岐阜大）

精講　1〜8の番号のついた玉から，3つの玉を取り出したときの，最大番号と最小番号の差を考える問題です．この差は2〜7のいずれかであることに注意し，丁寧に数え上げましょう．

⬅中央の番号の玉があるので n_1，n_2 は2から7の値をとります．

(1)　$2 \leqq n_1 \leqq 7$ より，$n_1 \geqq 3$ の余事象である「$n_1=2$」の場合を考えた方が簡単ですね．

(2)　1回目終了時に5が箱の中に残る確率が問題になりますが，こちらも余事象がいいですね．

⬅この確率に2回目に取り出した3つの玉の中に5が含まれる確率をかければよい．

1回目に5が箱から取り出されるのは，5が3つのうちの最大または最小番号になる場合なので，その組み合わせは

（5と6以上が2つ）または（5と4以下が2つ）

の場合です．

(3)　ほとんどの場合が $n_1+n_2 \leqq 11$ になるので，$n_1+n_2 \geqq 12$ の場合を考えましょう！

⬅これも余事象です！

$(n_1,\ n_2)$ は $(7,\ 5)$，$(6,\ 6)$，$(5,\ 7)$ の場合に限ることがわかります．

解　答

(1)　1回目の3個の玉の取り出し方は ${}_8C_3=56$ 通り

あり，どの場合も同様に確からしい．$2 \leqq n_1 \leqq 7$ であるので，$n_1 \geqq 3$ の余事象 $n_1=2$ のときを考えると，連続3整数が取り出されるときであるから

$(1,\ 2,\ 3),\ (2,\ 3,\ 4),\ \cdots,\ (6,\ 7,\ 8)$

の6通りである．

⬅ 余事象の利用！

⬅ 連続数の場合です．

よって，求める確率は $1-\dfrac{6}{56}=\mathbf{\dfrac{25}{28}}$

(2) 1回目に5が箱から取り出されるのは，5が取り出された3つの数字のうち，最大または最小になるときである．

⬅ 余事象である，1回目に5が箱から取り出される場合を考える．

5が最小になるのは，残りを6〜8から取り出すときで ${}_3C_2$ 通り

⬅ 5を固定して，残りの2つが何かを考える．

5が最大になるのは，残りを1〜4から取り出すときで ${}_4C_2$ 通り

よって，1回目に5が箱から取り出される確率は

$$\frac{{}_3C_2+{}_4C_2}{56}=\frac{9}{56}$$

これより，1回目に5が取り出されない確率は

$$1-\frac{9}{56}=\frac{47}{56}$$

一方，2回目における玉の取り出し方は ${}_6C_3$ 通りあり，どの場合も同様に確からしい．このうち，5を含む3個の玉の取り出し方は ${}_5C_2$ 通りあるから，求める確率は

$$\frac{47}{56}\times\frac{{}_5C_2}{{}_6C_3}=\mathbf{\frac{47}{112}}$$

(3) 余事象 $n_1+n_2 \geqq 12$ のときを考えると，$n_1 \leqq 7$，$n_2 \leqq 7$ であるので，$(n_1,\ n_2)=(7,\ 5),\ (7,\ 6),\ (7,\ 7),\ (6,\ 6),\ (6,\ 7),\ (5,\ 7)$

の場合が考えられるが，このうち $(7,\ 6),\ (7,\ 7),\ (6,\ 7)$ は実現不可能である．ここで，

⬅ $n_1+n_2 \geqq 12$ の場合の方が明らかに少ないので，こちらを考える．

$(n_1,\ n_2)=(7,\ 5)$ のとき，

1回目に $(1,\ k,\ 8)$ $(2 \leqq k \leqq 7)$，2回目に $(2,\ l,\ 7)$ $(3 \leqq l \leqq 6)$ を取り出すときであるから，

⬅ 最大，最小を固定し，間に入る数をしっかりカウントする．

その確率は $\dfrac{6}{56}\cdot\dfrac{4}{20}$

$(n_1,\ n_2)=(6,\ 6)$ のとき，

⬅ (6, 6) の場合は2パターンある！

1回目に $(1,\ k,\ 7)$ $(2 \leqq k \leqq 6)$，2回目に

$(2,\ l,\ 8)$ $(3 \leqq l \leqq 6)$ または

1回目に $(2,\ k,\ 8)$ $(3 \leqq k \leqq 7)$，2回目に
$(1,\ l,\ 7)$ $(3 \leqq l \leqq 6)$ を取り出すときであるから，

その確率は $\dfrac{5}{56} \cdot \dfrac{4}{20} \times 2$

$(n_1,\ n_2)=(5,\ 7)$ のとき，

1回目に $(2,\ k,\ 7)$ $(3 \leqq k \leqq 6)$，2回目に
$(1,\ l,\ 8)$ $(3 \leqq l \leqq 6)$ を取り出すときであるから，

その確率は $\dfrac{4}{56} \cdot \dfrac{4}{20}$

⬅こちらは2回目のことも考えて，パターンを探す．1回目に1，8が出ると2回目に差が7にならないことに注意！

したがって，求める確率は

$$1-\frac{6 \cdot 4+5 \cdot 4 \cdot 2+4 \cdot 4}{56 \cdot 20}=\mathbf{\frac{13}{14}}$$

第4章

53 組分けの確率

赤玉４個と白玉８個がある．これらを６つの箱に各々２個ずつ分配する．

(1)　１番目の箱に赤玉が２個入る確率は［　　］

(2)　１番目と２番目の箱に赤玉が２個入る確率は［　　］

(3)　赤玉が２個入った箱が２つできる確率は［　　］　　(帝京大・改)

精講　すべての玉を区別して，２個ずつ６つの箱 A，B，C，D，E，F に入れる方法を考えるのが基本ですが，(1)では１箱，(2)では２箱のみ考えれば十分です．**解答**のように処理をしましょう！

← 臨機応変に考えよう！残りの箱には，何が入ろうが関係ないですね．

さて，(3)はどうしたらよいでしょう．

すでに(2)で１番目と２番目に赤玉が２個入る場合は計算しています．今，赤玉が２個入る箱が２つできる場合は，６つの箱から赤玉が２個入る２つの箱の決め方から ${}_6C_2$ 通りあり，これらは互いに排反ですので，

← 他の方法は**研究**参照！

$(2)\times{}_6C_2$ 通り

とするのがうまい方法ですね．これが誘導に乗った方法ですが，他の方法も載せておきますので，いろいろ考えてみましょう！

解　答

(1)　１番目の箱にどの玉を入れるかは ${}_{12}C_2$ 通りあり，どの場合も同様に確からしい．このうち，１番目の箱に赤玉が２個入る場合は，${}_4C_2$ 通りある．

よって，$\dfrac{{}_4C_2}{{}_{12}C_2}=\mathbf{\dfrac{1}{11}}$

(2)　１番目と２番目の箱にどの玉を入れるかは ${}_{12}C_2\cdot{}_{10}C_2$ 通りあり，どの場合も同様に確からしい．このうち，１番目と２番目の箱に赤玉が２個入る場合は，${}_4C_2\cdot{}_2C_2$ 通りある．

よって，$\dfrac{{}_4C_2\cdot{}_2C_2}{{}_{12}C_2\cdot{}_{10}C_2}=\mathbf{\dfrac{1}{495}}$

← $(1)\times\dfrac{{}_2C_2}{{}_{10}C_2}$ としてもいいですね．

(3)　赤玉が２個入る箱を２つ決める方法は ${}_6C_2$ 通りあ

り，これらは互いに排反であるので，求める確率は ⬅排反であることがポイント！

$(2)\times{}_6C_2=\dfrac{1}{33}$

研究 《別解研究》

まずは，オーソドックス？にやってみましょう．

12個の玉を6つの箱に入れる方法は，${}_{12}C_2\cdot{}_{10}C_2\cdot{}_8C_2\cdot{}_6C_2\cdot{}_4C_2\cdot{}_2C_2$ 通りあります．(1)では，1番目の箱に赤を2個入れる方法が

$$\underbrace{{}_4C_2}_{\text{1番目の箱に赤2個}}\times\underbrace{{}_{10}C_2\cdot{}_8C_2\cdot{}_6C_2\cdot{}_4C_2\cdot{}_2C_2}_{\text{2番目以降の箱は何が入ってもよい}}\text{ 通り}$$

となるので，求める確率は

$$\frac{{}_4C_2\cdot{}_{10}C_2\cdot{}_8C_2\cdot{}_6C_2\cdot{}_4C_2\cdot{}_2C_2}{{}_{12}C_2\cdot{}_{10}C_2\cdot{}_8C_2\cdot{}_6C_2\cdot{}_4C_2\cdot{}_2C_2}=\frac{{}_4C_2}{{}_{12}C_2}$$

となって，2番目以降は全部消えちゃいますね．だから，1番目だけ考えればよいのです．もちろん，(2)も同様に3番目以降は消えちゃいます．(各自確かめよう！)

(3)は，**赤玉が2個入る箱を2つ決める ⟹ 順に玉を入れる** というように，いつものように段階を追って数えましょう！

まず，赤玉2個の入る箱を2つ決める方法は ${}_6C_2$ 通りあり，

例えば，1番目と2番目の箱に赤玉が2個ずつ入ったとすると

$$\underbrace{{}_4C_2}_{\text{1番目に赤2個}}\times\underbrace{{}_2C_2}_{\text{2番目に赤2個}}\times\underbrace{{}_8C_2\cdot{}_6C_2\cdot{}_4C_2\cdot{}_2C_2}_{\text{3〜6番目の箱に適当に入れる}}\text{ 通りありますので}$$

求める確率は $\dfrac{{}_6C_2\times({}_4C_2\cdot{}_2C_2\cdot{}_8C_2\cdot{}_6C_2\cdot{}_4C_2\cdot{}_2C_2)}{{}_{12}C_2\cdot{}_{10}C_2\cdot{}_8C_2\cdot{}_6C_2\cdot{}_4C_2\cdot{}_2C_2}=\dfrac{1}{33}$ となります．

次のような方法もあります．○を赤玉，×を白玉として，左から並べていき

1番 2番 3番 4番 5番 6番

○○｜○○｜××｜××｜××｜××

のように，最初の2個が1番目の箱，次の2個が2番目の箱，……と入ったと思うと，玉の並べ方は ${}_{12}C_4$ 通りあり，どの場合も同様に確からしいですね．

このうち，2つの箱に赤が入る場合は，どの区画に赤が2個並ぶかで ${}_6C_2$ 通りありますので，その確率は $\dfrac{{}_6C_2}{{}_{12}C_4}=\dfrac{1}{33}$ となります．(くじ引きのときの考え方に似てますね．)

第4章

54 トーナメント

A，B，C，Dの4人が抽選によって対戦相手を決めて，右図のようなトーナメント戦を行う．Aが他の3人に勝つ確率はいずれも $\frac{3}{5}$，他の3人の力は同等であり，引き分けはないものとする．

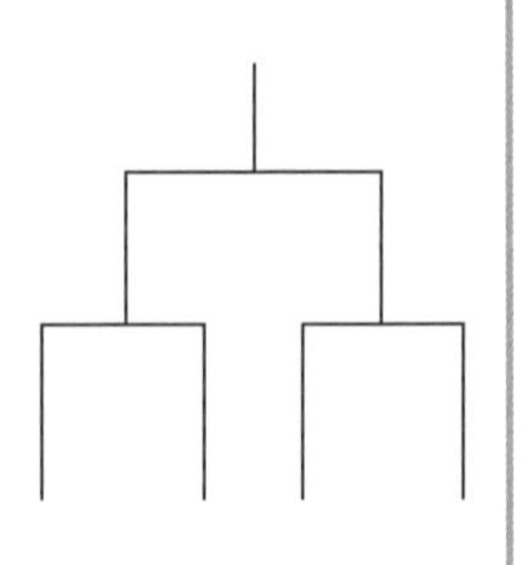

(1) Dが優勝する確率を求めよ．

(2) AとDが対戦する確率を求めよ．

精講 トーナメントも組分けです．ただし，今回はどのブロックも対等なので，誰と対戦するかが問題になります．Dと1回戦で誰が対戦するかは ${}_3C_1$ 通りです．丁寧に場合分けして考えましょう．

←この指とまれ！誰と対戦するかがポイント!!

解答

(1) トーナメントの決め方は ${}_3C_1$ 通りあり，どの場合も同様に確からしい．よって，$\frac{1}{3}$ の確率で下の①，②，③のどれかの組合せになる．

←ちなみに，n 人のトーナメントの試合数は $n-1$ 試合あります．なぜなら，1回試合をすると1人減るからです．

←4人のトーナメントは2人ずつに分けて $\frac{{}_4C_2}{2!}=3$ 通りともできます．

① A B C D　② A C B D　③ A D B C

Dが優勝する確率は，

①のとき，Aが勝ち上がるか，Bが勝ち上がるかで場合分けして

$$\frac{3}{5}\cdot\frac{1}{2}\cdot\frac{2}{5}+\frac{2}{5}\cdot\frac{1}{2}\cdot\frac{1}{2}=\frac{11}{50}$$

②のときは，①と同じ

③のとき，$\dfrac{2}{5}\times\dfrac{1}{2}=\dfrac{1}{5}$

⬅③では，1回戦でDが勝ち上がるのが $\dfrac{2}{5}$，B，Cのどちらが決勝に上がってきてもDが決勝で勝つのは $\dfrac{1}{2}$

以上より，$\dfrac{1}{3}\left(\dfrac{11}{50}+\dfrac{11}{50}+\dfrac{1}{5}\right)=\mathbf{\dfrac{16}{75}}$

(2) ①，②のときは1回戦でA，Dが勝つ場合であり，③のときは必ず対戦するので

$$\frac{1}{3}\left(\frac{3}{5}\cdot\frac{1}{2}\times2+1\right)=\mathbf{\frac{8}{15}}$$

(1)では，A以外は強さが同じで対等です．そこで，特別なAに着目すると，Aはどの組合せでも優勝する確率は，$\left(\dfrac{3}{5}\right)^2=\dfrac{9}{25}$ ですね．B，C，Dの優勝する確率は同じですから，$\dfrac{1}{3}\left(1-\dfrac{9}{25}\right)=\dfrac{16}{75}$ となり答えに一致します．

研究 8人でトーナメント戦をすると，対戦の組合せは何通りあるでしょう．以下いろいろ考えてみます．

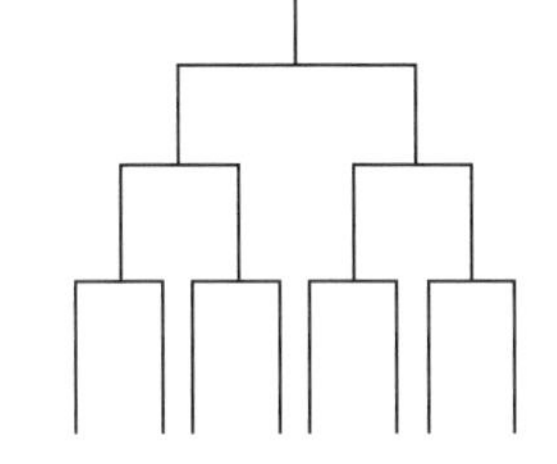

① オーソドックスに，大きいブロックから決めていくと….

まず，2つのブロックに4人ずつ振り分けると

$$\frac{{}_8C_4}{2!}=35\text{ 通り（大きいブロックは誰か）}$$

次に，各ブロックの4人の対戦の仕方がそれぞれ

$$\frac{{}_4C_2}{2!}=3\text{ 通り（ブロックの中の対戦の仕方）}$$

あるので，$35\times3^2=315$ 通り

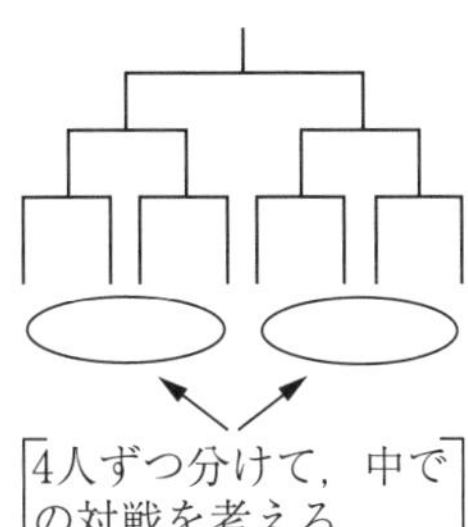

② 自分中心に考えると…(この指とまれ！)

1回戦で誰と対戦するかで ${}_7C_1$ 通り，2回戦で対戦する人の決め方が ${}_6C_2$ 通り，あとは逆ブロックの4人の対戦方法が ${}_3C_1$ 通り(特定の人を決めて誰と対戦するか)あるので，

$${}_7C_1 \times {}_6C_2 \times {}_3C_1 = 315 \text{ 通り}$$

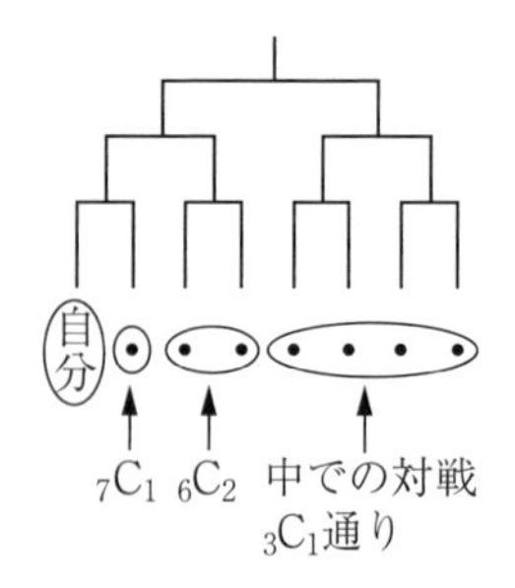

③ 右図のように番号をつけ区別すると，誰がどの番号になるかで8! 通りありますが，下の図のように入れかえても同じ組合せなので，2の試合数乗(縦棒の総数乗)で割って $\dfrac{8!}{2^7}=315$ 通りとなります．

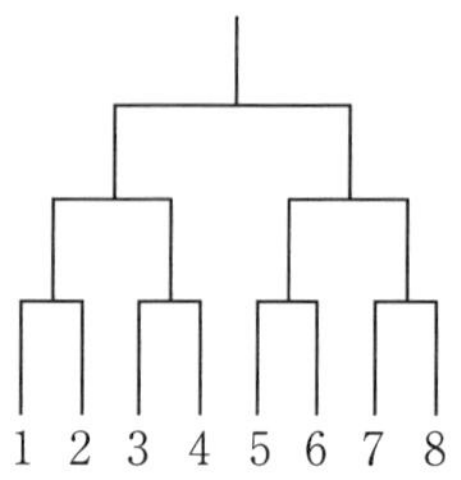

いろいろあって面白いですね．

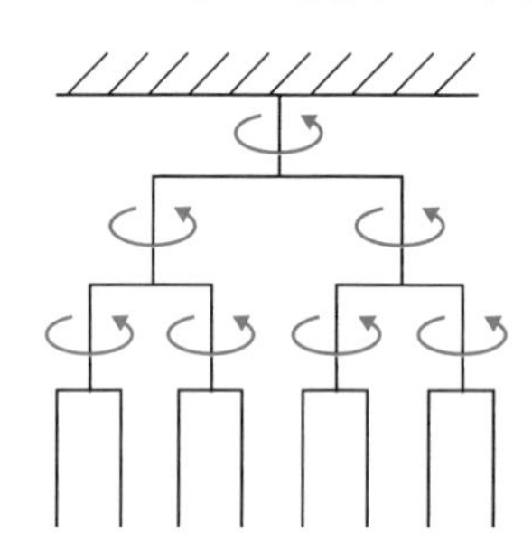

天井にぶら下がっているかざりが，くるくる回るイメージ！

55　リーグ戦の問題

A，B，C，Dの4チームが，どのチームとも1回ずつ試合をするリーグ戦を行っている．各チームには，各試合について，勝てば3点，引き分けると1点，負けた場合は0点の得点が与えられる．リーグ戦終了後，合計得点が最も高かったチームを優勝チームとする．ただし，このとき同得点のチームが複数ある場合は，それらのチームすべてを優勝チームとする．各チームの実力は伯仲しており，各試合の勝敗は独立で，勝ち，引き分け，負けの確率はそれぞれ $\frac{1}{3}$ であるとする．このとき，次の確率を求めよ．

(1)　Aチームが2勝1引き分けで優勝する確率

(2)　Aチームが2勝1引き分けで単独優勝する（他に同得点の優勝チームがない）確率

(3)　Aチームが2勝1敗で優勝する確率　　　　（広島修道大）

精講　4チームでリーグ戦を行うとき，全部で ${}_4C_2=6$ 試合ありますが，この問題では

問題に関連する試合のみ考える

のがポイントです．

← 図のような勝敗表を考えましょう．○は勝ち，△は引き分け，×は負けを表しています．勝敗表の右上の6試合の勝敗が決まれば，勝敗表の左下は自動的に決まります．

(1)　Aが2勝1引き分けのとき，勝敗表は（Dと引き分ける場合）右のようになります．他のチームがどう頑張っても，Aの成績を越えることはできないので，Aの優勝は確定します．

	A	B	C	D
A	*	○	○	△
B	×	*		
C	×		*	
D	△			*

(2)　Aが2勝1引き分けのとき，勝敗表は（Dと引き分ける場合）右のようになります．Aの単独優勝を阻止するには，①，②の試合でDが勝利しないといけません．そこで

	A	B	C	D
A	*	○	○	△
B	×	*		①
C	×		*	②
D	△	①	②	*

← Aの単独優勝を阻止するにはAと引き分けたチームが2勝するしかありません．

（Aが2勝1引き分けの確率）×（Aと引き分けたチームが残り試合で2勝しない確率）

と考えましょう．

(3)　Aが2勝1敗のとき，勝敗表は(Dに負ける場合)右のようになります．Aが優勝できないのは，①，②の試合でDが2勝または1勝1引き分けのときですから

	A	B	C	D
A	*	○	○	×
B	×	*		①
C	×		*	②
D	○	①	②	*

(Aが2勝1敗の確率)×(Aに勝ったチームが残り試合で2勝または1勝1引き分けしない確率)と考えましょう．

⇐ Aに勝ったチームしか単独優勝の可能性はありません．

解　答

(1)　Aが2勝1引き分けのとき，残り3試合の勝敗に関係なくAは優勝できるから，Aが2勝1引き分けの確率を考えて，求める確率は

	A	B	C	D
A	*	○	○	△
B	×	*		
C	×		*	
D	△			*

$${}_3C_1\left(\frac{1}{3}\right)^2\cdot\frac{1}{3}=\mathbf{\frac{1}{9}}$$

⇐ Aの試合以外は，どんな勝敗でもよいので考える必要はありません．(確率は1)

(2)　Aが2勝1引き分けで単独優勝するには，Aと引き分けたチームが残り2試合を2勝しなければよいから，求める確率は

$${}_3C_1\left(\frac{1}{3}\right)^2\cdot\frac{1}{3}\cdot\left\{1-\left(\frac{1}{3}\right)^2\right\}=\mathbf{\frac{8}{81}}$$

⇐ 精講にあるように，引き分けの相手をDなどと決めて(固定して)考えるとよいです．

(3)　Aが2勝1敗で優勝できないのは，Aに勝ったチームが残り試合を2勝または1勝1引き分けのときである．ここで，Aに勝ったチームが残り試合を2勝または1勝1引き分けしない確率は

	A	B	C	D
A	*	○	○	×
B	×	*		
C	×		*	
D	○			*

$$1-\left(\frac{1}{3}\right)^2-{}_2C_1\frac{1}{3}\cdot\frac{1}{3}=\frac{2}{3}$$

であるから，求める確率は

$${}_3C_1\left(\frac{1}{3}\right)^2\cdot\frac{1}{3}\times\frac{2}{3}=\mathbf{\frac{2}{27}}$$

⇐ こちらもAが負けた相手を固定して考えます．このときAに勝った相手が優勝しない場合はたくさんあるので，余事象を考えるといいでしょう．

56　種類の確率

n を3以上の整数とする．このとき，次の問いに答えよ．

(1)　サイコロを n 回投げたとき，出た目の数がすべて1になる確率を求めよ．

(2)　サイコロを n 回投げたとき，出た目の数が1と2の2種類になる確率を求めよ．

(3)　サイコロを n 回投げたとき，出た目の数が3種類になる確率を求めよ．

（神戸大）

精講　この問題は，異なる n 個の玉を区別された箱1，2，3に入れる問題と同じだと気づきましたか？

← 場合の数**基本編** 13 参照！

(2)では，n 回とも，1または2が出る確率から，1種類すなわち，1のみ，2のみが出る確率を除けばよく

$$\left(\frac{2}{6}\right)^n-2\left(\frac{1}{6}\right)^n$$

← 意図的に重複させて数え上げ，ダメな場合を引く！

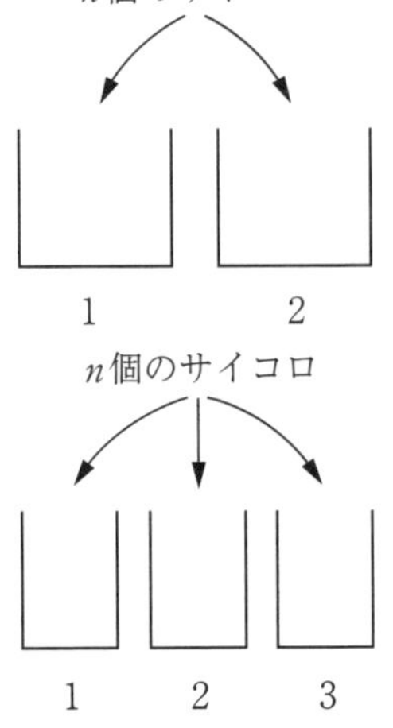

(3)では，まず3種類をどの数字にするか決めて，${}_6C_3$ 通り．

← まず3つの数字を決めて，段階を追って数えよう！

これら3種類のいずれかが出る確率から，2種類しか出ない場合と1種類しか出ない場合を引きましょう．

${}_6C_3$ 以下，例えば1，2，3が出たとして考えると

3種類以下が出る確率が $\left(\frac{3}{6}\right)^n$

← ${}_6C_3$ 以下は，1，2，3のように数字が決まった状態で考えていることに注意！

2種類の数字が出るのは，2つの数字の決め方が ${}_3C_2$ 通り，その各々に対して，(2)の確率になるので

$${}_3C_2\times(2)={}_3C_2\left\{\left(\frac{2}{6}\right)^n-2\left(\frac{1}{6}\right)^n\right\}$$

← (1)，(2)は具体的に数字が決まった状態の確率となっている．誘導に乗ろう！

1種類の数字が出るのは，1，2，3のいずれかのみで

$${}_3C_1\times(1)=3\left(\frac{1}{6}\right)^n$$

となるので，後は

$$\underbrace{{}_6C_3}_{\text{数字を3つ選んで}}\times([3\text{種類以下}]-[2\text{種類}]-[1\text{種類}])$$

として計算します．

場合の数**基本編 13** の考え方とほとんど同じです．設定が違うように見えても，自分が知っている考え方に帰着できる問題は多いです．本質的部分を抽出できるように練習を重ねてください．

← 考え方のすり替えは非常に大切です．

解　答

(1)　すべて1となるのは，n 回とも1が出るときで

$$\boldsymbol{\left(\frac{1}{6}\right)^n}$$

(2)　出た目の数が1と2の2種類となるのは，n 回とも1または2が出る場合から，n 回とも1，n 回とも2が出る場合を除いて，

$$\left(\frac{2}{6}\right)^n-2\left(\frac{1}{6}\right)^n=\boldsymbol{\frac{2^n-2}{6^n}}$$

(3)　出た目の数が3種類以下となるのは，3つの数字の決め方が ${}_6C_3$ 通り，このいずれかの数字が出る確率が $\left(\frac{3}{6}\right)^n$ であるが，この中には数字の種類が2種類，1種類の場合が含まれる．

← 3種類の数字の決め方を忘れないこと！以下は，例えば1，2，3が出た状態で考えていく！

①　2種類のとき，2つの数字の決め方が，${}_3C_2$ 通りあり，その各々に対して確率は，(2)より $\frac{2^n-2}{6^n}$ である．

← 2種類の数字の決め方を忘れないこと！

②　1種類のとき，$3\left(\frac{1}{6}\right)^n$

以上より，数字の種類が3種類となる確率は

$$
\begin{aligned}
&{}_6C_3\left\{\left(\frac{3}{6}\right)^n-{}_3C_2\left(\frac{2^n-2}{6^n}\right)-3\left(\frac{1}{6}\right)^n\right\}\\
&=20\times\frac{3^n-3(2^n-2)-3}{6^n}=\boldsymbol{\frac{20(3^n-3\cdot 2^n+3)}{6^n}}
\end{aligned}
$$

← **34 研究** の包除の原理によれば中カッコの中が
　[3種類以下]−[2種類以下]+[1種類]
$=\left(\frac{3}{6}\right)^n-{}_3C_2\left(\frac{2}{6}\right)^n+3\left(\frac{1}{6}\right)^n$
となり一致する．

57 サイコロの目の積

1つのサイコロをn回投げ，出たn個の目の積をA_nとする．このとき，次の問いに答えよ．ただし，サイコロを1回投げたとき，1から6までの各目の出る確率は$\frac{1}{6}$とする．

(1) $A_n=6$ になる確率をnを用いて表せ．

(2) $A_n=12$ になる確率をnを用いて表せ．

(3) A_nが6の倍数になる確率をnを用いて表せ．

（大阪女子大）

精講

(1) $A_n=6$ となるのは，$6=2\times3$ より

$6, 1, 1, \cdots, 1$ （6が1回，残りが1） …(ア)

$2, 3, 1, \cdots, 1$ （2，3が1回ずつで残りが1） …(イ)

の場合です．あとは，独立・反復試行の考え方を用いて計算します．

← 反復試行は，（サンプル）×（場合の数）

例えば，(ア)では，6が何回目に出るか考えて

$${}_n\mathrm{C}_1\cdot\frac{1}{6}\cdot\left(\frac{1}{6}\right)^{n-1}\quad(n\geqq1)$$

(イ)では，2，3が何回目に出るか ${}_n\mathrm{C}_2\cdot2!$ 通りあるので

← 2，3が何回目と何回目に出るかが ${}_n\mathrm{C}_2$ 通り，どちらに2，3が出るかで2!通りとしましたが，2が何回目に出るかでn通り，続いて3が何回目に出るかで$n-1$通りから，$n(n-1)$通りでもよい．

$${}_n\mathrm{C}_2\cdot2!\cdot\frac{1}{6}\cdot\frac{1}{6}\cdot\left(\frac{1}{6}\right)^{n-2}\quad(n\geqq2)$$

となります．

(2) $A_n=12$ となるのは，$12=2\times6=3\times4=2\times2\times3$ より

$2, 6, 1, \cdots, 1$ （2，6が1回ずつで残りが1）

$3, 4, 1, \cdots, 1$ （3，4が1回ずつで残りが1）

$2, 2, 3, 1, \cdots, 1$（2が2回，3が1回で残りが1） …(ウ)

の場合ですね．ちなみに，(ウ)の場合は，2，2，3が何回目に出るか ${}_n\mathrm{C}_3$ 通り，その中で2，2，3をシャッフルすると，${}_n\mathrm{C}_3\cdot\frac{3!}{2!}$ 通りあるので，

← 2が何回目に出るか ${}_n\mathrm{C}_2$ 通り，続いて3が何回目に出るかで ${}_{n-2}\mathrm{C}_1$ 通り，すなわち ${}_n\mathrm{C}_2\cdot{}_{n-2}\mathrm{C}_1$ 通りとしてもよい．

$$ {}_nC_3 \cdot \frac{3!}{2!} \cdot \left(\frac{1}{6}\right)^2 \cdot \frac{1}{6} \cdot \left(\frac{1}{6}\right)^{n-3} \quad (n \geqq 3) $$

となります.

さて，問題は(3)です．A_n が 6 の倍数となるのは，どのような場合でしょうか？

「6 の倍数」=「2 の倍数」かつ「3 の倍数」

ですから，条件を翻訳すると

「2 の倍数が少なくとも 1 回出る」
かつ「3 の倍数が少なくとも 1 回出る」

⬅ 少なくともを感じることができるか？

となります．**ダブル少なくとも**は余事象を考えるのが鉄則ですので，これを否定して

⬅ ダブル少なくともは余事象！少なくともは 1 つでも大変なのに，2 つもある！

$\overline{②\text{かつ}③} \iff \overline{②}\ \text{または}\ \overline{③}$

すなわち，「2 の倍数が出ない」または「3 の倍数が出ない」場合を考えていきましょう.

解　答

(1)　$A_n=6$ となるのは，$n \geqq 2$ のとき
　①　6 が 1 回，1 が $n-1$ 回
　②　2 と 3 が 1 回ずつ，1 が $n-2$ 回
出る場合であるから

⬅ ②では，最低 2 回必要なので，$n \geqq 2$ で考え，$n=1$ で成立しているか確かめること.

$$ {}_nC_1 \cdot \left(\frac{1}{6}\right)^n + {}_nC_2 \cdot 2! \cdot \left(\frac{1}{6}\right)^n = \boldsymbol{\frac{n^2}{6^n}} $$

これは，$n=1$ でも成り立つ.

(2)　$A_n=12$ となるのは，$n \geqq 3$ のとき
　①　2 と 6 が 1 回ずつ，1 が $n-2$ 回
　②　3 と 4 が 1 回ずつ，1 が $n-2$ 回
　③　2 が 2 回，3 が 1 回，1 が $n-3$ 回
出る場合であるから

⬅ ①，②では，最低 2 回，③は最低 3 回必要なので，$n \geqq 3$ で考え，$n=1$，2 で成立しているか確かめること.

$$ \left\{ {}_nC_2 \cdot 2! \cdot \left(\frac{1}{6}\right)^n \right\} \times 2 + {}_nC_3 \cdot \frac{3!}{2!} \cdot \left(\frac{1}{6}\right)^n $$

$$ = \boldsymbol{\frac{n(n+2)(n-1)}{2 \cdot 6^n}} $$

これは $n=1$，2 でも成り立つ.

(3)　A_n が 6 の倍数にならないのは

「2 の倍数が出ない」または「3 の倍数が出ない」

の場合であり，その確率は

「2 の倍数が出ない」+「3 の倍数が出ない」

−「2 の倍数も 3 の倍数も出ない」

$$=\left(\frac{3}{6}\right)^n+\left(\frac{4}{6}\right)^n-\left(\frac{2}{6}\right)^n$$

$$=\left(\frac{1}{2}\right)^n+\left(\frac{2}{3}\right)^n-\left(\frac{1}{3}\right)^n$$

であるので，求める確率は

$$1-\left\{\left(\frac{1}{2}\right)^n+\left(\frac{2}{3}\right)^n-\left(\frac{1}{3}\right)^n\right\}$$

$$=\mathbf{1-\left(\frac{1}{2}\right)^n-\left(\frac{2}{3}\right)^n+\left(\frac{1}{3}\right)^n}$$

⬅下のベン図をイメージして

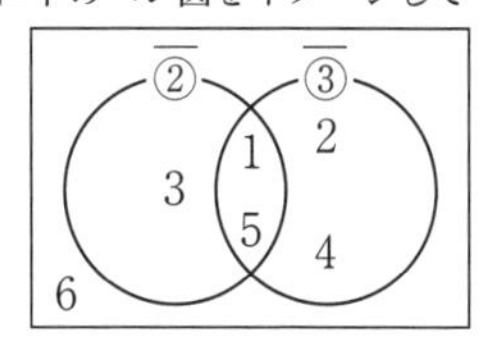

$P(\overline{②})+P(\overline{③})-P(\overline{②}\cap\overline{③})$ として計算する．

58 最大が…，最小が…

n を 2 以上の自然数とする．n 個のサイコロを同時に投げるとき，次の確率を求めよ．

(1) 少なくとも 1 個は 1 の目が出る確率．

(2) 出る目の最小値が 2 である確率．

(3) 出る目の最小値が 2 かつ最大値が 5 である確率．

（滋賀大）

精講 (1)，(2)は**基本編 20** と同じです．ベン図をイメージしてうまく解けましたか？

(1)は少なくとも 1 個は 1 の目が出る確率なので，もちろん余事象を考えて

1−「n 個とも 1 が出ない確率」

(2)では「出る目の最小値が 2」を翻訳すると

「2 以上のみ出る」かつ「2 が出る」

ということですから，ベン図をイメージして

← 確率**基本編 20** 参照．

「最小値が 2」

=「最小値が 2 以上」−「最小値が 3 以上」

とするのでしたね．

← ここまでは，確率**基本編 20** でやりました．

問題は(3)です．「出る目の最小値が 2 かつ最大値が 5 である」を翻訳すると，

← 最大と最小が与えられたらどうする？

「2，3，4，5 のみ出る」かつ「2 も 5 も少なくとも 1 回出る」

となりますので，全体を「2，3，4，5 のみ出る」場合と思い，そこから「2 も 5 も少なくとも 1 回出る」事象の余事象である「2 または 5 が出ない」場合を除けばいいですね．

← 全体が「2，3，4，5 のみ出る」となる！

← 前問同様ダブル少なくともは余事象！

「2 または 5 が出ない」

=「2 が出ない」+「5 が出ない」−「2 も 5 も出ない」

← 次ページのベン図をイメージ！

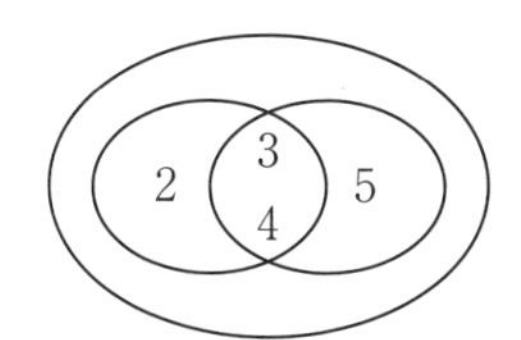

ですから，出る目をXとすると，求める確率は

$$P(2 \leqq X \leqq 5)$$
$$-\{P(3 \leqq X \leqq 5)+P(2 \leqq X \leqq 4)-P(3 \leqq X \leqq 4)\}$$

となります．

⬅「2，3，4，5 が出る」場合から「2 または 5 が出ない」場合を除く．

全体が「2，3，4，5 が出る場合」であるということに注意し，その中で余事象を考えました．状況を把握できなかった人は，条件を自分の言葉で整理して，しっかり把握できるよう練習しましょう．

解　答

(1)　余事象である，1 個も 1 の目が出ない場合を考えて

$$\mathbf{1-\left(\frac{5}{6}\right)^{n}}$$

(2)　出た目をXとすると，最小値が 2 となる確率は

$$P(X \geqq 2)-P(X \geqq 3)=\left(\frac{5}{6}\right)^{n}-\left(\frac{4}{6}\right)^{n}$$
$$=\boldsymbol{\left(\frac{5}{6}\right)^{n}-\left(\frac{2}{3}\right)^{n}}$$

⬅これができなかった人は**基本編 20** をもう一度！

(3)　P(最小値が 2 かつ最大値が 5)

$$=P(2 \leqq X \leqq 5)$$
$$-\{P(3 \leqq X \leqq 5)+P(2 \leqq X \leqq 4)-P(3 \leqq X \leqq 4)\}$$
$$=\left(\frac{4}{6}\right)^{n}-\left(\frac{3}{6}\right)^{n}-\left(\frac{3}{6}\right)^{n}+\left(\frac{2}{6}\right)^{n}$$
$$=\boldsymbol{\left(\frac{2}{3}\right)^{n}-2\left(\frac{1}{2}\right)^{n}+\left(\frac{1}{3}\right)^{n}}$$

⬅**精講**をしっかり読んで，ものにしてください．

59 最短経路の確率

図のような縦・横すべて等間隔の道筋がある．太郎はPからQへ最短距離を進み，花子はQからPへ最短距離を進む．ただし，各分岐点での進む方向は，等確率で選ぶものとする．太郎と花子の速さは等しく，一定であるとき，太郎と花子の出会う確率を求めよ．　（法政大）

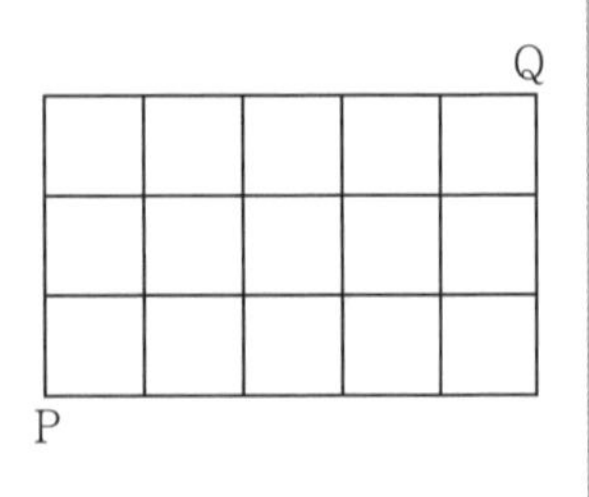

精講　分岐点で $\frac{1}{2}$ の確率でどちらかに進むと思いきや，図の2点の☆では方向が1方向しかないため，確率1で進むことに注意が必要です．

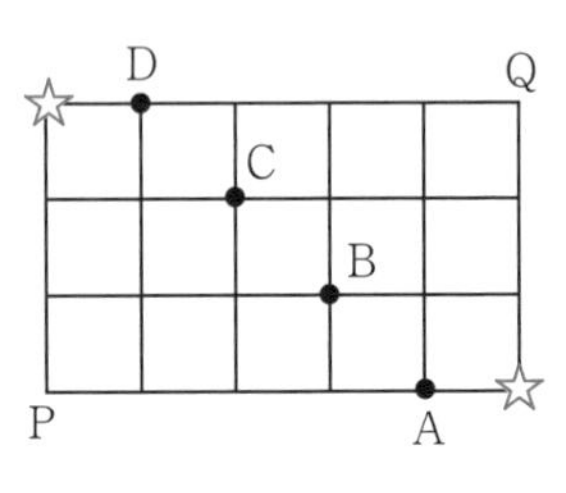

← 状況をしっかり把握しましょう．**基本編** 7，25 の関連問題です．

解法1 としては，確率をかき込んでいく方法があります．最短距離でP，Q間を進むとき，その距離は8ですから，太郎と花子はP，Qからそれぞれ4つ進んだところ（図のA，B，C，D）で出会います．☆に関係しない道は確率 $\frac{1}{2}$，☆から出る道は確率1であることに注意して，確率をかき込むと

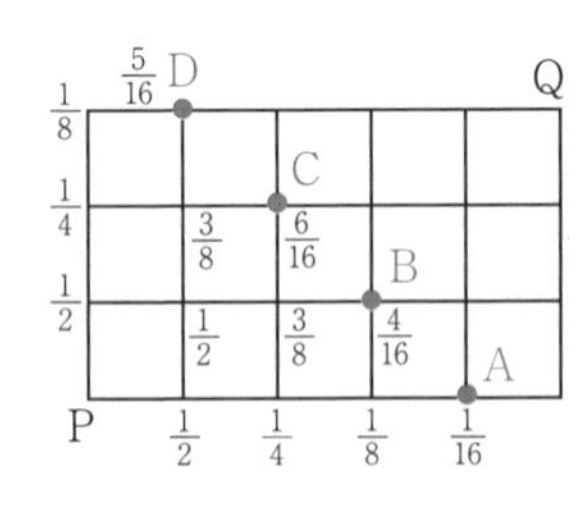

← 確率が異なる道があるので，確率をかき込んだ方が安全です．

P→A は $\frac{1}{16}$，P→B は $\frac{4}{16}$，P→C は $\frac{6}{16}$，

P→D は $\frac{5}{16}$

ここで，

P→A と Q→D，P→B と Q→C，P→C と Q→B，P→D と Q→A はそれぞれ対等なので，求める確率は

← 対等性をうまく使いましょう！

$$\frac{1}{16}\cdot\frac{5}{16}+\frac{4}{16}\cdot\frac{6}{16}+\frac{6}{16}\cdot\frac{4}{16}+\frac{5}{16}\cdot\frac{1}{16}=\frac{58}{2^8}=\frac{29}{128}$$

となります．

解法2としては，反復試行の応用があります．

⬅基本編 25 参照．

この場合，P→A，P→B，P→C については，すべての道を $\frac{1}{2}$ で進むので問題ありませんが，P→D に関しては経由点で場合分けする必要があります．これに注意して，解答を作ってみます．

解 答

図のように，A，B，C，D，R，S を定める．太郎と花子が出会うのは，A，B，C，D のいずれかであり，2人は，☆に関係しない分岐点では $\frac{1}{2}$，☆では確率1で道を選ぶことに注意する．このとき，太郎が

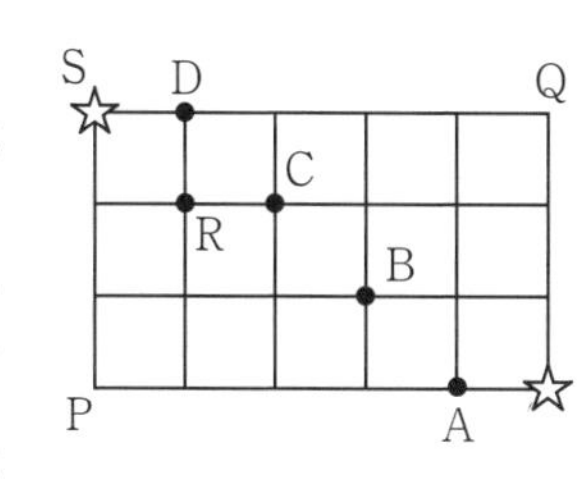

$$P \to A : \left(\frac{1}{2}\right)^4 = \frac{1}{16},\quad P \to B : {}_4C_1\left(\frac{1}{2}\right)^4 = \frac{4}{16}$$

$$P \to C : {}_4C_2\left(\frac{1}{2}\right)^4 = \frac{6}{16}$$

⬅独立・反復試行は
(サンプル)×(場合の数)

P→D に関しては，R を通る場合と S を通る場合に場合分けして

⬅経由点で場合分け！

$${}_3C_1\left(\frac{1}{2}\right)^3 \cdot \frac{1}{2} + \left(\frac{1}{2}\right)^3 \cdot 1 = \frac{5}{16}$$

となる．ここで，P→A と Q→D，P→B と Q→C，P→C と Q→B，P→D と Q→A はそれぞれ対等なので，求める確率は

⬅対等性に着目！

$$\frac{1}{16}\cdot\frac{5}{16}+\frac{4}{16}\cdot\frac{6}{16}+\frac{6}{16}\cdot\frac{4}{16}+\frac{5}{16}\cdot\frac{1}{16}=\frac{58}{2^8}=\mathbf{\frac{29}{128}}$$

今回は，各分岐点でどちらに進むか決める問題でしたが，P から Q への道の総数 ${}_8C_3$ 通りから1つ選んで進むという設定の問題もあります．

前者は，ドキドキしながら分岐点で進む方向を1回ごとに決める，いわば**「石橋をたたいて渡る」**タイプで，後者は，出発点において，「俺はこう進む」と行

く道を最初に決めてしまう**「後は野となれ山となれ」**タイプです．設定によって，考え方が全く違ってくるので注意しましょう！

問題**59**と同じ経路において，
太郎は，P→Qへ行く最短経路から，花子は，Q→Pへの最短経路から，それぞれ等確率で１つ選んで同じ速さで進むとする．
このとき，太郎と花子が途中で出会う確率を求めよ．

この場合，２人はそれぞれ最短経路の総数 ${}_8C_3=56$ 通りから，１つの経路を等確率で選ぶことになります．

また，２人の速さは同じなので，**59**と同様，２人が出会うのはA，B，C，Dのいずれかです．

太郎がAを通り，Qへ行く経路は，$1\times{}_4C_1=4$ 通り
Bを通り，Qへ行く経路は，${}_4C_1\cdot{}_4C_2=24$ 通り
Cを通り，Qへ行く経路は，${}_4C_2\cdot{}_4C_1=24$ 通り
Dを通り，Qへ行く経路は，${}_4C_1\times1=4$ 通り

花子についても同じなので，太郎と花子が出会う確率は

$$\left(\frac{4}{56}\right)^2+\left(\frac{24}{56}\right)^2+\left(\frac{24}{56}\right)^2+\left(\frac{4}{56}\right)^2=\mathbf{\frac{37}{98}}$$

となります．

60 点の移動

次の規則に従って座標平面上を動く点Pがある．2個のサイコロを同時に投げて出た目の積をXとする．

(i) Xが4の倍数ならば，点Pはx軸方向に-1動く．

(ii) Xを4で割った余りが1ならば，点Pはy軸方向に-1動く．

(iii) Xを4で割った余りが2ならば，点Pはx軸方向に$+1$動く．

(iv) Xを4で割った余りが3ならば，点Pはy軸方向に$+1$動く．

例えば，2と5が出た場合には $2\times5=10$ を4で割った余りが2であるから，点Pはx軸方向に$+1$動く．

以下いずれの問題でも，点Pは原点$(0,\ 0)$を出発点とする．

(1) 2個のサイコロを1回投げて，点Pが$(-1,\ 0)$にある確率を求めよ．

(2) 2個のサイコロを3回投げて，点Pが$(2,\ 1)$にある確率を求めよ．

(3) 2個のサイコロを4回投げて，点Pが$(1,\ 1)$にある確率を求めよ．

（北海道大）

精講 移動の仕方は，2個のサイコロの目の積を4で割った余りがポイントですから，4で割った余りの表を作ると

	1	2	3	4	5	6
1	1	2	3	0	1	2
2	2	0	2	0	2	0
3	3	2	1	0	3	2
4	0	0	0	0	0	0
5	1	2	3	0	1	2
6	2	0	2	0	2	0

⬅サイコロは表を作れ！

(i) ← は $\dfrac{15}{36}=\dfrac{5}{12}$，

(ii) ↓ は $\dfrac{5}{36}$，(iii) → は $\dfrac{12}{36}=\dfrac{1}{3}$，

(iv) ↑ は $\dfrac{4}{36}=\dfrac{1}{9}$ となるのがわかります．

⬅←は4の倍数，
↓は4で割って余り1，
→は4で割って余り2，
↑は4で割って余り3

(1)は ←，(2)は →→↑ となる場合を考え，反復試行の考え方を利用しましょう．

(3)は数え落としそうなので，

←がa回，↓がb回，→がc回，↑がd回

とおき，しっかり数えましょう．このとき，

$a+b+c+d=4$ ［全体の回数］……(＊)

$c-a=1$ ［横の動き］，$d-b=1$ ［縦の動き］

⬅適当に場合を列挙するのはお勧めできません．

参照！

より，$c=a+1$，$d=b+1$，これを(＊)に代入して，

$$b=1-a$$

よって，$b=1-a$，$c=a+1$，$d=2-a$ を満たし $0\leqq a$，b，c，$d\leqq 4$ となる整数の組を求めればよいことになります．

⬅すべて a を用いて表した．

解　答

(1)　サイコロを2個投げたときに出た目の積を4で割った余りの表を作ると(表は省略)

⬅精講の表を利用します．

(i) ←は $\dfrac{15}{36}=\dfrac{5}{12}$，(ii) ↓は $\dfrac{5}{36}$

(iii) →は $\dfrac{12}{36}=\dfrac{1}{3}$，(iv) ↑は $\dfrac{4}{36}=\dfrac{1}{9}$

2個のサイコロを1回投げて，点Pが $(-1,\ 0)$ にあるのは，←となるときであるから，$\boldsymbol{\dfrac{5}{12}}$

(2)　2個のサイコロを3回投げて，点Pが $(2,\ 1)$ にあるのは，→が2回，↑が1回となるときで

⬅反復試行は
(サンプル)×(場合の数)

$${}_3C_1\left(\frac{1}{3}\right)^2\cdot\frac{1}{9}=\boldsymbol{\frac{1}{27}}$$

(3)　2個のサイコロを4回投げて，点Pが $(1,\ 1)$ にあるのは，←が a 回，↓が b 回，→が c 回，↑が d 回とすると，

⬅もれなくだぶりなく数え上げるためにしっかり立式する！

$$a+b+c+d=4,\ c-a=1,\ d-b=1$$

これより，$b=1-a$，$c=a+1$，$d=2-a$

a，b，c，d は0以上4以下の整数より

⬅$a=0$，1が適する！

$$(a,\ b,\ c,\ d)=(0,\ 1,\ 1,\ 2),\ (1,\ 0,\ 2,\ 1)$$

したがって，求める確率は

$$\frac{4!}{2!}\cdot\frac{5}{36}\cdot\frac{1}{3}\cdot\left(\frac{1}{9}\right)^2+\frac{4!}{2!}\cdot\frac{5}{12}\cdot\left(\frac{1}{3}\right)^2\cdot\frac{1}{9}=\boldsymbol{\frac{50}{729}}$$

ちょっと一言

(1)，(2)ぐらいならいいですが，(3)で適当に満たす場合だけ列挙するのはよくありません．

「本当に他の場合はないの？」ときかれたら，減点されても文句はいえないからです．(厳密には，満たすものを求めただけで，十分性しかいえていません．) この場合以外にないことをいうためにも，きちんと立式することをお勧めします．

61　一定値に決まる確率

サイコロの出た目の数だけ数直線を正の方向に移動するゲームを考える．ただし，8をゴールとしてちょうど8の位置へ移動したときゲームを終了し，8を超えた分についてはその数だけ戻る．例えば，7の位置で3が出た場合，8から2戻って6へ移動する．なお，サイコロは1から6までの目が等確率で出るものとする．原点から始めて，サイコロをn回投げ終えたときに8へ移動してゲームを終了する確率をp_nとおく．

(1)　p_2を求めよ．

(2)　p_3を求めよ．

(3)　4以上のすべてのnに対してp_nを求めよ．

（2004年　名古屋大）

精講　サイコロを2回投げたときの位置の表をかいてみると右のようになります．

1回＼2回	1	2	3	4	5	6
1	2	3	4	5	6	7
2	3	4	5	6	7	8
3	4	5	6	7	8	7
4	5	6	7	8	7	6
5	6	7	8	7	6	5
6	7	8	7	6	5	4

←サイコロは表を作れ！でしたね．確率**基本編** **21** 参照！

2回でゴールするのは，目の和が8となる場合なので5通りあり，$p_2=\dfrac{5}{36}$ はいいですね．

3回でゴールするのは，2回目までの和が8以外のとき（表より31通り）です．このとき，位置は2，3，4，5，6，7のいずれかにいますが

2回目に，2にいるときは3回目は6
　　　　　3にいるときは3回目は5
　　　　　………
　　　　　7にいるときは3回目は1

←2～7のどこにいても，次にゴールする場合は1通り

というように，2回目に2～7のどこにいても3回目の出目は1通りに決まってしまうので，3回目にゴールする場合は31・1通り．

よって，その確率は $p_3=\dfrac{31}{6^3}=\dfrac{31}{216}$ となります．

この勢いで(3)の n 回も，と行きたいところですが，どうしたらよいでしょう．実は(2)の考察をもとに考えると問題の本質が見えてきます．すなわち，2 回目に 2〜7 のどこにいても 3 回目にゴールできるのは 1 通りということは

⬅ 確率が一定値に決まることに気づき，n に拡張できるか！

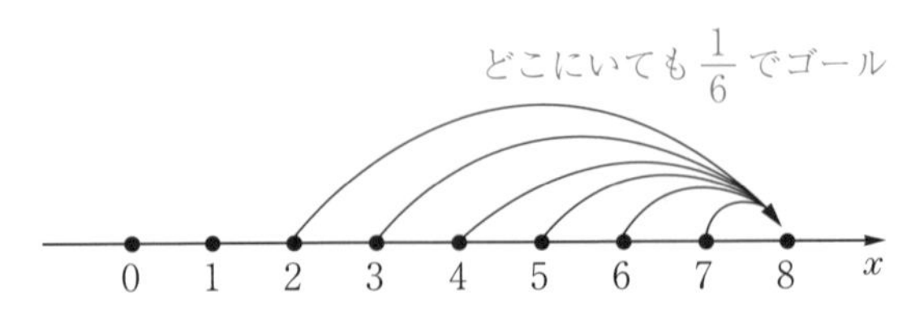

2〜7 のどこにいても，

ゴールする確率は $\frac{1}{6}$，ゴールしない確率は $\frac{5}{6}$

であるということです．2 回目以降は必ず 2〜7 のいずれかにいますから，確率は一定値に決まります．これに気づけるかがポイントになります．

⬅ 2〜7 は確率一定ゾーン！今回は，n に拡張するため，場合の数的ではなく，確率的に考える！

⬅ **実戦編 50** の **研究** にもあります．

解　答

(1)　位置の表を作ると

1回＼2回	**1**	**2**	**3**	**4**	**5**	**6**
1	②	③	④	⑤	⑥	⑦
2	③	④	⑤	⑥	⑦	8
3	④	⑤	⑥	⑦	8	⑦
4	⑤	⑥	⑦	8	⑦	⑥
5	⑥	⑦	8	⑦	⑥	⑤
6	⑦	8	⑦	⑥	⑤	④

⬅ 3 回までは表の利用が楽！

これより　$p_2=\mathbf{\frac{5}{36}}$

(2)　この表より，2 回目にまだゴールしていない確率は $\frac{31}{36}$ であり，2 回目に 2〜7 のどこにいても 3 回目にゴールする確率は $\frac{1}{6}$ であるから

$$p_3=\frac{31}{36}\cdot\frac{1}{6}=\mathbf{\frac{31}{216}}$$

(3)　(2)の考察より，2 回目にゴールしていない確率は $\frac{31}{36}$，さらに 2 回目以降は 2〜7 のいずれかの位置におり，どこにいても次にゴールする確率は $\frac{1}{6}$，ゴールしない確率は $\frac{5}{6}$ である．

⬅ n に拡張するには，何かあるはず！

したがって，$n \geqq 4$ のとき

$$p_n = \underbrace{\frac{31}{36}\cdot\left(\frac{5}{6}\right)^{n-3}}_{n-1\text{回目までにゴールしない}} \cdot \underbrace{\frac{1}{6}}_{\text{ゴール}} = \frac{\mathbf{31\cdot5^{n-3}}}{\mathbf{6^n}}$$

⬅ $n-1$ 回までにゴールせず，n 回目にゴール！

p_n を計算する際に，どうして 2 回目に終わらない確率 $\frac{31}{36}$ を利用したかというと，1 回目に 1 が出てしまうと，まだ確率一定ゾーン(2〜7)に入ってこないからです．2 回やれば必ず一定ゾーンに入りますね．

62 樹形図の利用(1)

袋の中に赤の玉と白の玉が合計4個入っている．1回の試行では袋から1個の玉を無作為に取り出し，それが白であれば袋に戻し，赤の玉の場合は戻さずに別に用意した白の玉1個を袋に入れる．

(1) 最初は赤の玉と白の玉が2個ずつあるとして，3回以下の試行で袋の中が白の玉4個となる確率を求めよ．

(2) 最初は赤の玉が3個，白の玉が1個であるとして，5回以下の試行で袋の中が白の玉4個となる確率を求めよ．

（東北大）

精講　玉の個数の推移を見るには**「樹形図」**が有効です．(1)では，玉の個数の樹形図をかくと

$$\binom{白}{赤}=\binom{2}{2}\begin{cases}\xrightarrow{\frac{2}{4}}\binom{3}{1}\begin{cases}\xrightarrow{\frac{1}{4}}\boxed{\binom{4}{0}}\rightarrow\dfrac{2}{16}\\ \xrightarrow{\frac{3}{4}}\binom{3}{1}\end{cases}\\ \xrightarrow{\frac{2}{4}}\binom{2}{2}\begin{cases}\xrightarrow{\frac{2}{4}}\binom{3}{1}\\ \xrightarrow{\frac{2}{4}}\binom{2}{2}\end{cases}\end{cases}$$

$$\binom{3}{1}_{\frac{10}{16}}\xrightarrow{\frac{1}{4}}\boxed{\binom{4}{0}}\rightarrow\frac{10}{64}$$

となり，求める確率は，$\dfrac{2}{16}+\dfrac{10}{64}=\dfrac{9}{32}$ となります．

←確率基本編25，27参照！推移を見るには樹形図が有効です！

←2回目に$\binom{3}{1}$となるのは
$$\frac{2}{4}\cdot\frac{3}{4}+\frac{2}{4}\cdot\frac{2}{4}=\frac{10}{16}$$
として$\binom{3}{1}$の右下に$\frac{10}{16}$と記述した．

(2)では，5回の樹形図をかいてもよいのですが，2回目までかくと

$$\binom{白}{赤}=\binom{1}{3}\begin{cases}\xrightarrow{\frac{3}{4}}\binom{2}{2}\begin{cases}\xrightarrow{\frac{2}{4}}\binom{3}{1}_{\frac{6}{16}}\text{ —①}\\ \xrightarrow{\frac{2}{4}}\boxed{\binom{2}{2}}_{\frac{9}{16}}\text{ —②}\end{cases}\\ \xrightarrow{\frac{1}{4}}\binom{1}{3}\begin{cases}\xrightarrow{\frac{3}{4}}\boxed{\binom{2}{2}}\\ \xrightarrow{\frac{1}{4}}\binom{1}{3}_{\frac{1}{16}}\text{ —③}\end{cases}\end{cases}$$

←常に，前問が誘導でないかは疑ってみること！もちろん，全然使えないこともあるけど….

←2回目の確率をすべて加えると
$$\frac{6}{16}+\frac{9}{16}+\frac{1}{16}=1$$
に注意！

②の場合は，$\binom{2}{2}$の状態からあと3回以下で白が4個となる確率なので，$\binom{2}{2}$以降はそのまま(1)の確率で

←誘導に乗れるか？

すね．これが利用できるとかなり楽になります．

また，③の場合は，その後3回とも赤が出ないといけません．

最後に①の場合ですが，$\begin{pmatrix}3\\1\end{pmatrix}$ 以降3回以下ですべて白になればよいのですが，この条件は捉えられますか？

⬅「3回以下で」を見て余事象をイメージできるか！

3回のうち，少なくとも1回赤が出ればよいことに気づけば，$\begin{pmatrix}3\\1\end{pmatrix}$ 以降の確率は，余事象である1度も赤が出ない場合を，1から引いて $1-\left(\frac{3}{4}\right)^3$ となります．

このように，「～以下で」や「～までに」などの文言をみたら，**余事象を疑って**ください．よく出題されるので，しっかりマスターしましょう．

解　答

(1)　精講の樹形図から，$\frac{2}{16}+\frac{10}{64}=\mathbf{\frac{9}{32}}$

(2)

$\begin{pmatrix}白\\赤\end{pmatrix}=\begin{pmatrix}1\\3\end{pmatrix}$ から $\frac{3}{4}$ で $\begin{pmatrix}2\\2\end{pmatrix}$，$\frac{1}{4}$ で $\begin{pmatrix}1\\3\end{pmatrix}$

$\begin{pmatrix}2\\2\end{pmatrix}$ から $\frac{2}{4}$ で $\begin{pmatrix}3\\1\end{pmatrix}$ $\left(\frac{6}{16}\right)$ → その後白3回以外 $1-\left(\frac{3}{4}\right)^3$

$\begin{pmatrix}2\\2\end{pmatrix}$ から $\frac{2}{4}$，$\begin{pmatrix}1\\3\end{pmatrix}$ から $\frac{3}{4}$ で $\boxed{\begin{pmatrix}2\\2\end{pmatrix}}$ $\left(\frac{9}{16}\right)$ → その後（1）：$\frac{9}{32}$

$\begin{pmatrix}1\\3\end{pmatrix}$ から $\frac{1}{4}$ で $\begin{pmatrix}1\\3\end{pmatrix}\xrightarrow{\frac{3}{4}}\begin{pmatrix}2\\2\end{pmatrix}\xrightarrow{\frac{2}{4}}\begin{pmatrix}3\\1\end{pmatrix}\xrightarrow{\frac{1}{4}}\begin{pmatrix}4\\0\end{pmatrix}$ → $\frac{1}{4}\cdot\frac{1}{4}\cdot\frac{3}{4}\cdot\frac{2}{4}\cdot\frac{1}{4}=\frac{6}{4^5}$

以上より，求める確率は

$$\frac{6}{16}\times\left\{1-\left(\frac{3}{4}\right)^3\right\}+\frac{9}{16}\times\frac{9}{32}+\frac{6}{4^5}$$

$$=\frac{3(4^3-3^3)+81+3}{2^9}=\mathbf{\frac{195}{512}}$$

63 樹形図の利用(2)

白黒 2 種類のカードがたくさんある．そのうち 4 枚を手もとにもっているとき，次の操作(A)を考える．

(A)　手持ちの 4 枚の中から 1 枚を，等確率 $\dfrac{1}{4}$ で選び出し，それを違う色のカードにとりかえる．

最初にもっている 4 枚のカードは，白黒それぞれ 2 枚であったとする．以下の(1)，(2)に答えよ．

(1)　操作(A)を 4 回繰り返した後に初めて，4 枚とも同じ色のカードになる確率を求めよ．

(2)　操作(A)を n 回繰り返した後に初めて，4 枚とも同じ色のカードになる確率を求めよ．

（東京大）

精講　白，黒のカードの枚数の推移を見たいので，樹形図をかきましょう．(2)ではこの考察をもとに一般化しましょう．

解答

(1)　白，黒のカードの枚数の樹形図をかくと

← 推移を見るには，樹形図！条件がきついときはあまり広がらないのでかなり有効です．

$$\begin{pmatrix}白\\黒\end{pmatrix}=\begin{pmatrix}2\\2\end{pmatrix}\begin{array}{l}\overset{\frac{2}{4}}{\nearrow}\begin{pmatrix}3\\1\end{pmatrix}\overset{\frac{3}{4}}{\searrow}\\ \underset{\frac{2}{4}}{\searrow}\begin{pmatrix}1\\3\end{pmatrix}\underset{\frac{3}{4}}{\nearrow}\end{array}\begin{pmatrix}2\\2\end{pmatrix}\begin{array}{l}\overset{\frac{2}{4}}{\nearrow}\begin{pmatrix}3\\1\end{pmatrix}\overset{\frac{1}{4}}{\nearrow}\begin{pmatrix}4\\0\end{pmatrix}\\ \underset{\frac{2}{4}}{\searrow}\begin{pmatrix}1\\3\end{pmatrix}\underset{\frac{1}{4}}{\searrow}\begin{pmatrix}0\\4\end{pmatrix}\end{array}$$

のようになるので，操作(A)を 4 回繰り返した後に初めて 4 枚とも同色となる確率は

← ちょっと一言をみてね．

$$\frac{3}{4}\times\frac{1}{4}=\boldsymbol{\frac{3}{16}}$$

2回の操作で，$\begin{pmatrix}白\\黒\end{pmatrix}=\begin{pmatrix}2\\2\end{pmatrix}\longrightarrow\begin{pmatrix}2\\2\end{pmatrix}$ となる確率は，

$\left(\dfrac{2}{4}\cdot\dfrac{3}{4}\right)\times2=\dfrac{3}{4}$ でもよいのですが，実は1枚目の色にかかわらず，2枚目が1枚目と異なる色であればよいから，その確率は $\dfrac{3}{4}$ とした方が本質的です．

同様に，後半の2回の操作で，$\begin{pmatrix}白\\黒\end{pmatrix}=\begin{pmatrix}2\\2\end{pmatrix}\longrightarrow\begin{pmatrix}4\\0\end{pmatrix}$ または $\begin{pmatrix}0\\4\end{pmatrix}$ となるのは1枚目の色にかかわらず，2枚目も同じ色が出るときで $\dfrac{1}{4}$ となっています．

このイメージがあると，後半が考え易くなります．

(2)　操作(A)を n 回繰り返した後に初めて4枚とも同色となる確率は，下の樹形図により

　n が奇数のときは実現不可能で，その確率は **0**

　n が偶数のときは，$n=2m$ とおくと，2，4，…，$2m-2$ 回目に白，黒の枚数がともに2枚となり，ちょうど $2m$ 回目に4枚とも同色となるときで，

⬅樹形図をかくと n が奇数のときは実現できないことがわかりますね．偶奇で場合分けしましょう！

$$\begin{pmatrix}白\\黒\end{pmatrix}=\begin{pmatrix}2\\2\end{pmatrix}\ \begin{matrix}\xrightarrow{\frac{2}{4}}\begin{pmatrix}3\\1\end{pmatrix}\xrightarrow{\frac{3}{4}}\\ \xrightarrow{\frac{3}{4}}\\ \xrightarrow{\frac{2}{4}}\begin{pmatrix}1\\3\end{pmatrix}\xrightarrow{\frac{3}{4}}\end{matrix}\ \begin{pmatrix}2\\2\end{pmatrix}\ \begin{matrix}\xrightarrow{\frac{2}{4}}\begin{pmatrix}3\\1\end{pmatrix}\xrightarrow{\frac{3}{4}}\\ \xrightarrow{\frac{3}{4}}\\ \xrightarrow{\frac{2}{4}}\begin{pmatrix}1\\3\end{pmatrix}\xrightarrow{\frac{3}{4}}\end{matrix}\ \begin{pmatrix}2\\2\end{pmatrix}\ \begin{matrix}\cdots\cdots\\ \\ \cdots\cdots\end{matrix}\ \begin{pmatrix}2\\2\end{pmatrix}\ \begin{matrix}\xrightarrow{\frac{2}{4}}\begin{pmatrix}3\\1\end{pmatrix}\xrightarrow{\frac{1}{4}}\begin{pmatrix}4\\0\end{pmatrix}\\ \\ \xrightarrow{\frac{2}{4}}\begin{pmatrix}1\\3\end{pmatrix}\xrightarrow{\frac{1}{4}}\begin{pmatrix}0\\4\end{pmatrix}\end{matrix}$$

求める確率は　$\left(\dfrac{3}{4}\right)^{m-1}\times\dfrac{1}{4}=\boldsymbol{\dfrac{1}{4}\cdot\left(\dfrac{3}{4}\right)^{\frac{n}{2}-1}}$

⬅ $n=2m$ より $m=\dfrac{n}{2}$ を代入しています．

ちょっと
一言

$$\begin{pmatrix}白\\黒\end{pmatrix}=\underbrace{\begin{pmatrix}2\\2\end{pmatrix}\underset{\frac{3}{4}}{\overset{2回}{\rightarrow}}\overset{②}{\begin{pmatrix}2\\2\end{pmatrix}}\underset{\frac{3}{4}}{\overset{2回}{\rightarrow}}\overset{④}{\begin{pmatrix}2\\2\end{pmatrix}}\rightarrow\cdots\underset{\frac{3}{4}}{\overset{2回}{\rightarrow}}\overset{(2m-2)}{\begin{pmatrix}2\\2\end{pmatrix}}}_{\left(\frac{3}{4}\right)が\ m-1\ 回}\ \overset{(2m)}{\begin{matrix}\nearrow\begin{pmatrix}4\\0\end{pmatrix}\\ \frac{1}{4}\\ \searrow\begin{pmatrix}0\\4\end{pmatrix}\end{matrix}}$$

のように2回セットで考えています．

64 推移を見る

n は自然数とする．袋 A，袋 B のそれぞれに，1，2，3 の自然数がひとつずつかかれた 3 枚のカードが入っている．袋 A，B のそれぞれから同時に 1 枚ずつカードを取り出し，カードの数字が一致していたら，それらのカードを取り除き，一致していなかったら，元の袋に戻すという操作を繰り返す．カードが初めて取り除かれるのが n 回目で起こる確率を p_n とし，n 回目の操作ですべてのカードが取り除かれる確率を q_n とする．p_n と q_n を求めよ．

（東北大・改）

精講　樹形図をかいて，カードの枚数の推移を調べると

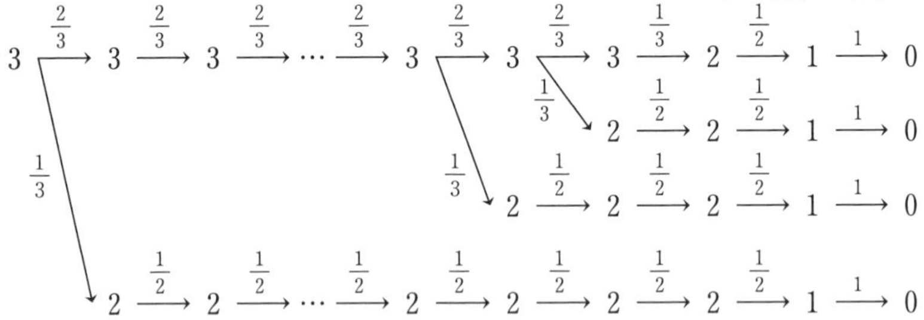

$n-1$ 回目　n 回目

$$3 \xrightarrow{\frac{2}{3}} 3 \xrightarrow{\frac{2}{3}} 3 \xrightarrow{\frac{2}{3}} \cdots \xrightarrow{\frac{2}{3}} 3 \xrightarrow{\frac{2}{3}} 3 \xrightarrow{\frac{2}{3}} 3 \xrightarrow{\frac{1}{3}} 2 \xrightarrow{\frac{1}{2}} 1 \xrightarrow{1} 0$$

$$3 \xrightarrow{\frac{1}{3}} 2 \xrightarrow{\frac{1}{2}} 2 \xrightarrow{\frac{1}{2}} 1 \xrightarrow{1} 0$$

$$3 \xrightarrow{\frac{1}{3}} 2 \xrightarrow{\frac{1}{2}} 2 \xrightarrow{\frac{1}{2}} 2 \xrightarrow{\frac{1}{2}} 1 \xrightarrow{1} 0$$

$$3 \xrightarrow{\frac{1}{3}} 2 \xrightarrow{\frac{1}{2}} 2 \xrightarrow{\frac{1}{2}} \cdots \xrightarrow{\frac{1}{2}} 2 \xrightarrow{\frac{1}{2}} 2 \xrightarrow{\frac{1}{2}} 2 \xrightarrow{\frac{1}{2}} 2 \xrightarrow{\frac{1}{2}} 1 \xrightarrow{1} 0$$

のようになります．状況がよくわかりますね．

n 回の操作ですべてのカードが取り除かれるのは，$n-1$ 回目に 2 枚 → 1 枚，n 回目に 1 枚 → 0 枚になるときで，何回目で 3 枚 → 2 枚となるかが問題になるわけです．カードが 2 枚 → 1 枚になるのは，A と同じ数字のカードを B が取るときで，その確率は $\frac{1}{2}$，2 枚 → 2 枚となるのは $\frac{1}{2}$，また，1 枚 → 0 枚となる確率は 1 なので

⬅ p_k に関しては，**解答**の方で確認してください．

$$\underbrace{3 \overset{1}{\to} 3 \overset{2}{\to} \cdots\cdots \to 3 \overset{k}{\to}}_{p_k} 2 \to \cdots\cdots \to 2 \overset{n-1}{\to} 1 \overset{n}{\to} 0$$

$$\frac{1}{2} \times \cdots\cdots \times \frac{1}{2} \times 1$$

$k\ (1 \leqq k \leqq n-2)$ 回目に 3 枚から 2 枚になり，n 回目に 0 枚となる確率は　$p_k \times \left(\frac{1}{2}\right)^{n-k-1} \cdot 1$

⬅ p_k 以降は $n-k$ 回で，$1 \to 0$ のときだけ 1，他は $\frac{1}{2}$

となります．これを $k=1\sim n-2$ まで変えて加えたものが確率 q_n となります．

⬅ただし，すべてなくなるには最低3回必要なので，$q_1=q_2=0$ に注意しましょう．

解　答

3枚から2枚になる確率は，BがAと同じ数字のカードを取るときで $\dfrac{1}{3}$ である．よって，3枚から3枚になる確率は $\dfrac{2}{3}$，同様に，2枚から1枚になる確率が $\dfrac{1}{2}$，2枚から2枚になる確率が $\dfrac{1}{2}$ である．

⬅Aは何でもよく，Bのみ考えればよい！

したがって，カードが n 回目に初めて取り除かれる確率 p_n は

⬅$n-1$ 回まで3枚→3枚，n 回目に3枚→2枚

$$p_n=\left(\frac{2}{3}\right)^{n-1}\times\frac{1}{3}=\boldsymbol{\frac{2^{n-1}}{3^n}}\quad\boldsymbol{(n\geqq 1)}$$

また，n 回の操作ですべてのカードが取り除かれる確率を q_n とすると，$q_1=q_2=0$

$n\geqq 3$ のとき，$k\,(1\leqq k\leqq n-2)$ 回目に初めてカードが取り除かれ，n 回目にすべて取り除かれるのは，$n-1$ 回目に2枚から1枚となり，n 回目にすべて取り除かれる場合なので

⬅等比数列の積は等比数列なので，まとめてからシグマを計算する！

$$p_k\times\left(\frac{1}{2}\right)^{n-k-1}\times 1$$

$$=\left(\frac{2}{3}\right)^{k-1}\times\frac{1}{3}\times\left(\frac{1}{2}\right)^{n-k-1}=\frac{2^{2k}}{2^n\cdot 3^k}=\frac{1}{2^n}\left(\frac{4}{3}\right)^k$$

したがって，

$$q_n=\frac{1}{2^n}\sum_{k=1}^{n-2}\left(\frac{4}{3}\right)^k=\frac{1}{2^n}\cdot\frac{\frac{4}{3}\left\{\left(\frac{4}{3}\right)^{n-2}-1\right\}}{\frac{4}{3}-1}=\frac{1}{2^{n-2}}\left\{\left(\frac{4}{3}\right)^{n-2}-1\right\}$$

$$=\left(\frac{2}{3}\right)^{n-2}-\left(\frac{1}{2}\right)^{n-2}$$

以上より，$q_n=\begin{cases}\boldsymbol{\left(\frac{2}{3}\right)^{n-2}-\left(\frac{1}{2}\right)^{n-2}} & \boldsymbol{(n\geqq 2)}\\ \boldsymbol{0} & \boldsymbol{(n=1)}\end{cases}$

⬅$q_2=0$ は，上の式に含まれるのでまとめた．

第4章

65 確率の最大・最小

10 個の白玉と 20 個の赤玉が入った袋から，でたらめに 1 個ずつ玉を取り出す．ただし，いったん取り出した玉は袋へは戻さない．

(1) n 回目にちょうど 4 個目の白玉が取り出される確率 p_n を求めよ．ここで，n は $1 \leqq n \leqq 30$ を満たす整数である．

(2) 確率 p_n が最大になる n を求めよ．

（神戸大）

精講 (1) くじびきの問題と同じ考え方を使うのがポイントです．取り出した玉を順に並べて，順列で考えましょう！

⬅ 確率**基本編** 28 参照！

(2) 一般に，関数の増減を調べるときは微分を使います．ところが，数列は連続量ではありませんから微分することはできません．n を実数 x に拡張して，とりあえず連続関数として扱うこともできますが，もっと直接的に考えるには，階差を考えればよいのです．つまり，

⬅ 確率を n で表したら，数列の一般項と同じですね．

$p_{n+1}-p_n>0$ なら増加，$p_{n+1}-p_n<0$ なら減少

⬅ あたりまえですね．

ということです．さらに $p_n>0$ なら，

$$p_n \text{ が増加} \iff p_{n+1}-p_n>0 \iff p_{n+1}>p_n \iff \frac{p_{n+1}}{p_n}>1$$

$$p_n \text{ が減少} \iff p_{n+1}-p_n<0 \iff p_{n+1}<p_n \iff \frac{p_{n+1}}{p_n}<1$$

⬅ 確率の最大・最小問題では「$\frac{p_{n+1}}{p_n}$ の値を求めよ．」などの誘導がつくことが多いですが，僕は
増加なら $p_{n+1}>p_n$，
減少なら $p_{n+1}<p_n$
を使う方が好きです．

となります．もちろん，$p_{n+1}=p_n$ なら同じ値です．これらを満たす範囲を求めれば，確率の増減を調べることができます．

⬅ 階差が基本ですが，$p_{n+1}>p_n$ や $\frac{p_{n+1}}{p_n}>1$ を考えれば，階乗などが消去できて見易い！

数列・確率の増減は階差が基本です！

解　答

(1)　30個の玉の取り出し方は ${}_{30}C_{10}$ 通りあり，どの場合も同様に確からしい．このうち，$n(4 \leqq n \leqq 24)$ 回目にちょうど4個目の白玉が取り出されるのは，○を白，×を赤とすると

← くじ引きタイプは，順列で考えると楽ですね．

より，${}_{n-1}C_3 \times {}_{30-n}C_6$ 通りある．よって，求める確率は

← $n=1, 2, 3, 25 \sim 30$ では実現不可能なことに注意しましょう．

$$p_n = \begin{cases} \dfrac{{}_{n-1}C_3 \times {}_{30-n}C_6}{{}_{30}C_{10}} & (4 \leqq n \leqq 24) \\ 0 & (\text{その他の } n) \end{cases}$$

← 展開すると大変です．このような時は，このままで大丈夫です．

(2)　$4 \leqq n \leqq 23$ のとき

← $p_{n+1} > p_n$ において，$p_4 \sim p_{24}$ が現れるようにすると，$4 \leqq n \leqq 23$ です．

$$p_{n+1} > p_n \iff \frac{{}_nC_3 \times {}_{29-n}C_6}{{}_{30}C_{10}} > \frac{{}_{n-1}C_3 \times {}_{30-n}C_6}{{}_{30}C_{10}}$$

$$\iff \frac{n!}{3! \cdot (n-3)!} \cdot \frac{(29-n)!}{6!(23-n)!} > \frac{(n-1)!}{3!(n-4)!} \cdot \frac{(30-n)!}{6!(24-n)!}$$

← 両辺の ${}_{30}C_{10}$ は消えます．また，計算では
$${}_nC_k = \frac{n!}{k!(n-k)!}$$
を使いました．

$$\iff \frac{n}{n-3} > \frac{30-n}{24-n}$$

$$\iff n(24-n) > (n-3)(30-n) \iff n < 10$$

$$\text{よって} \begin{cases} 4 \leqq n \leqq 9 \text{ のとき,} & p_{n+1} > p_n \\ n = 10 \text{ のとき} & p_{n+1} = p_n \\ 11 \leqq n \leqq 23 \text{ のとき} & p_{n+1} < p_n \end{cases}$$

となるから

$$0 < p_4 < p_5 < \cdots < p_9 < p_{10} = p_{11} > p_{12} > \cdots > p_{24} > 0$$

したがって，$n=$**10，11** で p_n は最大となる．

$p_{n+1} > p_n \iff n < 10$ のように**境界が整数値となる場合**は，$p_{n+1} = p_n \iff n = 10$ となり，$p_{10} = p_{11}$ です．**最大になる場所が2つできること**に注意しましょう．

また，$p_{n+1} > p_n \iff n < 10$ より $n \leqq 9$ ですから，$n=9$ を代入すると，$p_9 < p_{10}$ となり，$n=10$ まで増加してきて，$n=10, 11$ で最大になり，あとは減少していきます．ここは意外に間違い易いので，必ず代入して確認してください．

66 条件付き確率(1)

5回に1回の割合で帽子を忘れるくせのあるK君が，正月にA，B，C 3軒を順に年始回りをして家に帰ったとき，帽子を忘れてきたことに気がついた．2番目の家Bに忘れてきた確率を求めよ．（早稲田大）

精講　帽子を忘れたときに，それが家Bである条件付き確率を求める問題です．帽子を忘れてくる家は，A，B，Cのいずれかですので

←ある事象Eが起こったことを知ったとき，それが原因Fから起こったと考えられる確率を**原因の確率**といいます．

① Aに忘れるとき，$\dfrac{1}{5}$　② Bに忘れるとき，$\dfrac{4}{5}\cdot\dfrac{1}{5}$

③ Cに忘れるとき，$\dfrac{4}{5}\cdot\dfrac{4}{5}\cdot\dfrac{1}{5}$

これらを合わせたもの①+②+③が帽子を忘れてくる確率ですね．

この中の，Bに忘れる確率②の割合が求めるものです．

←どこに忘れたんだろう？と考えたとき，Bに忘れた可能性は，忘れる確率の中の，Bに忘れる確率ですね．

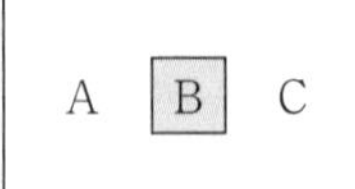

帽子を忘れる確率は余事象を利用して

$$1-(\text{帽子を忘れない確率})$$

の方が求め易いですが，上のように整理すると構造がよくわかりますね．

条件付き確率 $P_E(F)$ は E の中の $E\cap F$ の割合です．

解　答

帽子を忘れるという事象をE，Bに帽子を忘れるという事象をFとすると，

←こちらは余事象を利用した解答にしてみます．

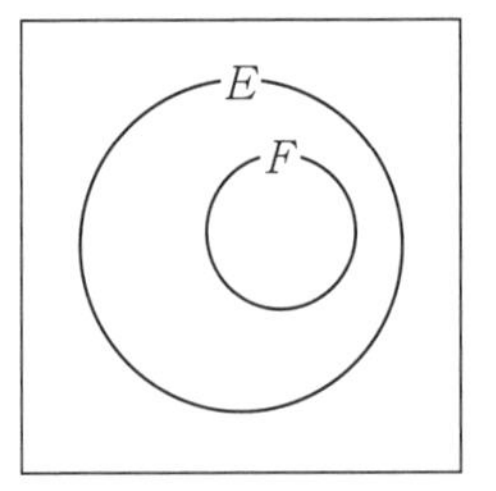

$$P(E)=1-\left(\frac{4}{5}\right)^3=\frac{61}{125}$$

←余事象の利用

$$P(E\cap F)=P(F)=\frac{4}{5}\cdot\frac{1}{5}=\frac{4}{25}$$

よって，求める確率は

$$P_E(F)=\frac{P(E\cap F)}{P(E)}=\frac{\frac{4}{25}}{\frac{61}{125}}=\mathbf{\frac{20}{61}}$$

←Eが起こったときにFが起こる条件付き確率は

$$P_E(F)=\frac{P(E\cap F)}{P(E)}$$

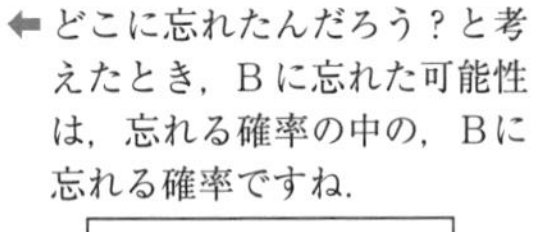

> 硬貨2枚を同時に投げたとき，2枚とも表である確率は $\frac{\square}{\square}$，少なくとも1枚が表である確率は $\frac{\square}{\square}$ である．また，1枚が表であるときもう1枚が表である条件付き確率は $\frac{\square}{\square}$ である．　（摂南大）

コインをA，Bと区別すると(表表)，(表裏)，(裏表)，(裏裏)の4通りの出方があり，どの場合も同様に確からしい．このうち，2枚とも表となる確率は $\frac{1}{4}$，少なくとも1枚が表となる確率は $\frac{3}{4}$ である．ここまではいいですが，「また」以下はどう考えますか？

1枚を見て表だったとき，もう1枚が表となるのは，もちろん $\frac{1}{2}$ ですが，問題文の「また」以下の部分を，「2枚のうち少なくとも1枚が表であるという情報のもとで，2枚とも表になる条件付き確率を求めよ．」と解釈すると，

　表表　表裏　裏表

の場合が考えられ(これらが同様に確からしい)，ともに表となるのは $\frac{1}{3}$ となります．出題者は，前半の誘導を用いて条件付き確率を求めさせようとしていると思われるので，

$$\frac{\text{2枚とも表}}{\text{少なくとも1枚表}}=\frac{\frac{1}{4}}{\frac{3}{4}}=\frac{1}{3}$$

の答えを想定していると思われますが，解釈の仕方によって，確率が変わってしまいます．状況をイメージすると

　1枚だけ見えてしまって，それが表(1枚だけ見た情報) $\Longrightarrow \frac{1}{2}$

　第三者が2枚の結果を見て，「とりあえず1枚は表です」といっている状況

　　(2枚を見た情報) $\Longrightarrow \frac{1}{3}$

という感じです．この問題の表現は，誤解を招く表現ですね．我々問題を作成する方も注意が必要ですが，みなさんも問題文の内容をしっかり理解するよう心がけてください．

第4章

67 条件付き確率(2)

数字の 2 が書かれたカードが 2 枚，同様に，数字の 0，1，8 が書かれたカードがそれぞれ 2 枚，あわせて 8 枚のカードがある．これらから 4 枚を取り出し，横一列に並べてできる自然数を n とする．ただし，0 のカードが左から 1 枚または 2 枚現れる場合は，n は 3 桁または 2 桁の自然数とそれぞれ考える．例えば，左から順に 0，0，1，1 の数字のカードが並ぶ場合の n は 11 である．

(1) a，b，c，d は整数とする．$1000a+100b+10c+d$ が 9 の倍数になることと $a+b+c+d$ が 9 の倍数になることは同値であることを示せ．

(2) n が 9 の倍数である確率を求めよ．

(3) n が偶数であったとき，n が 9 の倍数である確率を求めよ． (北海道大)

精講 条件付き確率の問題ですが，今までに勉強したいろいろな考え方の復習問題になっています．

(1)は基本編 **2** でやった倍数の判別法の証明です．

(2)では，**「確率では，すべてのものを区別するのが原則」**であるので，

← うまく処理できましたか？

$\boxed{0_A}$，$\boxed{0_B}$，$\boxed{1_A}$，$\boxed{1_B}$，$\boxed{2_A}$，$\boxed{2_B}$，$\boxed{8_A}$，$\boxed{8_B}$

のようにすべてのカードを区別して考えていきます．

$n=1000a+100b+10c+d$ とおくと，(1)より n が 9 の倍数であることと，$a+b+c+d$ が 9 の倍数であることは同値なので，a，b，c，d の組は

$(0,\ 0,\ 1,\ 8)$，$(0,\ 2,\ 8,\ 8)$，$(1,\ 1,\ 8,\ 8)$

の 3 パターンあるのですが，例えば $(0,\ 0,\ 1,\ 8)$ の場合，カードをすべて区別しているので，カードの選び方は，1_A か 1_B かで ${}_2C_1$ 通り，8_A か 8_B かで ${}_2C_1$ 通りあり，これらの選ばれたカードに対して，数字の並べ方が $4!$ 通りあるので，n の作り方は ${}_2C_1\cdot{}_2C_1\times4!$ 通りと計算する必要があります．

← どのカードを使うか構成員を決めてから並べます．段階を追って数えていきましょう．

(3)の条件付き確率 $P_A(B)$ は**A の中の B の割合**(A が全体となる)です．本問では，n が偶数だったとき，9 の倍数である条件付き確率ですから

← $P_A(B)$ $=\dfrac{n(A\cap B)}{n(A)}=\dfrac{P(A\cap B)}{P(A)}$

$$\frac{n\text{が偶数かつ9の倍数}}{n\text{が偶数}}\quad\left[\begin{array}{l}n\text{が偶数の中の9の}\\\text{倍数の割合}\end{array}\right]$$

を計算することになります．(2)の考察を利用して，場合の数で処理しましょう．

⬅本問では，確率を持ち出すまでではありません．場合の数の割合で処理しましょう．

解　答

(1)　$1000a+100b+10c+d=(999a+a)+(99b+b)+(9c+c)+d$
$=(999a+99b+9c)+a+b+c+d$

$999a+99b+9c$ は9の倍数であるから，
$1000a+100b+10c+d$ が9の倍数となることと，
$a+b+c+d$ が9の倍数となることは同値である．

(2)　すべてのカードを区別すると，数の作り方は
$8\cdot7\cdot6\cdot5$ 通りあり，これらは同様に確からしい．
$n=1000a+100b+10c+d$ とおくと，(1)から

nが9の倍数 $\Longleftrightarrow$ $a+b+c+d$ が9の倍数

であり，このような a，b，c，d の組は，

(0，0，1，8)，(0，2，8，8)，(1，1，8，8)

である．どのカードが選ばれ，a，b，c，d へどう対応するか考えると

(0，0，1，8) のとき，${}_2C_1\cdot{}_2C_1\times4!$ 通り
(0，2，8，8) のとき，${}_2C_1\cdot{}_2C_1\times4!$ 通り
(1，1，8，8) のとき，$4!$ 通り

⬅構成員を決めて並べますが，カードは区別しているので，並べ方は常に4!です．

となるので，求める確率は

$$\frac{4\cdot4!+4\cdot4!+4!}{8\cdot7\cdot6\cdot5}=\frac{9\cdot4!}{8\cdot7\cdot6\cdot5}=\mathbf{\frac{9}{70}}$$

(3)　nが偶数となるのは1の位が偶数のときだから，
$6\cdot7\cdot6\cdot5$ 通りあり，これらは同様に確からしい．このうち，9の倍数となるのは，(2)で1の位が偶数になる場合を考えると

(0，0，1，8) のとき，${}_2C_1\cdot{}_2C_1\times3\cdot3!$ 通り
(0，2，8，8) のとき，${}_2C_1\cdot{}_2C_1\times4!$ 通り
(1，1，8，8) のとき，$2\cdot3!$ 通り

⬅(2)とのカウントの違いは，並べ方のみです．1の位に偶数を置いてから他を並べます．

を合わせて，$12\cdot3!+16\cdot3!+2\cdot3!=30\cdot3!$ 通りとなるので，求める条件付き確率は

$$\frac{30\cdot3!}{6\cdot7\cdot6\cdot5}=\mathbf{\frac{1}{7}}$$

68 条件付き確率(3)

赤球，白球合わせて 2 個以上入っている袋に対して，次の操作(＊)を考える．

(＊)　袋から同時に 2 個の球を取り出す．取り出した 2 個の球が同じ色である場合は，その色の球を 1 個だけ袋に入れる．

赤球 3 個と白球 2 個が入っている袋に対して一度操作(＊)を行い，その結果得られた袋に対してもう一度操作(＊)を行った後に，袋に入っている赤球と白球の個数をそれぞれ r，w とする．

(1) 赤球 3 個と白球 2 個が入っている袋から 2 個の球を取り出すとき，取り出した赤球の個数が k である確率を p_k とする．p_0，p_1，p_2 の値を求めよ．

(2) $r=w$ となる確率を求めよ．

(3) $r>w$ となる確率を求めよ．

(4) $r>w$ であったときの $r+w=2$ となる条件付き確率を求めよ．

（京都工芸繊維大）

精講　球の個数の推移を見たいので，樹形図が効果的です．（赤球は R，白球は W）

←樹形図をかくと全体を俯瞰的に見ることができます．この問題は樹形図がかければほとんど終わりです．

$\begin{pmatrix} r \\ w \end{pmatrix}=\begin{pmatrix} 3 \\ 2 \end{pmatrix}$

- RR $\frac{3}{10}$ → $\begin{pmatrix} 2 \\ 2 \end{pmatrix}$
  - RR → $\begin{pmatrix} 1 \\ 2 \end{pmatrix}$
  - RW → $\begin{pmatrix} 1 \\ 1 \end{pmatrix}$
  - WW → $\begin{pmatrix} 2 \\ 1 \end{pmatrix}$
- RW $\frac{6}{10}$ → $\begin{pmatrix} 2 \\ 1 \end{pmatrix}$
  - RR → $\begin{pmatrix} 1 \\ 1 \end{pmatrix}$
  - RW → $\begin{pmatrix} 1 \\ 0 \end{pmatrix}$
- WW $\frac{1}{10}$ → $\begin{pmatrix} 3 \\ 1 \end{pmatrix}$
  - RR → $\begin{pmatrix} 2 \\ 1 \end{pmatrix}$
  - RW → $\begin{pmatrix} 2 \\ 0 \end{pmatrix}$

(2)の $r=w$ となるのは，$(r,\ w)=(1,\ 1)$ のとき，(3)の $r>w$ となるのは，$(r,\ w)=(2,\ 1)$，$(1,\ 0)$，$(2,\ 0)$ のときです．樹形図を見ながらその確率を計算しましょう．

(4)　(3)の中で，$r+w=2$ となるのは $(r,\ w)=(2,\ 0)$ のときのみです．

← $(2,\ 1)$，$(1,\ 0)$，$(2,\ 0)$ の中の $(2,\ 0)$ の割合です．しっかり整理して考えましょう．

よって，求める条件付き確率は

$$\frac{P((2,\ 0))}{P((2,\ 1),\ (1,\ 0),\ (2,\ 0))}$$

となります．

解　答

(1)　取り出した赤球の個数が k である確率 p_k はそれぞれ

$$p_0=\frac{{}_2C_2}{{}_5C_2}=\mathbf{\frac{1}{10}}$$

$$p_1=\frac{{}_3C_1\cdot{}_2C_1}{{}_5C_2}=\frac{6}{10}=\mathbf{\frac{3}{5}}$$

$$p_2=\frac{{}_3C_2}{{}_5C_2}=\mathbf{\frac{3}{10}}$$

(2)　球の個数の推移は 精講 の樹形図のようになる．ただし，赤球は R，白球は W で表す．

← 以下は，精講 の樹形図をみて考えていきましょう．スペースの関係で答案に入れられませんでしたが，本番では解答に樹形図もかいてくださいね．

玉の個数が(赤 2，白 2) ⟶ (赤 1，白 1)となるのは，赤と白が取られるときで，

$$\frac{{}_2C_1\cdot{}_2C_1}{{}_4C_2}=\frac{2}{3}$$

(赤 2，白 1) ⟶ (赤 1，白 1) となるのは，赤が 2 個取られるときで，

$$\frac{{}_2C_2}{{}_3C_2}=\frac{1}{3}$$

よって，$r=w$ となる確率は $(r,\ w)=(1,\ 1)$ のときを考えて

$$\frac{3}{10}\times\frac{2}{3}+\frac{6}{10}\times\frac{1}{3}=\mathbf{\frac{2}{5}}$$

(3)　玉の個数が(赤 2，白 2) ⟶ (赤 2，白 1) となるのは，白が 2 個取られるときで，

← 求める確率は，$(r,\ w)=(2,\ 1)$，$(1,\ 0)$，$(2,\ 0)$ の確率です．

$$\frac{{}_2C_2}{{}_4C_2}=\frac{1}{6}$$

(赤 2，白 1) $\longrightarrow$ (赤 1，白 0) となるのは，赤と白が取られるときで，

$$\frac{{}_2C_1}{{}_3C_2}=\frac{2}{3}$$

(赤 3，白 1) $\longrightarrow$ (赤 2，白 1) または (赤 2，白 0) となるのは，確率 1 で起こる．

よって，$r>w$ となる確率は，樹形図において $(r,\ w)=(2,\ 1)$，$(1,\ 0)$，$(2,\ 0)$ のときを考えて

$$\frac{3}{10}\times\frac{1}{6}+\frac{6}{10}\times\frac{2}{3}+\frac{1}{10}\times1=\mathbf{\frac{11}{20}}$$

(4) $r>w$ かつ $r+w=2$ となるのは，$(r,\ w)=(2,\ 0)$ のときである。

(赤 3，白 1) $\longrightarrow$ (赤 2，白 0) となるのは，赤と白が取られるときで，

$$\frac{{}_3C_1}{{}_4C_2}=\frac{1}{2}$$

よって樹形図より，$(r,\ w)=(2,\ 0)$ となる確率は

$$\frac{1}{10}\times\frac{1}{2}=\frac{1}{20}$$

したがって，求める条件付き確率は $\dfrac{\frac{1}{20}}{\frac{11}{20}}=\mathbf{\frac{1}{11}}$

⬅ 求める条件付き確率は，$(r,\ w)=(2,\ 1)$，$(1,\ 0)$，$(2,\ 0)$ の中の $(2,\ 0)$ の割合です．

69 検査薬の判定法

ある病気にかかっているかどうかを判定するための簡易検査法がある．この検査法は，病気にかかっているのに，病気にかかっていないと誤って判定してしまう確率が $\frac{1}{4}$，病気にかかっていないのに，病気にかかっていると誤って判定してしまう確率が $\frac{1}{13}$ といわれている．全体の $\frac{1}{14}$ が病気にかかっている集団の中から1人を選んで検査する．このとき，病気にかかっていると判定される確率は $\frac{\square}{\square}$ である．また，病気にかかっていると判定されたときに，実際には病気にかかっていない確率は $\frac{\square}{\square}$ である． （東邦大）

精講 「ある病気にかかっているか，いないか」，「検査薬で陽性か陰性か」のように2つの事象の関係が問題になっています．このような場合は，カルノー図が有効です．

← カルノー図では事象Aもその否定$\overline{A}$も対等に扱える．確率基本編 26 参照．

問題の条件から，

病気にかかっているという条件のもとで

陰性 $\frac{1}{4}$ より 陽性 $\frac{3}{4}$

病気にかかっていない(健康)という条件のもとで

陽性 $\frac{1}{13}$ より 陰性 $\frac{12}{13}$

これより，右の図を得ます．ところが，検査をしている集団のうち，実際に病気にかかっている人が全体の $\frac{1}{14}$，健康な人が全体の $\frac{13}{14}$ なので，

	病気	健康
陽性	$\frac{3}{4}$	$\frac{1}{13}$
陰性	$\frac{1}{4}$	$\frac{12}{13}$

病気にかかっていて陽性の人は， 全体の $\frac{1}{14}$ の $\frac{3}{4}$

← これが実際の全体の中の割合．

病気にかかっていて陰性の人は， 全体の $\frac{1}{14}$ の $\frac{1}{4}$

病気にかかっていなくて陽性の人は，全体の $\frac{13}{14}$ の $\frac{1}{13}$

病気にかかっていなくて陰性の人は，全体の $\frac{13}{14}$ の $\frac{12}{13}$

となりますね．

　したがって，この集団の中の実際の割合は，右のようになるわけです．あとは，この図を用いて計算すればよく，陽性と判定されるのは，

	病気	健康
陽性	$\frac{1}{14}\cdot\frac{3}{4}$	$\frac{13}{14}\cdot\frac{1}{13}$
陰性	$\frac{1}{14}\cdot\frac{1}{4}$	$\frac{13}{14}\cdot\frac{12}{13}$
	$\frac{1}{14}$	$\frac{13}{14}$

← 全部加えると，1になることを確認しましょう！

$$[陽性，病気]+[陽性，健康]=\frac{1}{14}\cdot\frac{3}{4}+\frac{13}{14}\cdot\frac{1}{13}$$

　また，病気にかかっていると判定されたときに，実際には病気にかかっていない確率は，陽性反応の人の中の，健康の人の割合ですから

$$\frac{[陽性，健康]}{[陽性，病気]+[陽性，健康]}=\frac{\frac{13}{14}\cdot\frac{1}{13}}{\frac{1}{14}\cdot\frac{3}{4}+\frac{13}{14}\cdot\frac{1}{13}}$$

となります．カルノー図のどの部分を考えているのか，しっかり確認してくださいね．

解　答

　条件より，右図を得る．

　全体の $\frac{1}{14}$ が病気にかかっていて，$\frac{13}{14}$ が健康であるから，この集団から1人選んで検査するとき，

	病気	健康
陽性	$\frac{1}{14}\cdot\frac{3}{4}$	$\frac{13}{14}\cdot\frac{1}{13}$
陰性	$\frac{1}{14}\cdot\frac{1}{4}$	$\frac{13}{14}\cdot\frac{12}{13}$
	$\frac{1}{14}$	$\frac{13}{14}$

　病気にかかっていると判定される確率は

$$\frac{1}{14}\cdot\frac{3}{4}+\frac{13}{14}\cdot\frac{1}{13}=\mathbf{\frac{1}{8}}$$

　また，病気にかかっていると判定されたとき，実際には病気にかかっていない確率は $\dfrac{\frac{13}{14}\cdot\frac{1}{13}}{\frac{1}{8}}=\mathbf{\frac{4}{7}}$

← $\frac{4}{7}=0.57\cdots$ ということは57％も間違っているんですね．これは再検査が必要ですね．

70 期待値

赤，青，黄，緑の4色のカードが5枚ずつ計20枚ある．各色のカードには，それぞれ1から5までの番号が一つずつ書いてある．この20枚の中から3枚を一度に取り出す．

(1) 3枚がすべて同じ番号となる確率は $\dfrac{\boxed{ア}}{\boxed{イウ}}$ である．

(2) 3枚が色も番号もすべて異なる確率は $\dfrac{\boxed{エ}}{\boxed{オカ}}$ である．

(3) 3枚のうちに赤いカードがちょうど1枚含まれる確率は $\dfrac{\boxed{キク}}{\boxed{ケコ}}$ である．

(4) 3枚の中にある赤いカードの枚数の期待値は $\dfrac{\boxed{サ}}{\boxed{シ}}$ である．

(センター試験)

精講 (1)，(2)は**色と番号がポイント**になります．「色は何？」「番号は何？」と優先順位を決めて段階を追って数えましょう．

(1)では，まず番号を決めて ${}_5C_1$ 通り，
例えば，番号が1とすると

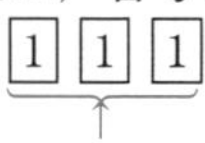

色の決め方は ${}_4C_3$ 通りあるので，${}_5C_1 \times {}_4C_3$ 通り

← 今回は色，番号のどちらから考えてもできますが，問題によっては優先順位を考えないと面倒になることがあります．段階を追って数える場合は，どちらの優先順位が高いかよく考えましょう．

(2)では，色の決め方が ${}_4C_3$ 通り，
例えば，赤，青，黄の場合

赤 青 黄
↑ ↑ ↑
5 4 3

それぞれの番号の決め方が $5\times4\times3$ 通りあるから，${}_4C_3\times5\times4\times3$ 通りとなります．

(4)では(3)を利用して，期待値を定義に従って求めていきます．

研究に $E(X+Y)=E(X)+E(Y)$ の応用について記述しましたので，そちらも参照してください．

⬅本問のメイン

解答

(1) 20枚のカードから3枚を1度に取る方法は ${}_{20}C_3=20\cdot19\cdot3$ 通りあり，これらは同様に確からしい．このうち，3枚のカードがすべて同じ番号となるのは，番号の決め方が ${}_5C_1$ 通り，色の決め方が ${}_4C_3$ 通りある．

⬅色，番号の優先順位を考え，段階を追って数えます．

よって，求める確率は

$$\frac{{}_5C_1\times{}_4C_3}{{}_{20}C_3}=\frac{5\cdot4}{20\cdot19\cdot3}=\frac{{}^{ア}\mathbf{1}}{{}_{イウ}\mathbf{57}}$$

(2) 3枚の色も番号もすべて異なるのは，色の決め方が ${}_4C_3$ 通り，その各々に対して番号の決め方が $5\cdot4\cdot3$ 通りある．

よって，求める確率は

$$\frac{{}_4C_3\times5\times4\times3}{20\cdot19\cdot3}=\frac{{}^{エ}\mathbf{4}}{{}_{オカ}\mathbf{19}}$$

(3) 3枚のうちに赤いカードがちょうど1枚含まれる確率は

$$\frac{{}_5C_1\times{}_{15}C_2}{20\cdot19\cdot3}=\frac{{}^{キク}\mathbf{35}}{{}_{ケコ}\mathbf{76}}$$

(4) 3枚のうち赤のカードが2枚含まれるのは

$$\frac{{}_5C_2\times{}_{15}C_1}{20\cdot19\cdot3}=\frac{5}{38}$$

3枚含まれるのは

$$\frac{{}_5C_3}{20\cdot19\cdot3}=\frac{1}{19\cdot6}$$

よって，求める期待値は

$$1\times\frac{35}{76}+2\times\frac{5}{38}+3\times\frac{1}{19\cdot6}$$

⬅期待値の定義に従います．

$$=\frac{35+20+2}{76}=\frac{57}{76}=\frac{{}^{サ}\mathbf{3}}{{}_{シ}\mathbf{4}}$$

研究

確率変数 X, Y に対して
$$E(X+Y)=E(X)+E(Y)$$
[和の期待値は期待値の和]
は，確率変数を n 個に増やしても成り立ち
$$E(X_1+X_2+\cdots+X_n)=E(X_1)+E(X_2)+\cdots+E(X_n)$$
となります．

← この公式は数Bの範囲です．これは，確率変数や試行の独立，従属にかかわらず利用できて便利な公式です．

この事実を利用して(4)の答えを求めてみましょう．

1度に3枚取り出しても，1枚ずつ3枚取り出しても確率は変わらないので，以下，1枚ずつ3枚取り出すと考え，X を3回取ったときの赤いカードの枚数，X_k $(k=1,\ 2,\ 3)$ を k 回目に出た赤いカードの枚数とします．このとき，$X=X_1+X_2+X_3$ であり，X_k は0または1をとる確率変数です．

ここで，基本編28で説明したくじ引き型の試行では，何番目に赤いカードをとる確率も同じで $\dfrac{5}{20}=\dfrac{1}{4}$ であることに注意すると，1，2，3回目それぞれの赤いカードの枚数の期待値は等しく
$$E(X_1)=E(X_2)=E(X_3)=1\cdot\frac{1}{4}+0\cdot\frac{3}{4}=\frac{1}{4}$$

← 1枚取ると赤いカードは $\dfrac{1}{4}$ 枚期待できるので，3枚取るとその3倍の $\dfrac{3}{4}$ 枚期待できるというイメージです．

よって，
$$E(X)=E(X_1+X_2+X_3)$$
$$=E(X_1)+E(X_2)+E(X_3)=\frac{1}{4}\times 3=\frac{3}{4}$$
となります．

ex.) 1回の試行で事象 A の起こる確率が $\dfrac{1}{3}$ である．この試行を n 回行ったときの A が起こる回数の期待値

← 独立な試行を繰り返す反復試行は二項分布に従います．この分布の期待値は数学Bでは公式になっています．

のような反復試行の場合も，もちろん成り立ちます．

1回試行を行うと，$1\cdot\dfrac{1}{3}+0\cdot\dfrac{2}{3}=\dfrac{1}{3}$ 回期待できるので，n 回やれば，

第4章

$$\underbrace{\frac{1}{3}+\frac{1}{3}+\cdots+\frac{1}{3}}_{n\text{個}}=\frac{1}{3}\times n=\frac{1}{3}n \text{ 回期待できる．}$$

となります．数学Bでは，このような反復試行の確率分布は**二項分布**と呼ばれます．試行回数を n，事象 A が起こる確率を p とするとき，$\boldsymbol{B(n,\ p)}$ と表され，事象 A が起こった回数を k 回とすると，確率分布は $\boldsymbol{{}_n\mathrm{C}_k p^k(1-p)^{n-k}}$ となります．

ここで，事象 A が起こった回数を X，i 回目に事象 A が起こった回数を X_i とすると，X_i は 0 または 1 となり，

$$X=X_1+X_2+\cdots+X_n$$

と表せるので，$E(X_i)=1\cdot p+0\cdot(1-p)=p$ から

$$E(X)=E(X_1+X_2+\cdots+X_n)$$
$$=E(X_1)+E(X_2)+\cdots+E(X_n)=np$$

⬅ 1 回やると p 回期待できるので，n 回やれば np 回期待できるということです．

すなわち，$\boldsymbol{E(X)=np}$ になります．

$E(X+Y)=E(X)+E(Y)$ を証明します．

確率変数 X，Y の確率分布は，右の表とします．すなわち，$P(X=x_i)=p_i$，$P(Y=y_j)=q_j$

$$P(X=x_i \text{ かつ } Y=y_j)=r_{ij}$$

ただし，$1\leqq i\leqq m$，$1\leqq j\leqq n$ です．このとき，

X \ Y	y_1	y_2	$\cdots$	y_n	計
x_1	r_{11}	r_{12}	$\cdots$	r_{1n}	p_1
x_2	r_{21}	r_{22}	$\cdots$	r_{2n}	p_2
$\vdots$	$\vdots$			$\vdots$	$\vdots$
x_m	r_{m1}	r_{m2}	$\cdots$	r_{mn}	p_m
計	q_1	q_2	$\cdots$	q_n	1

$$E(X+Y)=\sum_{i=1}^{m}\underbrace{\{\sum_{j=1}^{n}(x_i+y_j)r_{ij}\}}_{i\text{列目の和}}$$

⬅ i 列目の和をとり，i を 1〜m まで変えて Σ

$$=\sum_{i=1}^{m}(\sum_{j=1}^{n}x_ir_{ij})+\sum_{i=1}^{m}(\sum_{j=1}^{n}y_jr_{ij})$$
$$=\sum_{i=1}^{m}x_i\underbrace{(\sum_{j=1}^{n}r_{ij})}_{p_i}+\sum_{j=1}^{n}y_j\underbrace{(\sum_{i=1}^{m}r_{ij})}_{q_j}$$
$$=E(X)+E(Y)$$

⬅ 2 変数の Σ では，i から動かしても，j から動かして加えても，同じなので
$\sum_{i=1}^{m}(\sum_{j=1}^{n}y_jr_{ij})=\sum_{j=1}^{n}(\sum_{i=1}^{m}y_jr_{ij})$
のように Σ が入れ替えられます．

71　期待値は平均値

$n(\geqq 2)$ 枚のカードに，1，2，3，…，n の数字が一つずつ記入されている．このカードの中から無作為に2枚のカードを抜き取ったとき，カードの数字のうち小さい方を X，大きい方を Y とする．このとき，

(1)　$X=k$ となる確率を求めよ．ただし，k は1，2，3，…，n のいずれかの数字とする．

(2)　X の期待値を求めよ．

(3)　Y の期待値を求めよ．

(4)　$X+Y$ の期待値を求めよ．

（宇都宮大・改）

精講　2数のうち，小さい方 X が k となるのは，k と $(k+1)$～n からひとつ取り出されるときです．(1)では，この確率を計算し，(2)では期待値の定義に従いシグマ計算をしましょう．(3)も同様に求められます．(4)はいくつかの方法が考えられます．

オーソドックスに期待値の定義を利用する場合，

$X+Y=k(3\leqq k\leqq 2n-1)$ の確率を計算し

$$E(X+Y)=\sum_{k=3}^{2n-1}k\cdot P(X+Y=k)$$

を計算することになりますが，これは大変そうです．

期待値は平均値なので，$X+Y$ の総和を考え，
${}_n\mathrm{C}_2$ で割るか，
$E(X+Y)=E(X)+E(Y)$
［和の期待値は期待値の和］

を利用するのがよいでしょう．

⬅解答では前問で解説した
$E(X+Y)$
$=E(X)+E(Y)$
を使ってみます．総和を考える解法については，研究を参照！どちらも，基本編29で一度説明しています．

解　答

(1)　1～n の書かれた n 枚のカードから2枚のカードを抜き出す方法は，${}_n\mathrm{C}_2$ 通りあり，これらは同様に確からしい．

　このうち，$X=k(1\leqq k\leqq n-1)$ となるのは，k

と $(k+1)\sim n$ からひとつを取り出すときだから，
$n-k$ 通りある．

よって，$1\leqq k\leqq n-1$ のとき，

$$P(X=k)=\frac{n-k}{{}_nC_2}=\frac{2(n-k)}{n(n-1)} \quad \cdots (*)$$

また，$k=n$ のとき，$p(X=n)=0$ であるが，これは$(*)$に含まれる．

← $X=n$ にはなれないので確認！

したがって，$1\leqq k\leqq n$ のとき，

$$P(X=k)=\boldsymbol{\frac{2(n-k)}{n(n-1)}}$$

(2)　(1)より，求める期待値は

$$E(X)=\sum_{k=1}^{n}k\cdot P(X=k)=\sum_{k=1}^{n}\frac{2k(n-k)}{n(n-1)}$$

$$=\frac{2}{n(n-1)}\sum_{k=1}^{n}(nk-k^2)$$

$$=\frac{2}{n(n-1)}\left\{n\cdot\frac{n(n+1)}{2}-\frac{n(n+1)(2n+1)}{6}\right\}$$

$$=\frac{2}{n(n-1)}\cdot\frac{n(n+1)(n-1)}{6}=\boldsymbol{\frac{n+1}{3}}$$

(3)　$Y=k$ $(2\leqq k\leqq n)$ となるのは，$1\sim(k-1)$ からひとつと k を取り出すときであるから，

$$P(Y=k)=\frac{k-1}{{}_nC_2}=\frac{2(k-1)}{n(n-1)} \quad \cdots (**)$$

$k=1$ のとき，$P(Y=1)=0$ から，$(**)$に含まれるので

← $Y=1$ にはなれないので確認！

$$E(Y)=\sum_{k=1}^{n}k\cdot P(Y=k)$$

$$=\frac{2}{n(n-1)}\sum_{k=1}^{n}k(k-1) \quad \cdots①$$

← ちょっと一言 参照！

$$=\frac{2}{n(n-1)}\cdot\frac{(n-1)n(n+1)}{3}$$

$$=\boldsymbol{\frac{2}{3}(n+1)}$$

← 直感的には

$\underbrace{\quad}\ X\ \underbrace{\quad}\ Y\ \underbrace{\quad}$

$\frac{n-2}{3}$　$\frac{n-2}{3}$　$\frac{n-2}{3}$ 枚

と均等にして，

$$E(X)=\frac{n-2}{3}+1=\frac{n+1}{3}$$

$$E(Y)=2\frac{n-2}{3}+2=\frac{2}{3}(n+1)$$

(4)　$E(X+Y)=E(X)+E(Y)$

$$=\frac{n+1}{3}+\frac{2}{3}(n+1)=\boldsymbol{n+1}$$

連続整数の和

$$\sum_{k=1}^{n} k(k+1) = \frac{n(n+1)(n+2)}{3}$$

は公式にしましょう．証明は

$$k(k+1)(k+2)-(k-1)k(k+1)=3k(k+1)$$ ⬅ 差分解

のように，隣り合う項の差に分解して

$$\sum_{k=1}^{n} k(k+1) = \frac{1}{3}\sum_{k=1}^{n}\{k(k+1)(k+2)-(k-1)k(k+1)\}$$
$$= \frac{1}{3}\{n(n+1)(n+2)-0\cdot1\cdot2\}$$
$$= \frac{1}{3}n(n+1)(n+2)$$

⬅ $\cancel{a_2}-a_1$
$\cancel{a_3}-\cancel{a_2}$
$\vdots\quad\vdots$
$\cancel{a_n}-\cancel{a_{n-1}}$
$a_{n+1}-\cancel{a_n}$
$=a_{n+1}-a_1$

これより，本問(3)の①は

$$\sum_{k=1}^{n}(k-1)k = \sum_{k=0}^{n-1} k(k+1)$$
$$= \sum_{k=1}^{n-1} k(k+1) = \frac{(n-1)n(n+1)}{3}$$

⬅ ひとつずらします．$k=0$ のときは0だからカット！

⬅ 解答ではこれを利用しました．

となります．

研 究　本問のように個々の確率が計算しづらく，期待値の定義に従って求めるのが大変な場合は，**期待値は平均値**であることに着目して，$X+Y$ の値をすべて加えて頭数で割ると簡単に解ける問題もあります．$X+Y$ の ${}_n\mathrm{C}_2$ 個の組み合わせの総和は

⬅ 個々の確率が計算しにくいときは，総和を頭数で割ることや，
$E(X+Y)$
$=E(X)+E(Y)$
の利用も考えてみましょう．

$$\begin{array}{l}(1+2)+(1+3)+(1+4)+(1+5)+\cdots+(1+n)\\ \qquad\quad (2+3)+(2+4)+(2+5)+\cdots+(2+n)\\ \qquad\qquad\qquad (3+4)+(3+5)+\cdots+(3+n)\\ \qquad\qquad\qquad\quad \ddots \qquad\qquad\qquad \vdots\\ \qquad\qquad\qquad\qquad\qquad\qquad (n-1)+n\end{array}$$

この中には，$k(1\leqq k\leqq n)$ が $(n-1)$ 個含まれるので，その総和は

⬅ この考え方は重要です．

$$(1+2+\cdots+n)(n-1) = \frac{n(n+1)(n-1)}{2}$$

よって，期待値は $\dfrac{n(n+1)(n-1)}{2\,{}_n\mathrm{C}_2} = n+1$

ちょっと一言　上の総和を考える際，k 行目の和は

$$\{k+(k+1)\}+\{k+(k+2)\}+\cdots+(k+n)$$ ⬅ 等差数列の和．

$$=\frac{(n-k)(3k+n+1)}{2}$$

から，総和は

← k 行目の和を計算してシグマ．

$$\sum_{k=1}^{n-1}\frac{(n-k)(3k+n+1)}{2}$$

$$=\frac{1}{2}\sum_{k=1}^{n-1}\{-3k^2+(2n-1)k+n(n+1)\}$$

$$=\frac{1}{2}\left\{-3\cdot\frac{(n-1)n(2n-1)}{6}+(2n-1)\cdot\frac{(n-1)n}{2}+n(n+1)(n-1)\right\}$$

$$=\frac{n(n-1)}{2}\left\{\frac{-2n+1}{2}+\frac{2n-1}{2}+(n+1)\right\}$$

$$=\frac{n(n+1)(n-1)}{2}$$

とすることもできます．

72　二項定理と期待値

n 人 $(n \geqq 2)$ が全員同時に1回だけジャンケンをする．このとき，次の問いに答えよ．

(1)　m 人 $(1 \leqq m \leqq n-1)$ が勝つ確率を求めよ．

(2)　次の式を証明せよ．

$$ {}_n\mathrm{C}_0 + {}_n\mathrm{C}_1 + \cdots + {}_n\mathrm{C}_n = 2^n $$

$$ {}_n\mathrm{C}_1 + 2{}_n\mathrm{C}_2 + \cdots + n{}_n\mathrm{C}_n = n2^{n-1} $$

(3)　(2)を用いて，勝負がつかない確率を計算せよ．

(4)　(2)を用いて，勝つ人の数の期待値を計算せよ．

(山形大)

精講　(1)　ジャンケンの確率では，「誰が何で勝つか」がポイントでしたね．

(2)　${}_n\mathrm{C}_k$ のシグマでは二項定理を利用します．

$$ (a+b)^n = \sum_{k=0}^{n} {}_n\mathrm{C}_k a^{n-k} b^k $$

において，$a=1$，$b=x$ とすると

$$ (1+x)^n = \sum_{k=0}^{n} {}_n\mathrm{C}_k x^k \quad \cdots (*) $$

←a，b にいろいろな値を代入することによって，いろいろな ${}_n\mathrm{C}_k$ のシグマが求められます．

ちょっと一言 も参照！

$(*)$において，$x=1$ とすると，

$$ 2^n = \sum_{k=0}^{n} {}_n\mathrm{C}_k = {}_n\mathrm{C}_0 + {}_n\mathrm{C}_1 + \cdots + {}_n\mathrm{C}_n \quad \cdots ① $$

また，$(*)$の両辺を x で微分すると

$$ n(1+x)^{n-1} = \sum_{k=0}^{n} k{}_n\mathrm{C}_k x^{k-1} $$

←$\{(x+a)^n\}' = n(x+a)^{n-1}$ を利用しました．正式には数Ⅲで習うことですが覚えておきましょう！

$x=1$ とすると，

$$ n2^{n-1} = \sum_{k=0}^{n} k{}_n\mathrm{C}_k $$

$$ = \sum_{k=1}^{n} k{}_n\mathrm{C}_k = {}_n\mathrm{C}_1 + 2{}_n\mathrm{C}_2 + \cdots + n{}_n\mathrm{C}_n \quad \cdots ② $$

←②の別の証明は **研究** を参照！

①，②ともに重要公式ですのでしっかり押さえておきましょう．

(3)では余事象を利用しましょう．シグマ計算において①を用いて

$$ {}_n\mathrm{C}_1 + {}_n\mathrm{C}_2 + \cdots + {}_n\mathrm{C}_{n-1} = 2^n - {}_n\mathrm{C}_0 - {}_n\mathrm{C}_n $$

として計算します．

←(2)の(1)，(2)が誘導になっていることに気づけるかがポイントです．

(4) 期待値の計算では②を使いましょう．

解 答

(1) n 人の手の出し方は 3^n 通りあり，これらは同様に確からしい．このうち，$m(1 \leqq m \leqq n-1)$ 人が勝つのは，誰が何で勝つかと考えて

$$\frac{{}_n\mathrm{C}_m \cdot 3}{3^n} = \boldsymbol{\frac{{}_n\mathrm{C}_m}{3^{n-1}}}$$

(2) 二項定理より，$(1+x)^n = \sum_{k=0}^{n} {}_n\mathrm{C}_k x^k$ …(＊)

⬅ ①，②は(3)，(4)の誘導になっています．

$x=1$ とすると，$2^n = \sum_{k=0}^{n} {}_n\mathrm{C}_k = {}_n\mathrm{C}_0 + {}_n\mathrm{C}_1 + \cdots + {}_n\mathrm{C}_n$

…①

(＊)の両辺を x で微分すると

$$n(1+x)^{n-1} = \sum_{k=0}^{n} k\,{}_n\mathrm{C}_k x^{k-1}$$

$x=1$ とすると，

$$n2^{n-1} = \sum_{k=0}^{n} k\,{}_n\mathrm{C}_k = {}_n\mathrm{C}_1 + 2\,{}_n\mathrm{C}_2 + \cdots + n\,{}_n\mathrm{C}_n \quad \cdots②$$

(3) 勝負がつく確率は，①を用いると

$$\sum_{m=1}^{n-1} \frac{{}_n\mathrm{C}_m}{3^{n-1}} = \frac{{}_n\mathrm{C}_1 + {}_n\mathrm{C}_2 + \cdots + {}_n\mathrm{C}_{n-1}}{3^{n-1}}$$

$$= \frac{2^n - {}_n\mathrm{C}_0 - {}_n\mathrm{C}_n}{3^{n-1}}$$

$$= \frac{2^n - 2}{3^{n-1}}$$

⬅ 誘導に乗る場合は①の利用ですが，誘導を無視すると，勝負がつくのは手の数が 2 種類のときなので，$\frac{{}_3\mathrm{C}_2(2^n-2)}{3^n}$ と直接求めることもできます．

よって，勝負がつかない確率は

$$\boldsymbol{1 - \frac{2^n - 2}{3^{n-1}}}$$

(4) 勝つ人数の期待値は②を用いると

$$\sum_{m=1}^{n-1} m \cdot \frac{{}_n\mathrm{C}_m}{3^{n-1}} = \frac{1}{3^{n-1}} \sum_{m=1}^{n-1} m\,{}_n\mathrm{C}_m$$

$$= \boldsymbol{\frac{n2^{n-1} - n}{3^{n-1}}}$$

研究　精講の②は，次の公式を利用して求めることもできます．

$\boxed{k\,{}_n\mathrm{C}_k = n\,{}_{n-1}\mathrm{C}_{k-1}\ (1 \leqq k \leqq n)}$ …(☆)

⬅ 変数kを取り除く公式

これは，意味付けで覚えることができます．

実は，左辺と右辺はn人から，リーダー1人と$k-1$人の構成員からなるk人のグループを決める別の方法を表しています．

左辺は，n人からk人選んで，その中からリーダーを一人選ぶ方法で，いわば「民主的」な選び方を表します．

⬅ 左辺は「民主的」

右辺は，n人からリーダーを1人決め，そのリーダーが残りの構成員を決める方法で，いわば「トップダウン」的な選び方を表しています．

⬅ 右辺は「トップダウン」

ちなみに計算で証明すると

⬅ 式をそのまま覚えるのは難しいので，意味付けで覚えましょう！

$$
\begin{aligned}
k\,{}_n\mathrm{C}_k &= k \cdot \frac{n!}{k!(n-k)!} \\
&= n\frac{(n-1)!}{(k-1)!\{(n-1)-(k-1)\}!} \\
&= n\,{}_{n-1}\mathrm{C}_{k-1}
\end{aligned}
$$

となります．

＊　　＊

準備ができたので，

$k\,{}_n\mathrm{C}_k = n\,{}_{n-1}\mathrm{C}_{k-1}\ (1 \leqq k \leqq n)$ …(☆)

を利用して，②を証明してみます．

⬅ この公式を用いると，変数kを追い出すことができるので，${}_{n-1}\mathrm{C}_{k-1}$の和に帰着できるのがポイントとなります．

$$
\begin{aligned}
\sum_{k=1}^{n} k\,{}_n\mathrm{C}_k &= n\sum_{k=1}^{n} {}_{n-1}\mathrm{C}_{k-1} \\
&= n\underbrace{({}_{n-1}\mathrm{C}_0 + {}_{n-1}\mathrm{C}_1 + \cdots + {}_{n-1}\mathrm{C}_{n-1})}_{\text{①より } 2^{n-1}} \\
&= n2^{n-1}
\end{aligned}
$$

この公式が誘導になっている問題もありますので，しっかり押さえておきましょう．

⬅ 特に文系の問題に多いです．

二項定理の使い方の例をあげてみます.

⬅ ${}_n\mathrm{C}_k$ のシグマがきたら，二項定理.

ex.）1回の試行で事象 A の起こる確率が $\dfrac{1}{3}$ である．この試行を n 回行ったときの A が起こる回数の期待値を求めよ.

⬅ 前々問の 研究 の ex.）の別解です.

事象 A が k 回起こる確率は ${}_n\mathrm{C}_k\left(\dfrac{1}{3}\right)^k\left(\dfrac{2}{3}\right)^{n-k}$ より，

A の起こる回数の期待値は

$$\sum_{k=1}^{n} k\,{}_n\mathrm{C}_k\left(\frac{1}{3}\right)^k\left(\frac{2}{3}\right)^{n-k}$$

$$=\sum_{k=1}^{n} n\,{}_{n-1}\mathrm{C}_{k-1}\left(\frac{1}{3}\right)^k\left(\frac{2}{3}\right)^{n-k}$$

$$=\sum_{k=0}^{n-1} n\,{}_{n-1}\mathrm{C}_{k}\left(\frac{1}{3}\right)^{k+1}\left(\frac{2}{3}\right)^{n-(k+1)}$$

$$=\frac{n}{3}\sum_{k=0}^{n-1} {}_{n-1}\mathrm{C}_{k}\left(\frac{1}{3}\right)^{k}\left(\frac{2}{3}\right)^{(n-1)-k}$$

$$=\frac{n}{3}\left(\frac{1}{3}+\frac{2}{3}\right)^{n-1}$$

$$=\frac{n}{3}$$

⬅ $k\,{}_n\mathrm{C}_k=n\,{}_{n-1}\mathrm{C}_{k-1}$ で k を追い出します.

⬅ k を $k+1$ と1つ増やして ${}_{n-1}\mathrm{C}_k$ に.

⬅ $(a+b)^{n-1}=\sum_{k=0}^{n-1}{}_{n-1}\mathrm{C}_k a^k b^{n-1-k}$ でまとめます.

こんな感じで使います.

73 期待値を最大にする戦略

1個のサイコロを最大3回まで投げることとし，最後に出た目の数を得点とするとき，

(1) 3回投げたときの得点の期待値を求めよ．

(2) できるだけ得点を大きくするためには，2回目の目の数がいくつの場合，3回目を投げるべきか，その目の数をすべて求めよ．

(3) できるだけ得点を大きくするためには，1回目の目の数がいくつの場合，2回目を投げるべきか，その目の数をすべて求めよ．

(4) できるだけ得点を大きくするために，2回目以上を投げる場合の期待値を求めよ．

（札幌学院大）

精講 (1) 3回目に出る目は，1回目，2回目に無関係(独立)ですので，3回目に振ったサイコロの目で決まります．よって，サイコロを1回振ったときの期待値ですね．

(2) **あと1回サイコロが振れるとき**，できるだけ得点を大きくするためには，出た目がいくつならサイコロをもう一度振るか？という問題です．これは**期待値を基準**にして考えていきます．(1)より，1回振ったときの期待値は3.5なので，

⬅ 1回振ると平均3.5なので，それより目が小さいか大きいかで判断していきます．

1，2，3が出たらもう一回，4，5，6が出たらやめる…(＊)

という戦略がよいでしょう．

(3) **あと2回まで振れる場合**はどうでしょう？

2回までサイコロが振れるとき，(＊)の戦略でいくと考えると，

⬅ まず，2回まで振れる場合，(2)の戦略で振った場合の期待値を求めます．

得点が1となる確率は，

1回目が1，2，3で2回目が1より，$\dfrac{3}{6}\cdot\dfrac{1}{6}=\dfrac{1}{12}$

得点が2となる確率は，

1回目が1，2，3で2回目が2より，$\dfrac{3}{6}\cdot\dfrac{1}{6}=\dfrac{1}{12}$

得点が3となる確率は，

1回目が1，2，3で2回目が3より，$\dfrac{3}{6}\cdot\dfrac{1}{6}=\dfrac{1}{12}$

得点が4となる確率は，

1回目が1，2，3で2回目が4または1回目が4より

$$\frac{3}{6}\cdot\frac{1}{6}+\frac{1}{6}=\frac{1}{4}$$

得点が5となる確率は，

1回目が1，2，3で2回目が5または1回目が5より

$$\frac{3}{6}\cdot\frac{1}{6}+\frac{1}{6}=\frac{1}{4}$$

得点が6となる確率は，

1回目が1，2，3で2回目が6または1回目が6より

$$\frac{3}{6}\cdot\frac{1}{6}+\frac{1}{6}=\frac{1}{4}$$

以上より，(＊)の戦略での期待値は

$$(1+2+3)\cdot\frac{1}{12}+(4+5+6)\cdot\frac{1}{4}=\frac{17}{4}=4.25 \quad \cdots①$$

となります．したがって，3回までサイコロを振ることが許される場合は4.25を基準にして，

1回目が1，2，3，4ならもう1回，5，6ならやめる …(＊＊)

という戦略でいくことになります．

⬅ 1回目を振ると，あと2回まで振れます．

さて，ここで①の計算式について少し考察してみましょう．

⬅ この考察から，もっと簡単に解く方法がわかります．しっかり意味を理解しましょう！

$\frac{1}{12}=\frac{3}{6}\cdot\frac{1}{6}$，$\frac{1}{4}=\frac{3}{6}\cdot\frac{1}{6}+\frac{1}{6}$ より①の左辺は，

$$(1+2+3)\cdot\frac{3}{6}\cdot\frac{1}{6}+(4+5+6)\left(\frac{3}{6}\cdot\frac{1}{6}+\frac{1}{6}\right)$$

$$=\frac{3}{6}\cdot\underbrace{\frac{1+2+3+4+5+6}{6}}_{\text{1回振ったときの期待値}}+\frac{4+5+6}{6}$$

と変形できます．これは，1，2，3が出たらもう1回振るので，$\frac{3}{6}$ の確率で $\frac{1+2+3+4+5+6}{6}=\frac{7}{2}$ 期待でき，4，5，6が出たときは振らないので，

$(4+5+6)$ が $\frac{1}{6}$ の確率で期待できることを意味します．

1，2，3（もう一度振ると，$\frac{7}{2}$ 期待できる）

4，5，6（やめる）

ということで，1回目に1，2，3が出たら，もう一度振り，4，5，6が出たらやめる場合

$$\frac{3}{6}\cdot\frac{7}{2}+\frac{4+5+6}{6}=\frac{17}{4}=4.25$$

と計算することができます．このように考えると計算の省略ができて簡単ですね．

⬅このイメージをもっと簡単に計算できます．

この方法を用いると，(4)の3回振れる場合は，$\frac{17}{4}$ を基準にして，(＊＊)の戦略でいけばよいので，1回目が，1，2，3，4ならもう一度振るが，あと2回まで振れるので $\frac{17}{4}$ 期待できる．

⬅あと何回振れるかで基準とする期待値を決めていきます．あと1回なら $\frac{7}{2}$，あと2回なら $\frac{17}{4}$ です．

また，5，6が出たらやめるので $(5+6)\cdot\frac{1}{6}$ 期待できる．

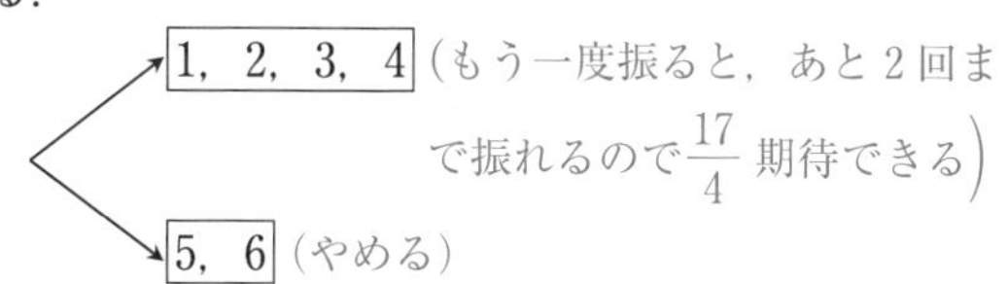

よって，求める期待値は

$$\frac{4}{6}\cdot\frac{17}{4}+\frac{5+6}{6}=\frac{14}{3}$$

となります．

⬅この感覚を押さえよう！

解　答

(1)　3回目に何が出るかは，1，2回目で出た目に関係なく1～6の6通りあり，これらは同様に確からしい．よって，求める期待値は

$$\frac{1+2+3+4+5+6}{6}=\frac{7}{2}=\mathbf{3.5}$$

⬅京都大，東京大，名古屋大などいろいろな大学で出題されています．精講で学んだイメージをもって計算していきましょう！

第4章

⑵　サイコロを 1 回振ると，⑴から 3.5 期待できるので，2 回目に出た目が 3 以下ならもう一度振り，4 以上なら振らないという戦略がよい．よって，3 回目を投げるべき数は **1，2，3**

⑶　サイコロを 2 回まで振れるとき，⑵から，1 回目が 1，2，3 ならもう一度振り，4，5，6 なら振らない戦略がよい．このとき，期待値は

$$\frac{3}{6}\times\frac{7}{2}+\frac{4+5+6}{6}=\frac{17}{4}=4.25$$

よって，1 回目が 1，2，3，4 なら 2 回目を振り，5，6 なら振らない戦略がよい．よって，2 回目を投げるべき数は **1，2，3，4**

⑷　⑴～⑶の考察から，1 回目が 1，2，3，4 なら 2 回目を振り，5，6 なら振らない戦略がよい．このとき期待値は

$$\frac{4}{6}\cdot\frac{17}{4}+\frac{5+6}{6}=\mathbf{\frac{14}{3}}$$

第5章 漸化式の応用

74 漸化式のたて方

n 段の階段を登る方法を a_n 通りとする．1度に1段または2段登る場合，a_{12} を求めよ．

精講 場合の数や確率の問題で漸化式を利用する問題は，近年かなりの大学で出題されます．**第5章**では，漸化式を利用する問題にスポットをあてて演習していきますので，しっかり理解して得点源にしてください．

まずは，状況を把握するために樹形図をかいてみると，どんどん広がっていくので大変そうですが，登り方は，1段または2段登るという至ってシンプルなルールです．このようなときには，漸化式の利用を考えてみましょう！

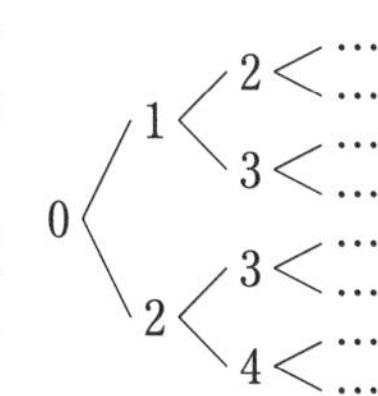

← 場合の数・確率で漸化式を利用する問題では
① 最初の一手で場合分け
② 最後の一手で場合分け
③ 一手前で場合分け
で考えることが基本になります．問題の状況を把握し，最も考え易いもので解きましょう．まずは本問で考え方の本質を学び，75以降で使い方をしっかり学んでください．

[考え方その1] 最初の一手で場合分け

登れるのは1段または2段ですので，
最初に1段登ったとき，残りは $n-1$ 段ですよね．
この登り方は a_{n-1} 通りあります．
最初に2段登ったとき，残りは $n-2$ 段ですよね．
この登り方は a_{n-2} 通りあります．
最初は1段か2段しか登れませんので，これですべてですね．
よって，n 段の登り方 a_n は

$$a_n=a_{n-1}+a_{n-2}$$

となります．結局，2回目以降の樹形図を省略して a_{n-1}，a_{n-2} とおいたということですね．特に，場合の数で漸化式を利用する際には，この考え方のように

← ①の考え方です．
← 漸化式は樹形図の省略です．これは2段目以降の未来の樹形図を省略しています．

あと $n-1$ 段（a_{n-1} 通り）
1段 ① 2 … $n-1$ n

あと $n-2$ 段（a_{n-2} 通り）
2段 1 ② … $n-1$ n

「最初の一手で場合分け」するとよい場合が多いです．

←ものによっては②の最後の一手で場合分けをした方がよい場合もあります．

[考え方その 2]　一手前で場合分け

あなたが今n段目にいる状態を考えてください．１つ時間をさかのぼったとき，あなたはどこから登ってきましたか？

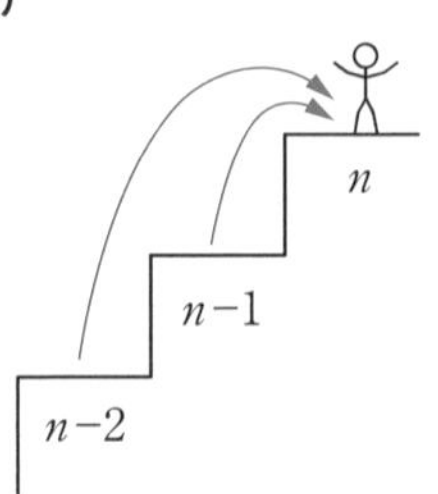

←③の考え方です．

←時間をさかのぼって，１つ手前の状態を考える！どこから１段または２段登ってきたか？

登れるのは１段か２段ですから，もちろん$n-1$段目から１段登るか，$n-2$段目から２段登るかですね．

よって，n段の登り方a_nは，$n-1$段までの登り方がa_{n-1}，$n-2$段までの登り方がa_{n-2}なので，
$a_n=a_{n-1}+a_{n-2}$ となります．

←過去の樹形図を省略しています．

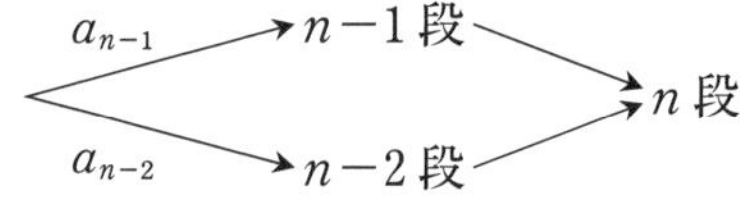

このように，時間をさかのぼって**「一手前の経由点で場合分け」**する方法もあります．特に確率で漸化式を利用する問題に多い考え方です．

←時間をさかのぼる感じが大切！

解　答

n段を登る場合

最初に１段登ったら，残りは$n-1$段あるので，
a_{n-1}通り

最初に２段登ったら，残りは$n-2$段あるので，
a_{n-2}通り

の登り方があるので

←最初の一手の解法でやってみました．この問題はこちらの方が自然ですね．

$$a_n=a_{n-1}+a_{n-2}\ (n\geqq 3)$$

を得る．$a_1=1$，$a_2=2$ より

←フィボナッチの漸化式です．一般項は汚いので，解かずに順に計算しましょう．

$$a_3=a_2+a_1=2+1=3,\ a_4=a_3+a_2=3+2=5$$

同様にして

$$a_5=8,\ a_6=13,\ a_7=21,\ a_8=34,\ a_9=55,$$
$$a_{10}=89,\ a_{11}=144,\ a_{12}=\mathbf{233}$$

75　場合の数と漸化式 (1)

3つの文字 a, b, c を繰り返しを許して，左から順に n 個並べる．ただし，a の次は必ず c であり，b の次も必ず c である．このような規則を満たす列の総数を x_n とする．例えば，$x_1=3$, $x_2=5$ である．

(1)　x_{n+2} を x_{n+1} と x_n で表せ．

(2)　$y_n=x_{n+1}+x_n$ とおく．y_n を求めよ．

(3)　x_n を求めよ．　　(一橋大)

精講　漸化式の場合の数への応用についての練習問題です．漸化式はどのような場合に利用することができるのか，そして，どのように用いたらよいのか，イメージをつかんでください．

問題のルールに従って左から順に並べてみると，下の樹形図のようになります．

←a, b, c から始まる樹形図の中に，a, b, c から始まる小さい全く同じ形の樹形図が入っている！樹形図をかいていくと見えてきますね．

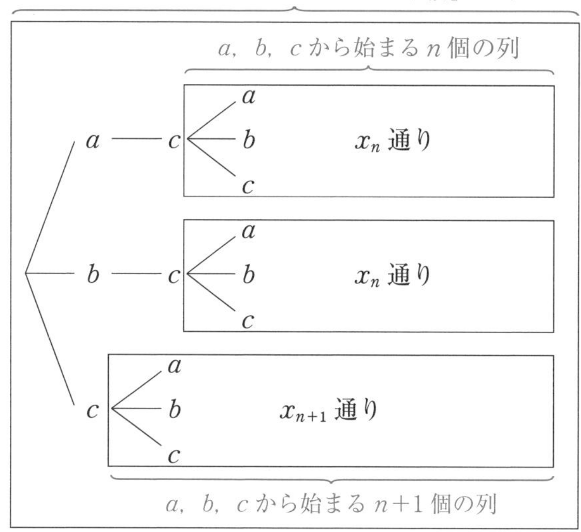

a, b, c から始まり問題のルールに従って文字を $n+2$ 個並べる方法は x_{n+2} 通りあります．この内訳は，

① 最初が a または b のとき，次は c でその後は a, b, c から始まり，同じルールで n 個並ぶの

で，それぞれ x_n 通り．

② 最初が c のとき，その後は a，b，c から始まり，同じルールで $n+1$ 個並ぶので x_{n+1} 通り．

これらを加えたものが，x_{n+2} となるので，

$$x_{n+2}=x_{n+1}+2x_n$$

が成り立ちます．このように樹形図をかいていくと，

a，b，c から始まる個数だけが異なる入れ子

が見えてきます．この入れ子の部分を x_n とおいて樹形図を省略して表したものが漸化式です．

⬅ 入れ子はかっこ良くいうと「自己同形」．

場合の数で漸化式を利用する場合は

最初の一手で場合分け！

するとよいことが多いです．いわば，**「未来の樹形図の省略」**です．

ロシアの木製の人形マトリョーシカは知っていますか．胴体の部分で上下に分割でき，中には少し小さい人形が入っており，これが何回か繰り返され，人形の中からまた人形が出てくる入れ子構造になっています．こんなイメージがあると上の構造がわかりやすいかもしれませんね．

解 答

(1) 題意を満たす $n+2$ 個の文字列において，

1 番左が a，b のときは，次が c，その後は a，b，c から始まる n 個の列となるから，それぞれ x_n 通り，1 番左が c のときは，その後は a，b，c から始まる $n+1$ 個の列となるから，x_{n+1} 通りある．したがって，求める漸化式は

$$\boldsymbol{x_{n+2}=x_{n+1}+2x_n} \ (n\geqq 1) \ \cdots\cdots \ ①$$

(2) $y_n=x_{n+1}+x_n$ $(n\geqq 1)$ とおくと

$x_{n+2}=x_{n+1}+2x_n$ より

$x_{n+2}+x_{n+1}=2(x_{n+1}+x_n)$ $\quad\therefore\quad y_{n+1}=2y_n$

⬅ y_n は公比 2 の等比数列．

$x_1=3$，$x_2=5$ より，$y_1=x_1+x_2=8$

$\therefore\quad y_n=y_1\cdot 2^{n-1}=8\cdot 2^{n-1}=\boldsymbol{2^{n+2}}$

(3)　(2)より　$y_n=x_{n+1}+x_n=2^{n+2}$ ……②

①より　$x_{n+2}-2x_{n+1}=-(x_{n+1}-2x_n)$

$\therefore x_{n+1}-2x_n=(x_2-2x_1)\cdot(-1)^{n-1}=(-1)^n$ ……③

②−③ より　$3x_n=2^{n+2}-(-1)^n$

$$\therefore \quad x_n=\frac{2^{n+2}-(-1)^n}{3}$$

⬅ 3項間漸化式の解き方は研究参照.

研究　《3項間漸化式の解法》

一般に，3項間漸化式

$a_{n+2}=pa_{n+1}+qa_n$ ……(＊)

は，$a_{n+2}-\alpha a_{n+1}=\beta(a_{n+1}-\alpha a_n)$……☆　の形に変形するのが基本になります.

☆を展開すると

$a_{n+2}=(\alpha+\beta)a_{n+1}-\alpha\beta a_n$

これと(＊)の係数を比較して，

$\alpha+\beta=p$，$\alpha\beta=-q$

となるので，α，β は

$t^2-(\alpha+\beta)t+\alpha\beta=0$ すなわち $t^2-pt-q=0$

の2解となります．これは，(＊)において，$a_{n+2}=t^2$，$a_{n+1}=t$，$a_n=1$ とおいたものです.

解答では，$x_{n+2}=x_{n+1}+2x_n$ において，$x_{n+2}=t^2$，$x_{n+1}=t$，$x_n=1$ として

$t^2-t-2=0 \quad \therefore \quad (t-2)(t+1)=0 \quad \therefore \quad t=2,\ -1$

よって，$(\alpha,\ \beta)=(2,\ -1)$，$(-1,\ 2)$ として

$$x_{n+2}-\alpha x_{n+1}=\beta(x_{n+1}-\alpha x_n)$$

$$\iff \begin{cases} x_{n+2}-2x_{n+1}=-(x_{n+1}-2x_n) \\ x_{n+2}+x_{n+1}=2(x_{n+1}+x_n) \end{cases}$$

の2つを解いて連立しています.

場合の数の漸化式では，3項間漸化式になることはよくありますので，解き方をしっかり練習しておきましょう.

第5章

76 場合の数と漸化式 (2)

数字 1, 2, 3 を n 個並べてできる n 桁の数全体を考える．そのうち，1 が奇数回現れる個数を a_n，1 が偶数回または，まったく現れないものの個数を b_n とする．以下の問いに答えよ．

(1) a_{n+1}，b_{n+1} を a_n，b_n を用いて表せ．

(2) a_n，b_n を求めよ． (早稲田大)

精講 場合の数・確率で漸化式を利用する際の基本的な考え方は主に次の 3 つです．

- ① **最初の一手で場合を分ける**
- ② **最後の一手で場合を分ける**
- ③ **一手前の経由点で場合を分ける**

場合の数の問題では①，確率の問題では③で考えるとやり易い問題が多いですが，状況によって考えやすい方を選択する必要があります．(1)の 1，2，3 を重複を許して並べてできる $n+1$ 桁の数全体のうち，1 が奇数個現れる個数 a_{n+1} を a_n，b_n で表す方法を例にとって考えてみましょう．

← この問題を解くだけなら①でいいですが，考え方に慣れてもらうためにいろいろやってみますね．

① **最初の一手で場合を分ける**

1 → 1 が偶数個 b_n 通り
2 → 1 が奇数個 a_n 通り
3 → 1 が奇数個 a_n 通り

左端が 1 のときは，残り n 個のうち 1 は偶数個で b_n 通り，左端が 2 または 3 のとき，残り n 個のうち 1 の個数は奇数個で a_n 通りあるので $a_{n+1}=2a_n+b_n$ となる．

← 未来の樹形図の省略！場合の数の漸化式では，このタイプが一番多い！

② **最後の一手で場合を分ける**

1 が偶数個 b_n 通り ← 1
1 が奇数個 a_n 通り ← 2
1 が奇数個 a_n 通り ← 3

右端が 1 のときは，残り n 個のうち 1 は偶数個で b_n 通り，右端が 2 または 3 のとき，残り n 個のうち 1 の個数は奇数個で a_n 通りあるので $a_{n+1}=2a_n+b_n$ となる．

← 最後の $n+1$ 番目を決めて，その前がどうなればよいか考える．今回は制限がないので，どこから決めようが関係なく，①と②は同じことですね．研究参照！

③　**一手前で場合を分ける**

1が偶数個 b_n 通り	── 1
1が奇数個 a_n 通り	〈 2, 3

n 個並べたとき，1が偶数個なら $n+1$ 個目は1，1が奇数個なら $n+1$ 個目は2または3であるので $a_{n+1}=2a_n+b_n$ となる．

← 一手前の n 番目までの状態で場合分けして，次がどうなればよいか考える．確率漸化式に多いタイプです．

このようにいろいろな考え方ができるので，状況によって使い分けましょう．最も考えやすいもので考えるのがポイントです．以下，**解答**は，「最初の一手で場合分け」しましたが，各自，他のやり方でもトライしてみてください．勉強になりますよ．

解　答

(1)　$n+1$ 個の数字を並べて1が奇数回現れるのは，最初が1のとき，残り n 個の数字の中で1が偶数個，最初が2または3のとき，残り n 個の数字の中で1が奇数個現れるときで

← 最初の一手で分けました．

1 ⟶ n 個のうち，1が偶数個（b_n 通り）
2 ⟶ n 個のうち，1が奇数個（a_n 通り）
3 ⟶ n 個のうち，1が奇数個（a_n 通り）
} a_{n+1}

∴　$\boldsymbol{a_{n+1}=2a_n+b_n}$

同様にして，$n+1$ 個の数字を並べて1が偶数個となるのは

1 ⟶ n 個のうち，1が奇数個（a_n 通り）
2 ⟶ n 個のうち，1が偶数個（b_n 通り）
3 ⟶ n 個のうち，1が偶数個（b_n 通り）
} b_{n+1}

∴　$\boldsymbol{b_{n+1}=a_n+2b_n}$

(2)　$a_{n+1}=2a_n+b_n$ …①　　$b_{n+1}=a_n+2b_n$ …②

①＋② より，$a_{n+1}+b_{n+1}=3(a_n+b_n)$

∴ $a_n+b_n=(a_1+b_1)\cdot 3^{n-1}=3^n$ …③（∵$a_1=1$，$b_1=2$）

①－② より，$a_{n+1}-b_{n+1}=a_n-b_n$

∴　$a_n-b_n=a_1-b_1=-1$ …④

したがって，③，④より

$$\boldsymbol{a_n=\frac{3^n-1}{2},\quad b_n=\frac{3^n+1}{2}}$$

対称形の連立漸化式
$a_{n+1}=pa_n+qb_n$…①
← $b_{n+1}=qa_n+pb_n$…②
は ①＋② より
$a_{n+1}+b_{n+1}=(p+q)(a_n+b_n)$
①－② より
$a_{n+1}-b_{n+1}=(p-q)(a_n-b_n)$
を考えて，
$\{a_n+b_n\}$，$\{a_n-b_n\}$
を考えるのが基本です．

← 実は，1，2，3を重複を許して n 個並べる方法は 3^n 通りあり，$a_n+b_n=3^n$ は当たり前！

第5章

研究　《①と②は同じでは？》

問題の数字を 0，1，2 に変えたらどうなるでしょう．

精講と同じように，1 が奇数個現れる個数 a_{n+1} を，a_n と b_n で表す方法を考えてみましょう．

(最初の一手で場合分け)：$n+1$ 桁が 1 か 2 かで場合分けすると，

$$a_{n+1}\begin{cases} 1 \longrightarrow \boxed{n\text{ 桁で 1 が偶数個}(b_n\text{ 通り})} \\ 2 \longrightarrow \boxed{n\text{ 桁で 1 が奇数個}(a_n\text{ 通り})} \end{cases}$$

とおくことはできません．$\boxed{n\text{ 桁}}$ の a_n，b_n 通りの中には，0 から始まるものが含まれないのですべての場合がカウントできていませんね．

(最後の一手で場合分け)：1 の位で場合分けすると，

$$a_{n+1}\begin{cases} \boxed{n\text{ 桁で 1 が奇数個}(a_n\text{ 通り})} \longleftarrow 0 \\ \boxed{n\text{ 桁で 1 が偶数個}(b_n\text{ 通り})} \longleftarrow 1 \\ \boxed{n\text{ 桁で 1 が奇数個}(a_n\text{ 通り})} \longleftarrow 2 \end{cases} \qquad \therefore\quad a_{n+1}=2a_n+b_n$$

となり，めでたく作成できました．

最高位の数字は **0 になってはいけない**という制限があるので，1 の位から決めるのが有効ですね．面倒なところを a_n，b_n の中に入れちゃいましょう！

77　確率漸化式 (1)

A 君は日記をなるべくつけるようにした．日記をつけた翌日は確率 $\frac{2}{3}$ で日記をつけ，日記をつけなかった翌日は確率 $\frac{5}{6}$ で日記をつけているという．初日に日記をつけたとして，第 n 日目に日記をつける確率を p_n とする．このとき，次の問いに答えよ．

(1)　p_n と p_{n+1} の関係を求めよ．

(2)　p_n を求めよ．

精講　確率漸化式の問題では

「一手前で場合分け！」

する問題が多く見られます．それは，問題に与えられている p_n の意味を考えればわかります．

p_n は n 日目に日記をつける確率ですから，**「初期状態から n 日目に日記をつけるところまでの樹形図をすべて省略したもの」**と考えることができます．

⇐ 0日目から n 日目までの矢印の確率が p_n です．下図の矢印の部分の樹形図を省略しています．

0日目 ―― p_n ―→ n 日目に日記をつける

⇐ p_n とおくことにより，n 日目までの樹形図(過去の樹形図)が省略できる！推移図をかくとわかり易いですね．

$n+1$ 日目から，1日さかのぼって，n 日目の経由点を考えると
(次の推移図では，○：日記をつける，×：日記をつけない)

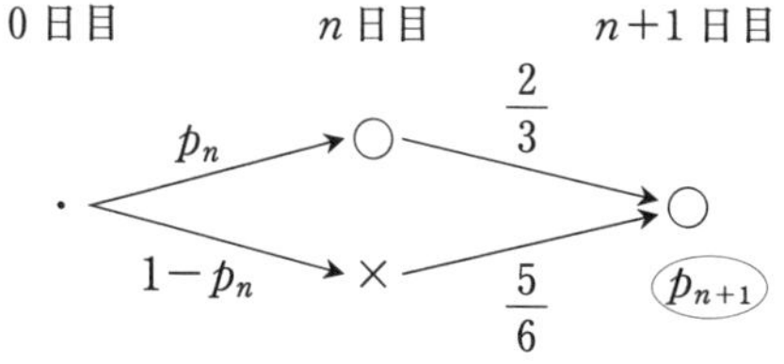

のような推移図がかけます．

n 日目は，日記をつけるか，つけないかの2つの場合しかなく，n 日目に日記をつける確率は p_n なので，日記をつけない確率は $1-p_n$ (全確率$=1$ より) と

⇐ n 日目の経由点は2つで，これらの場合は排反である．

なります．よって，

$$\begin{cases} n\text{ 日目に日記をつけたときは，}n+1\text{ 日目は確率 }\dfrac{2}{3}, \\ n\text{ 日目に日記をつけなかったときは，}n+1\text{ 日目は確率 }\dfrac{5}{6} \end{cases}$$

で日記をつけることになりますね．

したがって，推移図から

$$p_{n+1}=p_n\times\frac{2}{3}+(1-p_n)\times\frac{5}{6}$$
$$=-\frac{1}{6}p_n+\frac{5}{6}$$

となるのがわかります．

⬅ 推移図を見て確認しましょう！

解　答

(1)　$n+1$ 日目に日記をつけるのは，n 日目に日記をつけて，確率 $\frac{2}{3}$ で日記をつけるか，n 日目に日記をつけないで，確率 $\frac{5}{6}$ で日記をつけるかのいずれかであるから

$$p_{n+1}=p_n\cdot\frac{2}{3}+(1-p_n)\cdot\frac{5}{6}$$

$$\therefore\quad \boldsymbol{p_{n+1}=-\frac{1}{6}p_n+\frac{5}{6}}$$

(2)
$$p_{n+1}=-\frac{1}{6}p_n+\frac{5}{6},\quad p_1=1$$

$$\therefore\quad p_{n+1}-\frac{5}{7}=-\frac{1}{6}\left(p_n-\frac{5}{7}\right)$$

$$\therefore\quad p_n-\frac{5}{7}=\left(p_1-\frac{5}{7}\right)\left(-\frac{1}{6}\right)^{n-1}=\frac{2}{7}\left(-\frac{1}{6}\right)^{n-1}$$

$$\therefore\quad p_n=\boldsymbol{\frac{5}{7}+\frac{2}{7}\left(-\frac{1}{6}\right)^{n-1}}$$

⬅ 初日は日記をつけるので $p_1=1$

⬅ 数列 $\left\{p_n-\frac{5}{7}\right\}$ は，初項 $p_1-\frac{5}{7}=\frac{2}{7}$，公比 $-\frac{1}{6}$ の等比数列．

研究　《$a_{n+1}=pa_n+q$ の漸化式》

$p_{n+1}=-\frac{1}{6}p_n+\frac{5}{6}$ … ① において，$p_{n+1}=p_n=\alpha$(定数) とおくと

$\alpha=-\frac{1}{6}\alpha+\frac{5}{6}$ … ②

①－②より　$p_{n+1}-\alpha=-\dfrac{1}{6}(p_n-\alpha)$ … ③

また，②より　$\alpha=\dfrac{5}{7}$　となるので，③に代入すると

$$p_{n+1}-\frac{5}{7}=-\frac{1}{6}\left(p_n-\frac{5}{7}\right) \quad \cdots ④$$

となり，数列 $\left\{p_n-\dfrac{5}{7}\right\}$ がかたまりで等比数列になるように変形できます．

以前生徒に「αの意味知ってる？」って聞いたら，「αとおくのは，神のお告げだ！って先生が言ってた」(笑)といってました．こうやって覚えるのもインパクトがあっていいかもしれませんが….

$p_{n+1}=p_n=\alpha$　とおくのが気持ち悪いという生徒がいるのですが，そういう人は，$p_n=\dfrac{5}{7}$　を①に代入してみてください．

$$p_{n+1}=-\frac{1}{6}p_n+\frac{5}{6}=-\frac{1}{6}\cdot\frac{5}{7}+\frac{5}{6}=\frac{5}{7}$$

p_{n+1} も $\dfrac{5}{7}$ になりますね．つまり，$p_{n+1}=p_n=\alpha$　を満たす α は①を満たす定数列$\left(\text{ずーっと }\dfrac{5}{7}\right)$なのです．もう気持ち悪くありませんね．

$a_{n+1}=pa_n+q$　のタイプの漸化式では，これを満たす特殊数列 b_n(今回は定数列で　$b_n=\alpha$)をみつけて

$a_{n+1}=pa_n+q$，$b_{n+1}=pb_n+q$　(今回は　$b_n=\alpha$)

辺々差をとれば，必ず，$a_{n+1}-b_{n+1}=p(a_n-b_n)$　のように変形できるというのが本質です．特殊数列はみつかれば何でもいいんです．上のタイプでは q が定数なので定数列をみつけるのが普通です．

$a_1=1$，$a_{n+1}=2a_n+n$　のように後ろに n の１次式がくる場合はどうします？この漸化式を満たす特殊数列は n の１次式ならみつけ易そうですね．

そこで特殊数列を　$b_n=\alpha n+\beta$　とおき，$b_{n+1}=2b_n+n$　に代入すると

$\alpha(n+1)+\beta=2(\alpha n+\beta)+n$　　$\therefore$　$\alpha n+\alpha+\beta=(2\alpha+1)n+2\beta$

n の係数と定数項を比較して，$\alpha=2\alpha+1$，$\alpha+\beta=2\beta$　$\therefore$　$\alpha=-1$，$\beta=-1$

よって，特殊数列の１つは　$b_n=-n-1$　とわかります．

$a_{n+1}=2a_n+n$，$b_{n+1}=2b_n+n$

の辺々を引いて　$a_{n+1}-b_{n+1}=2(a_n-b_n)$

数列 $\{a_n-b_n\}$ は初項　$a_1-b_1=1-(-2)=3$，公比２の等比数列なので

$a_n-b_n=3\cdot2^{n-1}$　$\therefore$　$a_n=3\cdot2^{n-1}+b_n=3\cdot2^{n-1}-n-1$　となります．

センター試験の'08には，後ろが２次式のタイプが出ています．

78 確率漸化式 (2)

四辺形 ABCD と頂点Oからなる四角錐を考える．5 点 A，B，C，D，O の中の 2 点は，ある辺の両端にあるとき，互いに隣接点であるという．今，O から出発し，その隣接点の中から 1 点を等確率で選んでその点を X_1 とする．次に X_1 の隣接点の中から 1 点を等確率で選びその点を X_2 とする．このようにして順次 X_1，X_2，X_3，…，X_n を定めるとき，X_n がOに一致する確率を p_n とする．

(1) p_n と p_{n+1} の関係式を導け．

(2) p_n を求めよ．　　　　（東京工業大・改）

精講　n 回後，X_n はO，A，B，C，D のいずれかです．p_n は初期の状態から n 回目に X_n がOになる確率ですから，前問同様，一手前，すなわち n 回後の経由点で場合分けすると右の場合が考えられるので，X_n が A となる確率を a_n，B となる確率を b_n，C となる確率を c_n，D となる確率を d_n とおくと，$n+1$ 回目で A→O，B→O，C→O，D→O となる確率はそれぞれ $\dfrac{1}{3}$，O→O は 0 ですから，推移図より

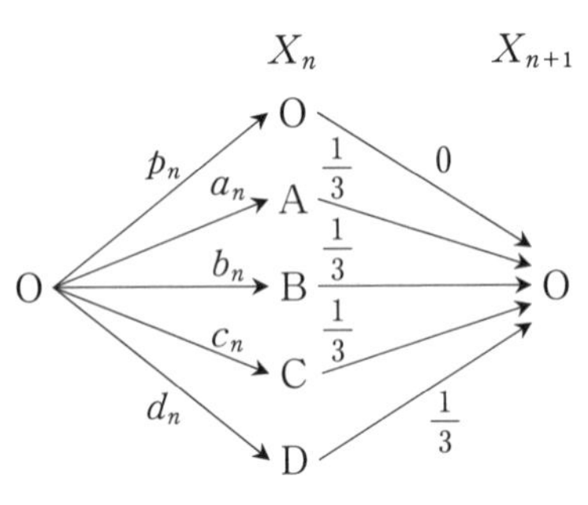

⬅ 一手前の X_n は O，A，B，C，D のいずれかで，これらの事象は排反です．とりあえず，X_n が A，B，C，D にある確率をそれぞれ a_n，b_n，c_n，d_n とおいて考えましょう．

⬅ OからOには行けない．

$$p_{n+1}=\frac{1}{3}a_n+\frac{1}{3}b_n+\frac{1}{3}c_n+\frac{1}{3}d_n$$

$$=\frac{1}{3}(a_n+b_n+c_n+d_n)\ \cdots\cdots\ (*)$$

となります．ここで大切なのは，n 回目は O，A，B，C，D のいずれかにいますから

$$\boldsymbol{a_n+b_n+c_n+d_n+p_n=1}\ \textbf{（全確率=1）}$$

⬅ 全確率=1 は重要！

が成り立つことです．これより，

$$a_n+b_n+c_n+d_n=1-p_n$$

⬅ この式を利用して p_n の関係式を作る．

これを(＊)に代入して　$p_{n+1}=\frac{1}{3}(1-p_n)$ を得ます.

実は，A，B，C，D は対等なので，n 回目に，A，B，C，D のどこにいようが $\frac{1}{3}$ の確率でOにいきますね．これに気づくと

⬅ A，B，C，D は対等であることがポイント！もちろん，n 回目にO以外にいる確率は，余事象を考え $1-p_n$ です.

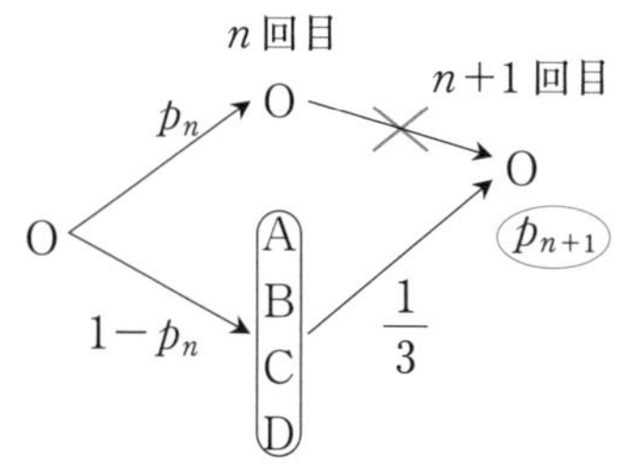

より，$p_{n+1}=0\times p_n+\frac{1}{3}(1-p_n)=\frac{1}{3}(1-p_n)$

のように，最初からまとめることができます．このように，その他の場合をまとめられる場合は多いので，問題の状況をしっかり把握して，上手に漸化式を立てましょう.

⬅ まとめられない場合は，連立漸化式になります.

解　答

(1)　n 回目にOに行く確率は p_n であり，A，B，C，D は対等なので，推移図より，$n+1$ 回目にOに行くのは，n 回目にO以外にいて，$\frac{1}{3}$ で行く場合で

$$\boldsymbol{p_{n+1}=\frac{1}{3}(1-p_n)}$$

⬅ 推移図をかいて，しっかり状況を把握しよう！

(2)　$p_1=0$ と(1)から，

$$p_{n+1}=\frac{1}{3}(1-p_n) \qquad \therefore \quad p_{n+1}=-\frac{1}{3}p_n+\frac{1}{3}$$

$$\therefore \quad p_{n+1}-\frac{1}{4}=-\frac{1}{3}\left(p_n-\frac{1}{4}\right)$$

$$\therefore \quad p_n-\frac{1}{4}=\left(p_1-\frac{1}{4}\right)\left(-\frac{1}{3}\right)^{n-1}=-\frac{1}{4}\left(-\frac{1}{3}\right)^{n-1}$$

$$\therefore \quad p_n=\boldsymbol{\frac{1}{4}\left\{1-\left(-\frac{1}{3}\right)^{n-1}\right\}}$$

79 確率漸化式 (3)

A，B，Cの3人がそれぞれ1枚ずつ札をもっている．最初，Bが赤札，他の2人は白札をもっている．赤札をもっている人がコインを投げて，表が出ればAとBのもっている札を交換する．裏が出ればBとCのもっている札を交換する．これを n 回繰り返したとき，最後にA，B，Cが赤札をもっている確率をそれぞれ p_n，q_n，r_n とする．次の問いに答えよ．

(1) $n=1$，2 のとき，p_n，q_n，r_n を求めよ．

(2) p_n，q_n，r_n を n を用いて表せ．

（お茶の水女子大）

精講 n 回交換をした後，赤札はA，B，Cのいずれかにあり，交換のルールも n によらず変わりません．このような場合は，漸化式をたてることが有効です．一般化して，推移を n でとらえましょう．

⬅ 難関大ではノーヒントで漸化式をたてる問題も出題されます．最終的に「ノーヒントでも漸化式を利用できる」が目標です．

n 回後に赤札をもっているのは，A，B，Cのいずれかですので，赤札の推移図をかいてみると，以下のようになります．

⬅ 一手前で場合分けです．p_n，q_n，r_n は過去の樹形図の省略ですね．

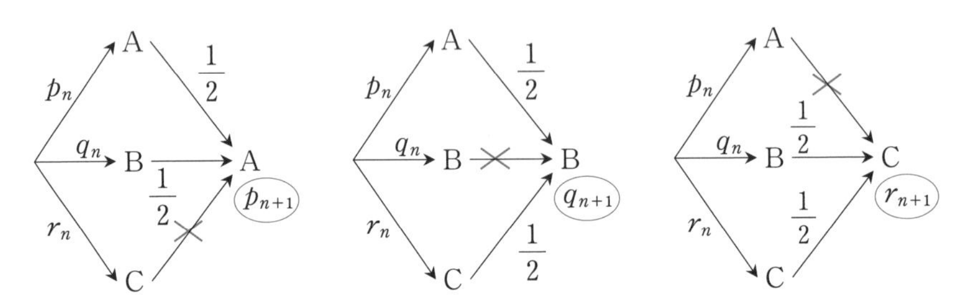

$n+1$ 回後に赤札がAにあるのは，n 回後にAが赤札をもっていて，$n+1$ 回目にB，Cが交換される場合と，n 回後にBが赤札をもっていて，$n+1$ 回目にAとBが交換される場合に限ります．したがって，

$$p_{n+1}=\frac{1}{2}p_n+\frac{1}{2}q_n \quad \cdots\cdots \text{①}$$

同様に，推移図を利用すると

$n+1$ 回後にBが赤札をもっているのは

$$q_{n+1}=\frac{1}{2}p_n+\frac{1}{2}r_n \quad \cdots\cdots ②$$

$n+1$ 回後にCが赤札をもっているのは

$$r_{n+1}=\frac{1}{2}q_n+\frac{1}{2}r_n \quad \cdots\cdots ③$$

となりますね．あとは連立漸化式を解くことになるのですが，ここで1つ重要なことがあります．それは，n 回後に赤札をもっているのは，A，B，Cのいずれかなので

$p_n+q_n+r_n=1$（全確率＝1）

が成り立つことです．これを利用すれば

← また来た！《全確率》＝1 は重要です！

① $p_{n+1}=\frac{1}{2}(p_n+q_n)=\frac{1}{2}(1-r_n)$

② $q_{n+1}=\frac{1}{2}(p_n+r_n)=\frac{1}{2}(1-q_n)$

③ $r_{n+1}=\frac{1}{2}(q_n+r_n)=\frac{1}{2}(1-p_n)$

となります．

気づいたと思いますが，$p_1=r_1=\frac{1}{2}$（初項が同じ）で，①，③の漸化式から $p_2=r_2$，$p_3=r_3$，…，すなわち，$p_n=r_n$ であることがわかります．右図を見てもわかるように，AとCは対等です．これに最初に気づいていれば，次のように解くことができます．

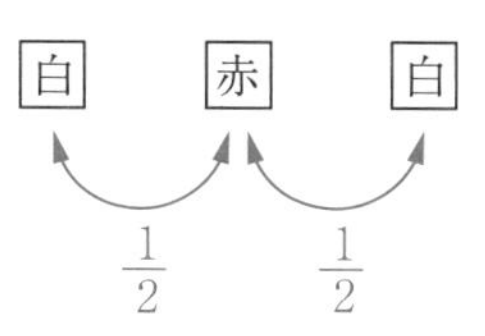

← AとCは対等なことに注意！ただし，確率が異なる場合は対等性は崩れてしまうので注意しましょう．

まず，Bに着目して q_n の漸化式を作り q_n を求めます．

$$p_n+q_n+r_n=1 \text{ かつ } p_n=r_n$$

ですから，p_n と r_n は $1-q_n$ の半分，すなわち

← 1から q_n を引いた残りを半分こ！

$$p_n=r_n=\frac{1-q_n}{2}$$

となります，前問でもいいましたが，対等性を用いてうまく考えられることは多いので，状況をしっかり把握できるようにしましょう！**解答**では，こちらの方法でシンプルにかいてみます．

解　答

(1)　$p_1 = \mathbf{\frac{1}{2}}$，$q_1 = \mathbf{0}$，$r_1 = \mathbf{\frac{1}{2}}$

$q_2 = \frac{1}{2}p_1 + \frac{1}{2}r_1 = \mathbf{\frac{1}{2}}$

p_n，r_n は対等であるから

$p_2 = r_2 = \frac{1-q_2}{2} = \mathbf{\frac{1}{4}}$

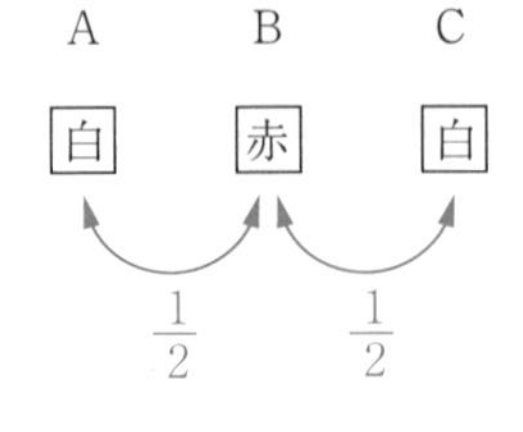

⬅ **解答**では，p_n，r_n が対等であることを用いました．

(2)　$n+1$ 回目にBが赤札をもつのは，n 回目にAが赤札をもっていて $n+1$ 回目にBが赤札をもらうか，n 回目にCが赤札をもっていて $n+1$ 回目にBが赤札をもらうかのいずれかであるので

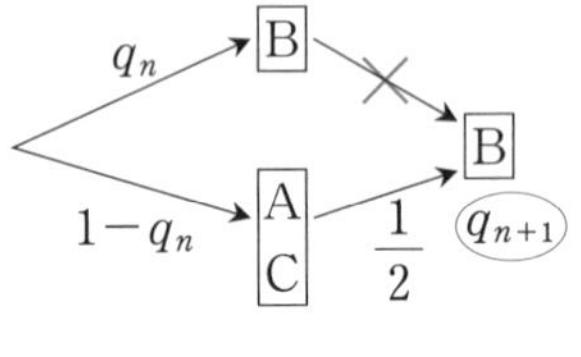

⬅ 特別なBに着目できれば，話は簡単になる．

$$q_{n+1} = \frac{1}{2}(1-q_n)$$

⬅ $a_{n+1} = pa_n + q$ のタイプの漸化式

$\alpha = \frac{1}{2}(1-\alpha)$ より

$\alpha = \frac{1}{3}$

$q_1 = 0$，$q_{n+1} - \frac{1}{3} = -\frac{1}{2}\left(q_n - \frac{1}{3}\right)$ より

$$q_n - \frac{1}{3} = \left(q_1 - \frac{1}{3}\right)\cdot\left(-\frac{1}{2}\right)^{n-1} = -\frac{1}{3}\left(-\frac{1}{2}\right)^{n-1}$$

$$\therefore\quad \boldsymbol{q_n = \frac{1}{3}\left\{1 - \left(-\frac{1}{2}\right)^{n-1}\right\}}$$

また，$p_n + q_n + r_n = 1$ と p_n，r_n の対等性から

$$\boldsymbol{p_n = r_n} = \frac{1}{2}(1-q_n) = \boldsymbol{\frac{1}{3}\left\{1 - \left(-\frac{1}{2}\right)^{n}\right\}}$$

確率漸化式もこれで3題目です．だんだん慣れてきましたか？考え方のコツが掴めれば得点源にできるので，練習を重ねてしっかりものにしてください．

80　破産の確率

太郎君は2円，花子さんは3円持っている．いま，次のようなゲームをする．じゃんけんをし，太郎君が勝ったならば花子さんから1円をもらえ，太郎君が負けたならば花子さんに1円を支払う．ただし，太郎君がじゃんけんに勝つ確率は $\frac{2}{5}$ $\left(負ける確率は \frac{3}{5}\right)$ であり，どちらかの所持金が0になったとき，その者が敗者となりゲームは終わる．

A_n を太郎君の所持金が n 円となったときからスタートし，花子さんの所持金が0になる確率とする．

$A_0=0$，$A_5=$ ア である．このとき，

$$A_n=\frac{イ}{ウ}A_{n+1}+\frac{エ}{オ}A_{n-1},\quad 1\leqq n\leqq 4$$

が成立する．よって，

$$A_{n+1}-A_n=\frac{カ}{キ}(A_n-A_{n-1})$$

である．このことから $A_5=\frac{ク}{ケ}A_1$ および $A_2=\frac{コ}{サ}A_1$ が得られる．よってこのゲームで太郎君が勝つ確率は $\frac{シ}{ス}$ である．　（慶應義塾大）

精講　77，78，79の問題で扱った確率漸化式の問題は，n 回目に～となる確率を p_n などとおいて，一手前で場合分けするとよい問題を扱いました．p_n は n 回までの過去の樹形図の省略でした．

スタート •——p_n——→ n 回目

⇐ n 回目を現在地として過去の樹形図の省略．

ところがこの問題での n は，今までとは意味が違っています．太郎君が n 円持ってる状態から，勝負をして花子さんが破産する確率を A_n とおいているので，A_n は**未来の樹形図**の省略になっています．

⇐ n は今の状態を表し，その状態から未来への確率が A_n なので，A_n は未来の樹形図の省略！矢印が未来へ向かうイメージわきますか？

太郎 n 円 •——A_n——→ 花子0円

このようなタイプの確率漸化式の問題では，

「最初の一手で場合分け」

します．

⬅ どちらかの所持金が0になる確率は，**破産の確率**といわれる．

解　答

$A_0=0$，$A_5=$ ア**1** である．（太郎が5円のときはすでに勝者！）

太郎君がn円持っている状態からスタートし，勝者となるのは，太郎君が勝って$n+1$円の状態から勝者になるか，太郎君が負けて$n-1$円の状態から勝者になるかのいずれかであるから，

⬅ なんでもかんでも一手前で場合分けする人が多いが，状況によって考え方を変えよう！本問のnは回数ではなく，状態！
n円の状態から勝つ確率がA_nなので，最初の1手で場合を分けましょう．
破産タイプは「最初の一手で場合分け！」です！

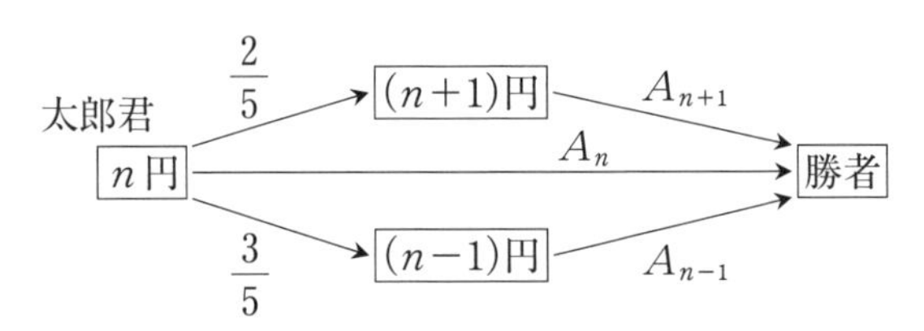

上の推移図より

$$A_n=\frac{{}^{イ}\mathbf{2}}{{}_{ウ}\mathbf{5}}A_{n+1}+\frac{{}^{エ}\mathbf{3}}{{}_{オ}\mathbf{5}}A_{n-1}\quad(1\leqq n\leqq 4)\ \cdots\ (*)$$

⬅ A_0〜A_5なのでnの範囲は$1\leqq n\leqq 4$

より，

$$\begin{cases} A_{n+1}-A_n=\frac{{}^{カ}\mathbf{3}}{{}_{キ}\mathbf{2}}(A_n-A_{n-1}) & \cdots ① \\ A_{n+1}-\frac{3}{2}A_n=A_n-\frac{3}{2}A_{n-1} & \cdots ② \end{cases}$$

$A_0=0$ とから

$$\begin{cases} A_5-A_4=\left(\frac{3}{2}\right)^4(A_1-A_0)=\frac{81}{16}A_1 & \cdots ③ \\ A_5-\frac{3}{2}A_4=A_1-\frac{3}{2}A_0=A_1 & \cdots ④ \end{cases}$$

⬅ 通常，3項間漸化式はA_0とA_1などの最初の2項を利用しますが，今回はA_0とA_5を利用します．とりあえず，A_5をA_1とA_0で表して，A_0，A_5を代入してA_1を求めます．初期条件の2つが離れていても求められます．

③，④からA_4を消去して，$A_5=\frac{{}^{ク}\mathbf{211}}{{}_{ケ}\mathbf{16}}A_1$

ここで，$A_5=1$ より $A_1=\frac{16}{211}$

したがって，$(*)$で $n=1$ とすると，$A_0=0$ から

太郎君が勝つ確率は　$A_2=\frac{{}^{コ}\mathbf{5}}{{}_{サ}\mathbf{2}}A_1=\frac{{}^{シ}\mathbf{40}}{{}_{ス}\mathbf{211}}$

81　漸化式の応用（最初の一手で場合分け）

1枚の硬貨を何回も投げ，表が2回続けて出たら終了する試行を行う．ちょうどn回で終了する確率をP_nとするとき，次の問いに答えよ．

(1)　P_2，P_3，P_4を求めよ．

(2)　P_{n+1}をP_nおよびP_{n-1}を用いて表せ．ただし，$n \geqq 3$とする．

精講　これも前問同様「**最初の一手で場合分けするタイプ**」です．樹形図をかいてみると構造がわかってきます．

← まさに，「入れ子」ができていますね．表裏から始まり個数のみ違うブロックが見えますか？

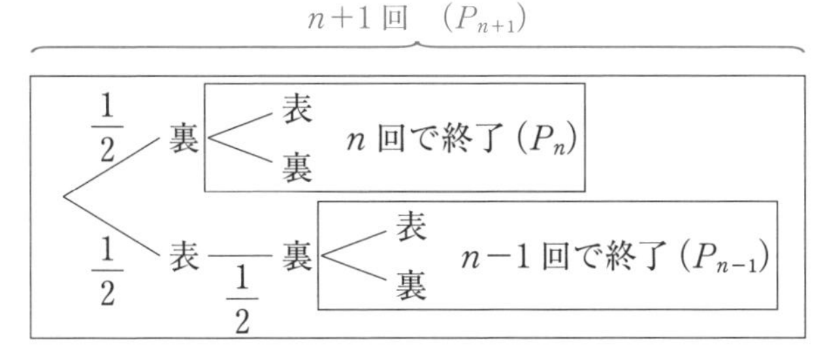

$n+1$回目で終了するには

1回目が裏のとき，次は表裏から始まりn回で終了

1回目が表のとき，次は裏，その次は表裏から始まり$n-1$回で終了

となる場合なので

$$P_{n+1}=\frac{1}{2}P_n+\frac{1}{4}P_{n-1}$$

となるのがわかりますね．

最後に「表表」と出る条件を**P_nの中に閉じ込めたい！**だから未来を省略します．

← なぜ最初の一手なのか？

このように「**最後がある状態になると終了する**」というタイプの問題は「最初の一手で場合分け」が考え易いでしょう．

第5章

解　答

(1)　2 回で終わるのは，表表と出るときで

$$P_2=\left(\frac{1}{2}\right)^2=\mathbf{\frac{1}{4}}$$

　3 回で終わるのは，裏表表と出るときで

$$P_3=\left(\frac{1}{2}\right)^3=\mathbf{\frac{1}{8}}$$

　4 回で終わるのは，表裏表表，裏裏表表と出るときで　$P_4=\left(\frac{1}{2}\right)^4\times 2=\mathbf{\frac{1}{8}}$

(2)　$n\geqq 3$ のとき，$n+1$ 回目で終了するには

1 回目が裏のとき，次は表裏から始まり n 回で終了

1 回目が表のとき，次は裏，その次は表裏から始まり $n-1$ 回で終了となる場合なので

$$\boldsymbol{P_{n+1}=\frac{1}{2}P_n+\frac{1}{4}P_{n-1}} \quad \cdots\cdots\ (*)$$

← 一手前でやりたい場合は，表が 0 枚連続，1 枚連続する場合を自分でおく必要があります．研究参照.

研究　《一手前で分けたければ》

$n\ (n\geqq 2)$ 回目は，最後の 2 つが表表，裏表，表裏，裏裏の状態しかありません．そこで，n 回目に最後が裏表となる確率を q_n，最後が表裏となる確率を r_n，裏裏となる確率を s_n とおくと，$n\geqq 2$ のとき，

$$P_{n+1}=\frac{1}{2}q_n \ \cdots ①,\quad q_{n+1}=\frac{1}{2}(r_n+s_n)\ \cdots ②,\quad r_{n+1}=\frac{1}{2}q_n\ \cdots ③,$$

$$s_{n+1}=\frac{1}{2}(r_n+s_n)\ \cdots ④$$

①，③より，$P_{n+1}=r_{n+1}\ (n\geqq 2)$　　$\therefore\ \ r_n=P_n\ (n\geqq 3)$

②，④より，$q_{n+1}=s_{n+1}\ (n\geqq 2)$

①より，$s_{n+1}=q_{n+1}=2P_{n+2}\ (n\geqq 2)$　　$\therefore\ \ s_n=2P_{n+1}\ (n\geqq 3)$

これらを④に代入して

$$2P_{n+2}=\frac{1}{2}(P_n+2P_{n+1}) \qquad \therefore\ \ P_{n+2}=\frac{1}{2}P_{n+1}+\frac{1}{4}P_n\ (n\geqq 3)$$

よって，$P_{n+1}=\frac{1}{2}P_n+\frac{1}{4}P_{n-1}\ (n\geqq 4)$ となるが，これは(1)より，

$P_4=\frac{1}{2}P_3+\frac{1}{4}P_2$ を満たすので，$n=3$ のときも成り立つ.

困ったときには，細分化して確率を定義してしまいましょう．今回は，途中で終了する場合もあるので，$P_n+q_n+r_n+s_n\neq 1$ にも注意！

82　漸化式の応用（点の移動）

数直線上の原点Oを出発点とする．硬貨を投げるたびに，表が出たら1，裏が出たら2だけ正の方向に進むものとする．このとき，点nに止まらない確率を求めよ．ただし，nは自然数とする．　（京都大・改）

精講　前問と同じタイプのヒントなしの問題です．樹形図をかいてみると，前問とほとんど同じ構造なのがわかるのではないでしょうか．漸化式を利用したくなりましたか？ルールがnによらず単純な場合は漸化式の利用が効果的です．

Oからの距離がnである点に止まらない確率をp_nとすると

← 最初の一手で場合分け！がわかりやすいですね．

p_n
- $\frac{1}{2}$ → 1　［ここから$n-1$進んだ点に止まらない］　p_{n-1}
- $\frac{1}{2}$ → 2　［ここから$n-2$進んだ点に止まらない］　p_{n-2}

点nの点に止まらないのは，

最初に1進んだとき，そこから$n-1$進んだ点に止まらない

最初に2進んだとき，そこから$n-2$進んだ点に止まらない

場合に限ります．よって，

$$p_n=\frac{1}{2}p_{n-1}+\frac{1}{2}p_{n-2}\ (n\geqq 3)$$

となりますね．

こうやった人はいますか？

1または2しか進めないので，点nに止まらないということは，点$n+1$に止まるということですね．時間をさかのぼると，1手前は$n-1$に止まっていないといけません．

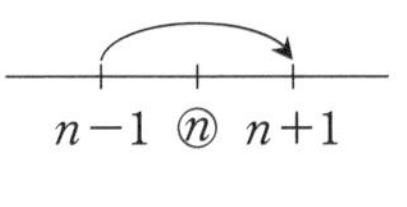

← 一手前で場合分け！時間をさかのぼって前の状態がどうなっていれば良いか考える．

実は，Oからの距離がnの点に止まらない確率がp_nでしたので，点nに止まる確率は$1-p_n$です．これに気づければ，点$n-1$に止まる確率は$1-p_{n-1}$になります．

← nに止まる確率は $1-p_n$

第5章

よって，点 $n-1$ に止まって，2 進んで点 $n+1$ に到達する確率を考えて

$$p_n=\frac{1}{2}(1-p_{n-1})\ (n\geqq 2)$$

⬅こちらは自分で解いてみましょう．

がつくれます．ただし，$p_1=\dfrac{1}{2}$ です．

解　答

Oからの距離が n である点に止まらない確率を p_n とすると

⬅最初の一手で場合分けで解答をかいてみます．

点 n の点に止まらないのは，

最初に 1 進んだとき，そこから $n-1$ 進んだ点に止まらない

最初に 2 進んだとき，そこから $n-2$ 進んだ点に止まらない

場合に限るので

$$p_n=\frac{1}{2}p_{n-1}+\frac{1}{2}p_{n-2}\ (n\geqq 3)$$

$$\therefore\quad p_{n+2}=\frac{1}{2}p_{n+1}+\frac{1}{2}p_n\ (n\geqq 1)$$

⬅わかりやすいように，ずらしておきました．これらは同値です．

となる．

$p_1=\dfrac{1}{2}$，$p_2=\dfrac{1}{4}$ より

⬅$\alpha^2=\dfrac{1}{2}\alpha+\dfrac{1}{2}$ を解くと，$\alpha=1,\ -\dfrac{1}{2}$

$$\begin{cases} p_{n+2}-p_{n+1}=-\dfrac{1}{2}(p_{n+1}-p_n) \\ p_{n+2}+\dfrac{1}{2}p_{n+1}=p_{n+1}+\dfrac{1}{2}p_n \end{cases}$$

$$\therefore\quad \begin{cases} p_{n+1}-p_n=(p_2-p_1)\left(-\dfrac{1}{2}\right)^{n-1}=-\left(-\dfrac{1}{2}\right)^{n+1} \\ p_{n+1}+\dfrac{1}{2}p_n=p_2+\dfrac{1}{2}p_1=\dfrac{1}{2} \end{cases}$$

辺々ひいて

$$\frac{3}{2}p_n=\frac{1}{2}+\left(-\frac{1}{2}\right)^{n+1}\quad \therefore\quad p_n=\boldsymbol{\frac{1}{3}\left\{1-\left(-\frac{1}{2}\right)^n\right\}}$$

問題文を，余事象である「点 n に止まる確率」とすれば，**74** の階段の問題の確率バージョンです．

83　漸化式の応用（n 回目の確率の合計 ≠ 1）

AとBの2人が，1個のサイコロを次の手順により投げあう．

1回目はAが投げる．

1，2，3の目が出たら，次の回には同じ人が投げる．

4，5の目が出たら，次の回には別の人が投げる．

6の目が出たら，投げた人を勝ちとしてそれ以降は投げない．

(1)　n 回目にAがサイコロを投げる確率 a_n を求めよ．

(2)　ちょうど n 回目のサイコロ投げでAが勝つ確率 p_n を求めよ．

(3)　n 回以内のサイコロ投げでAが勝つ確率 q_n を求めよ．

（一橋大）

精講　(1)　樹形図をかいていくと大変そうですね．n 回目にサイコロを投げる人はAかBなので，漸化式が利用できそうです．さらに，a_n は最初にAが投げるという制限がついているので，**「一手前で場合分け」**がよさそうです．

← ノーヒントの連立漸化式タイプの問題です．

$n+1$ 回目にAがサイコロを投げるとき，一手前はAが投げるか，Bが投げるかですが，n 回目にBが投げる確率は問題文でおかれていないので，自分で b_n と決めましょう．そうすると

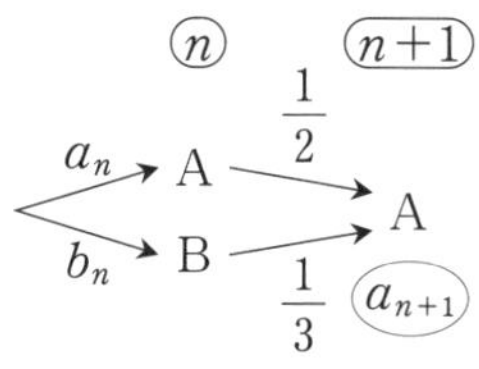

$$a_{n+1}=\frac{1}{2}a_n+\frac{1}{3}b_n$$

が作成できますが，これだけでは解けませんね．そこで，Bの場合も考え，連立漸化式を作成しましょう．

← 今回は，全確率＝1 でないことに注意！ n 回以前に終わっている場合もあります．$a_n+b_n\neq 1$ なので，b_n は a_n で簡単に表せなさそうですが…．ちょっと一言 参照．

単一の漸化式が作成できない場合は，それぞれの確率を a_n，b_n，c_n などとおき，連立漸化式に持っていくのがポイントです．困ったら全部おいてみましょう．**81** の **研究** はこのようにして考えています．参照してみてください．

← もちろん，排反な場合に分けます．

解　答

(1)　n 回目にBがサイコロを投げる確率を b_n とおく．

$n+1$ 回目にAがサイコロを投げるのは，n 回目にAが1，2，3を出すか，n 回目にBが4，5を出す場合であるから

$$a_{n+1}=\frac{1}{2}a_n+\frac{1}{3}b_n \cdots\cdots ①$$

$n+1$ 回目にBがサイコロを投げるのは，n 回目にAが4，5を出すか，n 回目にBが1，2，3を出す場合であるから

$$b_{n+1}=\frac{1}{3}a_n+\frac{1}{2}b_n \cdots\cdots ②$$

$a_1=1$，$b_1=0$ であるので

①＋② から，

⬅ 対称形の連立漸化式では，和と差を考えるのが基本です．

$$a_{n+1}+b_{n+1}=\frac{5}{6}(a_n+b_n)$$

$$\therefore \quad a_n+b_n=(a_1+b_1)\left(\frac{5}{6}\right)^{n-1}=\left(\frac{5}{6}\right)^{n-1} \cdots\cdots ③$$

①－② から，

$$a_{n+1}-b_{n+1}=\frac{1}{6}(a_n-b_n)$$

$$\therefore \quad a_n-b_n=(a_1-b_1)\left(\frac{1}{6}\right)^{n-1}=\left(\frac{1}{6}\right)^{n-1} \cdots\cdots ④$$

よって，③＋④ より

$$a_n=\mathbf{\frac{1}{2}\left\{\left(\frac{5}{6}\right)^{n-1}+\left(\frac{1}{6}\right)^{n-1}\right\}}$$

(2)　ちょうど n 回目にAが勝つのは，n 回目にAがサイコロを投げ6の目が出るときだから

⬅ ここから先は計算問題です．

$$p_n=a_n\times\frac{1}{6}=\mathbf{\frac{1}{12}\left\{\left(\frac{5}{6}\right)^{n-1}+\left(\frac{1}{6}\right)^{n-1}\right\}}$$

(3)　n 回以内にAが勝つのは，p_n の総和であるから

⬅ n 回以内で勝つのは，1，2，3，…，n 回で勝つ確率の和になりますね．結局，等比数列の和です．

$$q_n=\sum_{k=1}^{n}p_k=\sum_{k=1}^{n}\frac{1}{12}\left\{\left(\frac{5}{6}\right)^{k-1}+\left(\frac{1}{6}\right)^{k-1}\right\}$$

$$=\frac{1}{12}\sum_{k=1}^{n}\left\{\left(\frac{5}{6}\right)^{k-1}+\left(\frac{1}{6}\right)^{k-1}\right\}$$

$$=\frac{1}{12}\left\{\frac{1-\left(\frac{5}{6}\right)^n}{1-\frac{5}{6}}+\frac{1-\left(\frac{1}{6}\right)^n}{1-\frac{1}{6}}\right\}$$

$$=\frac{1}{2}\left\{1-\left(\frac{5}{6}\right)^n\right\}+\frac{1}{10}\left\{1-\left(\frac{1}{6}\right)^n\right\}$$

$$=\mathbf{\frac{3}{5}-\frac{1}{2}\left(\frac{5}{6}\right)^n-\frac{1}{10}\left(\frac{1}{6}\right)^n}$$

ちょっと一言

実は

$a_n+b_n=$（n 回サイコロが振れる確率）

$=$（$n-1$ 回まで 6 が出ない確率）

$=\left(\frac{5}{6}\right)^{n-1}$　　⬅③と同じ式

なので，これに気づけば，直接

$$a_{n+1}=\frac{1}{2}a_n+\frac{1}{3}\left\{\left(\frac{5}{6}\right)^{n-1}-a_n\right\}$$

$$=\frac{1}{6}a_n+\frac{1}{3}\left(\frac{5}{6}\right)^{n-1}\cdots(*)$$

⬅両辺に 6^{n+1} をかけると $6^{n+1}a_{n+1}=6^na_n+12\cdot5^{n-1}$ となり，階差数列が作れますが，ばらまき法を用いています．**研究**参照．

とできます．これが

$$a_{n+1}+\alpha\left(\frac{5}{6}\right)^{n+1}=\frac{1}{6}\left\{a_n+\alpha\left(\frac{5}{6}\right)^n\right\}$$

と変形できたとすると

$$a_{n+1}=\frac{1}{6}a_n-\frac{2}{3}\alpha\left(\frac{5}{6}\right)^n$$

（＊）と比較して

$$-\frac{2}{3}\alpha\cdot\frac{5}{6}=\frac{1}{3}\quad\therefore\quad\alpha=-\frac{3}{5}$$

$$\therefore\quad a_{n+1}-\frac{3}{5}\left(\frac{5}{6}\right)^{n+1}=\frac{1}{6}\left\{a_n-\frac{3}{5}\left(\frac{5}{6}\right)^n\right\}$$

$$\therefore\quad a_n-\frac{3}{5}\left(\frac{5}{6}\right)^n=\left(a_1-\frac{1}{2}\right)\left(\frac{1}{6}\right)^{n-1}$$

$$\therefore\quad a_n=\frac{3}{5}\left(\frac{5}{6}\right)^n+\frac{1}{2}\left(\frac{1}{6}\right)^{n-1}$$

$$=\frac{1}{2}\left\{\left(\frac{5}{6}\right)^{n-1}+\left(\frac{1}{6}\right)^{n-1}\right\}$$

研究 《ばらまき法》

77で特性方程式について説明しましたが，2項間漸化式 $a_{n+1}=pa_n+f(n)$ $(p\neq 1)$ では数列 $f(n)$ を適当にばらまいて，かたまりで隣り合う項を作るのが実戦的でしょう．

← $p=1$ のときは，階差型になります．

1°) $a_{n+1}=2a_n+1$ …① のように，**$f(n)$ が定数**の場合は定数 α をばらまいて

$$a_{n+1}+\alpha=2(a_n+\alpha)$$

と変形できればよいので，これを展開した式

$$a_{n+1}=2a_n+\alpha$$

と①を比較して，$\alpha=1$ となるので，

$$a_{n+1}+1=2(a_n+1)$$

と変形できます．

← $b_n=a_n+1$ とおけば，b_n は等比数列

2°) $a_{n+1}=2a_n+n$ …② のように，**$f(n)$ が n の一次式**の場合は1次式 $\alpha n+\beta$ をばらまいて

$$a_{n+1}+\alpha(n+1)+\beta=2(a_n+\alpha n+\beta)$$

と変形できればよいので，これを展開した式

$$a_{n+1}=2a_n+\alpha n+\beta-\alpha$$

と②を比較して，$\alpha=1$，$\beta-\alpha=0$ から，$\alpha=\beta=1$ となるので

$$a_{n+1}+n+2=2(a_n+n+1)$$

と変形できます．

← $b_n=a_n+n+1$ とおけば，b_n は等比数列

3°) $a_{n+1}=2a_n+3^{n+1}$ …③ のように，**$f(n)$ が指数関数**の場合は指数関数 $\alpha\cdot 3^n$ をばらまいて

$$a_{n+1}+\alpha\cdot 3^{n+1}=2(a_n+\alpha\cdot 3^n)$$

と変形できればよいので，これを展開した式

$$a_{n+1}=2a_n-\alpha\cdot 3^n$$

と③を比較して，$-\alpha=3$ から，$\alpha=-3$ となるので

$$a_{n+1}-3^{n+2}=2(a_n-3^{n+1})$$

と変形できます．

← $b_n=a_n-3^{n+1}$ とおけば，b_n は等比数列

$a_{n+1}=pa_n+q^{n+1}$ において，**$p=q$ の場合はばらまくことができません**．例えば，$a_{n+1}=2a_n+2^{n+1}$ でばらまいてみると

← 指数タイプでばらまけない例です．

$$a_{n+1}+\alpha\cdot 2^{n+1}=2(a_n+\alpha\cdot 2^n)$$

これを展開すると

$$a_{n+1}=2a_n$$

← 消えてしまった.

あれれ⁇となり，ばらまけませんね.

この場合は，2^{n+1} で割ると，かたまりで等差数列となります.

← $b_n=\dfrac{a_n}{2^n}$ とすれば，b_n は等差数列

$$\frac{a_{n+1}}{2^{n+1}}=\frac{a_n}{2^n}+1$$

一般に，2項間漸化式 $a_{n+1}=pa_n+f(n)$ の両辺を p^{n+1} で割ると，かたまりで階差数列が作れるので

$$\frac{a_{n+1}}{p^{n+1}}-\frac{a_n}{p^n}=\frac{f(n)}{p^{n+1}}$$

$\dfrac{f(n)}{p^{n+1}}$ の和が計算できれば，一般項は求められます.

← 階差型に帰着する方法

複雑なものは通常，かたまりのヒントがつきますが，ちょっと練習してみましょう.

4°) $a_{n+1}=2a_n+n^2$ の場合は，2次式をばらまいて

$$a_{n+1}+\alpha(n+1)^2+\beta(n+1)+\gamma$$
$$=2(a_n+\alpha n^2+\beta n+\gamma)$$

5°) $a_{n+1}=2a_n+3^n+1$ の場合は，指数と定数をばらまいて

$$a_{n+1}+\alpha\cdot 3^{n+1}+\beta=2(a_n+\alpha\cdot 3^n+\beta)$$

6°) $a_{n+1}=2a_n+3^n+5^n$ の場合は，指数をばらまいて

$$a_{n+1}+\alpha\cdot 3^{n+1}+\beta\cdot 5^{n+1}=2(a_n+\alpha\cdot 3^n+\beta\cdot 5^n)$$

7°) $a_{n+1}=2a_n+3^{n+1}+2^{n+1}$ の場合は，指数部分が a_n の係数2と一致してばらまけないので，2^{n+1} で割って，階差型に持っていきます.

← ばらまけない例

$$\frac{a_{n+1}}{2^{n+1}}-\frac{a_n}{2^n}=\left(\frac{3}{2}\right)^{n+1}+1$$

← 階差型に帰着！

イメージつかめましたか？

84 漸化式の応用（余りの推移）

硬貨 4 枚を同時に投げる試行を繰り返す．k 回目の試行で表を向いた硬貨の枚数を a_k とし，

$$S_n=\sum_{k=1}^{n} a_k \ (n=1,\ 2,\ 3,\ \cdots)$$

とする．S_n が 4 で割り切れる確率を p_n とし，S_n を 4 で割った余りが 2 である確率を q_n とする．

(1) p_{n+1}，q_{n+1} を p_n，q_n で表せ．

(2) p_n+q_n を求めよ．

(3) p_n を求めよ．

（一橋大）

精講 前問と同様，連立漸化式の応用問題です．S_n を 4 で割った余りが 1 である確率を r_n，S_n を 4 で割った余りが 3 である確率を s_n などとおいて，余りについての下の推移図を考え，連立漸化式を考えましょう．

← 困ったらとりあえずおいてみましょう．ひとつ手前の経由点で場合分けです．

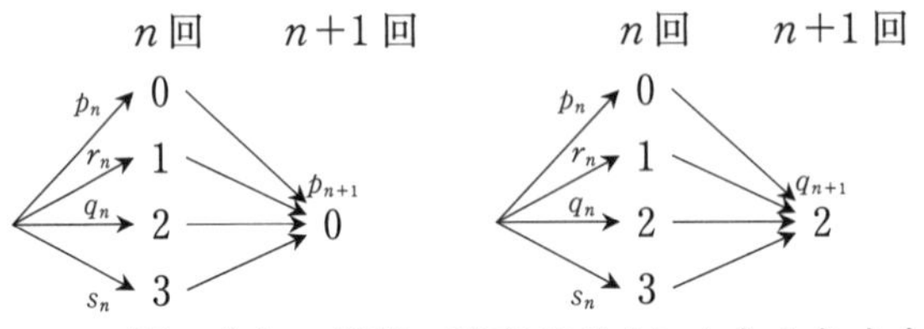

この際，余りの推移の確率がポイントとなりますので，初めに整理しておくといいでしょう．

解答

(1) S_n を 4 で割った余りが 1 である確率を r_n，S_n を 4 で割った余りが 3 である確率を s_n とすると，

$p_n+q_n+r_n+s_n=1$ …①

また，1 回の試行で表の出る確率は，次の表のようになる．

← 表が k 枚出る確率は ${}_4C_k\left(\frac{1}{2}\right)^4$

表の枚数	0	1	2	3	4
確率	$\frac{1}{16}$	$\frac{4}{16}$	$\frac{6}{16}$	$\frac{4}{16}$	$\frac{1}{16}$

よって，1回の試行で4で割った余りが

0 $\Longrightarrow$ 0 となるのは，表が0枚または4枚のときで，$\frac{2}{16}$

1 $\Longrightarrow$ 0 となるのは，表が3枚のときで，$\frac{4}{16}$

2 $\Longrightarrow$ 0 となるのは，表が2枚のときで，$\frac{6}{16}$

3 $\Longrightarrow$ 0 となるのは，表が1枚のときで，$\frac{4}{16}$

であるから，S_{n+1} が4で割り切れるのは，余りについての右の推移図より

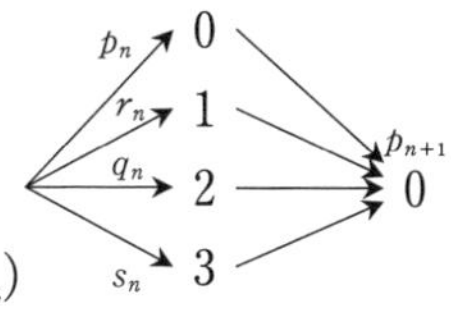

$$\boldsymbol{p_{n+1}}=\frac{2}{16}p_n+\frac{6}{16}q_n+\frac{4}{16}(r_n+s_n)$$
$$=\frac{2}{16}p_n+\frac{6}{16}q_n+\frac{4}{16}\{1-(p_n+q_n)\}$$
$$\boldsymbol{=-\frac{1}{8}p_n+\frac{1}{8}q_n+\frac{1}{4}} \quad \cdots①$$

⬅ $p_n+q_n+r_n+s_n=1$ を利用して整理．

同様にして，1回の試行で4で割った余りが

0 $\Longrightarrow$ 2 となるのは，表が2枚のときで，$\frac{6}{16}$

1 $\Longrightarrow$ 2 となるのは，表が1枚のときで，$\frac{4}{16}$

2 $\Longrightarrow$ 2 となるのは，表が0枚または4枚のときで，$\frac{2}{16}$

3 $\Longrightarrow$ 2 となるのは，表が3枚のときで，$\frac{4}{16}$

であるから，S_{n+1} を4で割ると余りが2になるのは，余りについての右の推移図より

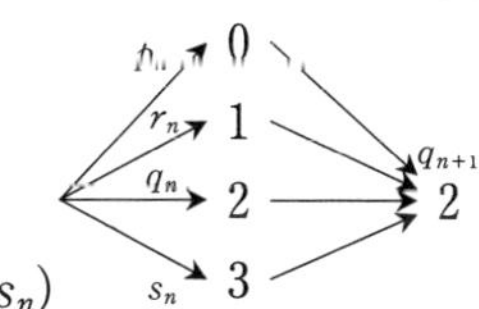

$$\boldsymbol{q_{n+1}}=\frac{6}{16}p_n+\frac{2}{16}q_n+\frac{4}{16}(r_n+s_n)$$

$$=\frac{6}{16}p_n+\frac{2}{16}q_n+\frac{4}{16}\{1-(p_n+q_n)\}$$

$$=\boldsymbol{\frac{1}{8}p_n-\frac{1}{8}q_n+\frac{1}{4}} \quad \cdots②$$

⬅ $p_n+q_n+r_n+s_n=1$ を利用して整理.

(2)　①＋②より，$p_{n+1}+q_{n+1}=\frac{1}{2}$ $(n\geqq1)$

⬅ 対称型の連立漸化式.

$p_1+q_1=\frac{2}{16}+\frac{6}{16}=\frac{1}{2}$ とあわせて，

$$\boldsymbol{p_n+q_n=\frac{1}{2}} \ (n\geqq1) \quad \cdots③$$

⬅ 一定になった.
ちょっと一言 参照.

(3)　①と③より

$$p_{n+1}=-\frac{1}{8}p_n+\frac{1}{8}\left(\frac{1}{2}-p_n\right)+\frac{1}{4}=-\frac{1}{4}p_n+\frac{5}{16}$$

$$\therefore\quad p_{n+1}-\frac{1}{4}=-\frac{1}{4}\left(p_n-\frac{1}{4}\right)$$

$$\therefore\quad p_n-\frac{1}{4}=\left(p_1-\frac{1}{4}\right)\left(-\frac{1}{4}\right)^{n-1}=-\frac{1}{8}\left(-\frac{1}{4}\right)^{n-1}$$

$$\therefore\quad \boldsymbol{p_n=\frac{1}{4}+\frac{1}{2}\left(-\frac{1}{4}\right)^n}$$

ちょっと一言

　4で割った余りが0のとき，表が0，2，4枚
　4で割った余りが1のとき，表が1，3枚
　4で割った余りが2のとき，表が0，2，4枚
　4で割った余りが3のとき，表が1，3枚
出ると，4で割った余りは0または2となりますが，どの場合も確率は $\frac{1}{2}$ ですので，n の値によらず $p_n+q_n=\frac{1}{2}$ になるというわけです.

85 漸化式の応用（シグマ計算と漸化式の処理）

10個の玉が入っている袋から1個の玉を無作為に取り出し，新たに白玉1個を袋に入れるという試行を繰り返す．初めに，袋には赤玉5個と白玉5個が入っているとする．この試行を m 回繰り返したとき，取り出した赤玉が全部で k 個である確率を $p(m,\ k)$ とする．2以上の整数 n に対して，以下の問いに答えよ．

(1)　$p(n+1,\ 2)$ を $p(n,\ 2)$ と $p(n,\ 1)$ を用いて表せ．

(2)　$p(n,\ 1)$ を求めよ．

(3)　$p(n,\ 2)$ を求めよ．

（東北大）

精講　設定をしっかり把握して，漸化式を導きましょう．

← 本番では，(1)，(2)の出来はよかったようですが，(3)を完答した人は少なかったようです．いろいろな漸化式が解けるよう練習しておきましょう．

(1)　$n+1$ 回後に取り出した赤玉が2個となるのは

1°) n 回までに取り出した赤玉が1個(赤4個，白6個)で，

　$n+1$ 回目に赤玉が取り出される

または

2°) n 回までに取り出した赤玉が2個(赤3個，白7個)で，

　$n+1$ 回目に白玉が取り出される

という2つの場合があります．

(2)　はじめは(赤5個，白5個)なので白玉も赤玉も $\dfrac{5}{10}$ の確率で取り出されますが，赤玉が取り出されると，(赤4個，白6個)となるので，確率は変わります．

　赤玉が k 回目に取り出されるとき

$$\underbrace{\left(\frac{5}{10}\right)^{k-1}}_{k-1\text{ 回白}}\cdot\underbrace{\frac{5}{10}}_{k\text{ 回目赤}}\cdot\underbrace{\left(\frac{6}{10}\right)^{n-k}}_{\text{残り }n-k\text{ 回白}}$$

となるので，k を1から n まで変えて加えましょう．

(3)　ちょっと複雑な漸化式ですが，指数部分を適当にばらまいて解いてみます．

← 83の研究参照．

解答

(1)　$n+1$ 回繰り返したとき，取り出した赤玉が2個となるのは，n 回目までに赤が1個取り出され(赤4個，白6個)，$n+1$ 回目に赤が取り出される場合，または n 回目までに赤が2個取り出され(赤3個，白7個)，$n+1$ 回目に白が取り出される場合であるから

$$\boldsymbol{p(n+1,\ 2)=\frac{2}{5}p(n,\ 1)+\frac{7}{10}p(n,\ 2)}$$

$(n \geqq 2)$

これは，$p(1,\ 2)=0$ とすれば，$n=1$ でも成り立つ．

← (3)で一般項を求める際，$p(1,\ 2)$ を利用するために定義しておいた．

(2)　k 回目 $(1 \leqq k \leqq n)$ に赤が取り出され，n 回目までに赤が全部で1個取り出される確率は，

$\left(\frac{5}{10}\right)^{k-1}\cdot\frac{5}{10}\cdot\left(\frac{6}{10}\right)^{n-k}$ であるから，

$$p(n,\ 1)=\sum_{k=1}^{n}\left(\frac{5}{10}\right)^{k-1}\cdot\frac{5}{10}\cdot\left(\frac{6}{10}\right)^{n-k}$$

$$=\left(\frac{3}{5}\right)^{n}\sum_{k=1}^{n}\left(\frac{5}{6}\right)^{k}$$

$$=\left(\frac{3}{5}\right)^{n}\cdot\frac{5}{6}\cdot\frac{1-\left(\frac{5}{6}\right)^{n}}{1-\frac{5}{6}}=\boldsymbol{5\left\{\left(\frac{3}{5}\right)^{n}-\left(\frac{1}{2}\right)^{n}\right\}}$$

これは，$n \geqq 1$ で成り立つ．

(3)　(1)，(2)より，$n \geqq 1$ で

$$p(n+1,\ 2)=\frac{7}{10}p(n,\ 2)+2\left\{\left(\frac{3}{5}\right)^{n}-\left(\frac{1}{2}\right)^{n}\right\}$$

これが

$$p(n+1,\ 2)+A\left(\frac{3}{5}\right)^{n+1}+B\left(\frac{1}{2}\right)^{n+1}$$

$$=\frac{7}{10}\left\{p(n,\ 2)+A\left(\frac{3}{5}\right)^{n}+B\left(\frac{1}{2}\right)^{n}\right\}$$

← 83の**研究**で解説した，ばらまき法で解いてみます．

と変形できたとすると

$$p(n+1,\ 2)=\frac{7}{10}p(n,\ 2)+\frac{A}{10}\left(\frac{3}{5}\right)^{n}+\frac{B}{5}\left(\frac{1}{2}\right)^{n}$$

より，$\frac{A}{10}=-\frac{B}{5}=2$　∴　$A=20,\ B=-10$

よって，

$$p(n+1,\ 2)+20\left(\frac{3}{5}\right)^{n+1}-10\left(\frac{1}{2}\right)^{n+1}$$
$$=\frac{7}{10}\left\{p(n,\ 2)+20\left(\frac{3}{5}\right)^{n}-10\left(\frac{1}{2}\right)^{n}\right\}$$

⬅ 等比数列の形 $b_{n+1}=\alpha b_n$ になった．

$$\therefore\quad p(n,\ 2)+20\left(\frac{3}{5}\right)^{n}-10\left(\frac{1}{2}\right)^{n}$$
$$=\left\{p(1,\ 2)+20\left(\frac{3}{5}\right)-10\left(\frac{1}{2}\right)\right\}\left(\frac{7}{10}\right)^{n-1}$$

$p(1,\ 2)=0$ とから

$$\boldsymbol{p(n,\ 2)=-20\left(\frac{3}{5}\right)^{n}+10\left(\frac{1}{2}\right)^{n}+7\left(\frac{7}{10}\right)^{n-1}}$$
$$(n\geqq 1)$$

⬅ もちろん，$p(2,\ 2)=\frac{1}{5}$ を利用してもよい．

ちょっと一言

$$p(n+1,\ 2)=\frac{7}{10}p(n,\ 2)+2\left\{\left(\frac{3}{5}\right)^{n}-\left(\frac{1}{2}\right)^{n}\right\}$$

を解く際には，**83** の **研究** の **ちょっと一言** の 7°）で解説したように，$\left(\frac{7}{10}\right)^{n+1}$ で割ると

$$\left(\frac{10}{7}\right)^{n+1}p(n+1,\ 2)-\left(\frac{10}{7}\right)^{n}p(n,\ 2)$$
$$=\left(\frac{10}{7}\right)^{n+1}\cdot 2\left\{\left(\frac{3}{5}\right)^{n}-\left(\frac{1}{2}\right)^{n}\right\}$$

さらに，$b_n=\left(\frac{10}{7}\right)^{n}p(n,\ 2)$ とおけば

$$b_{n+1}-b_n=\frac{20}{7}\left\{\left(\frac{6}{7}\right)^{n}-\left(\frac{5}{7}\right)^{n}\right\}$$

となり，階差数列タイプに帰着できますが，本番では計算ミスが多発したようです．

86 漸化式の応用（偶奇で場合分け）

図のように，正三角形を9つの部屋に辺で区切り，部屋P，Qを定める．1つの球が部屋Pを出発し，1秒ごとに，そのままその部屋にとどまることなく，辺を共有する隣の部屋に等確率で移動する．球がn秒後に部屋Qにある確率を求めよ．（東京大）

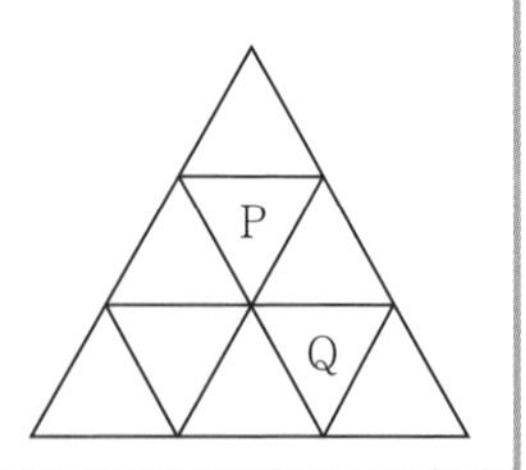

精講 まず，球がPからスタートして，Qに移動するには**偶数回の操作が必要**なことに気づきますね．ですから，nが奇数のとき，Qにいる確率は0です．

←これまで勉強したことを利用する総合演習です．最終的には，こういう問題で漸化式が使えるのが目標です．

次に，nが偶数のとき，どこに移動できるか考えると，右図のP，Q，Rのいずれかです．さらに，P，Q，Rは対等な位置にあることもわかりますね．この辺りで漸化式を利用するとよいことに気づくのではないでしょうか？

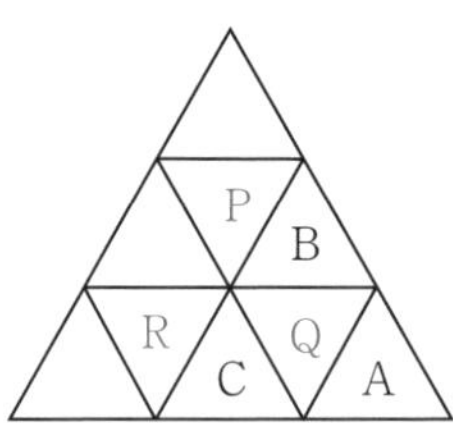

nが偶数であることに注意し，$n=2k$回目に球がQの位置にある確率をq_{2k}とおくと，Qに対して，P，Rは対等なので，下の推移図がイメージできますね．

←偶数番目で漸化式を作成する．もちろん，一手前で場合分けですね．$n=2k$回目にPまたはRに行く確率は$1-q_{2k}$です．

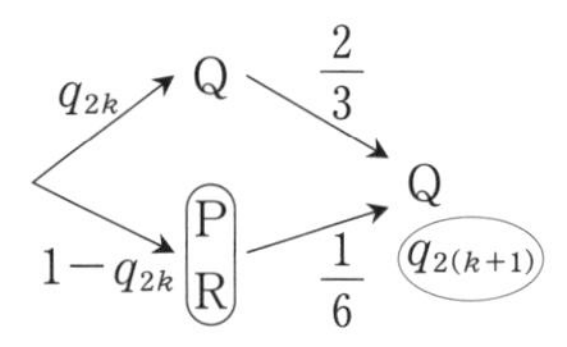

2秒後にQ→Qに行く確率は，上の図において

←QからAに行くかBまたはCに行くかで確率が変わることに注意．この辺りの細かいところは慎重に！

Q→A→Qのとき，$\frac{1}{3}\cdot 1=\frac{1}{3}$

Q→B→Qのとき，$\frac{1}{3}\cdot\frac{1}{2}=\frac{1}{6}$

Q→C→Qのとき，$\frac{1}{3}\cdot\frac{1}{2}=\frac{1}{6}$

これらを合わせて，$\frac{1}{3}+\frac{1}{6}+\frac{1}{6}=\frac{2}{3}$

また，2秒後にP→Qに行く確率は

$\frac{1}{3}\cdot\frac{1}{2}=\frac{1}{6}$ となりますが，P，RはQに対して対等であるので，2秒後にR→Qに行く確率も同じです．

よって，これらをまとめて

$$q_{2(k+1)}=\frac{2}{3}q_{2k}+\frac{1}{6}(1-q_{2k})$$
$$=\frac{1}{2}q_{2k}+\frac{1}{6}$$ となるのがわかります．

解　答

n 秒後に球がQにある確率を q_n とおくと，n が奇数のとき，球が部屋Qにあることはないので $q_n=0$ である．以下，n が偶数，すなわち $n=2k$ のときを考える．図のようにR，A，B，Cを決めると，

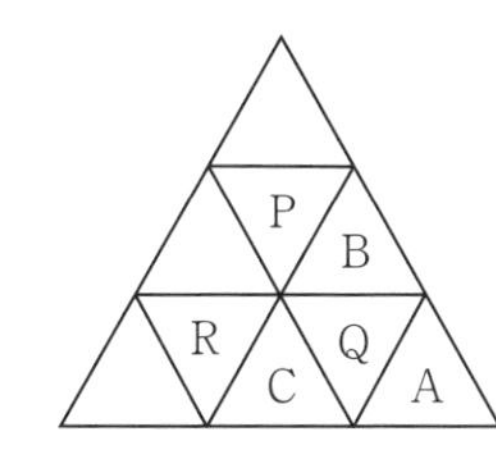

⬅P，Q，Rは対等な位置にあります．Pがスタートなので，n 秒後にQにある確率とRにある確率は同じはずです．
また，n 秒後にPにある確率を p_n，Rにある確率を r_n とおけば，n が偶数のとき，$p_n+q_n+r_n=1$ が成り立っています．

2秒後にQ→Qに行く確率は，上の図において

Q→A→Qのとき，$\frac{1}{3}\cdot1=\frac{1}{3}$

Q→B→Qのとき，$\frac{1}{3}\cdot\frac{1}{2}=\frac{1}{6}$

Q→C→Qのとき，$\frac{1}{3}\cdot\frac{1}{2}=\frac{1}{6}$

⬅実は，2秒後にQに行かない確率は
Q→B→P，Q→C→R
$\frac{1}{3}\times\frac{1}{2}+\frac{1}{3}\times\frac{1}{2}=\frac{1}{3}$
よって，Qに行くのは
$1-\frac{1}{3}=\frac{2}{3}$
ともできます．

これらを合わせて，$\frac{1}{3}+\frac{1}{6}+\frac{1}{6}=\frac{2}{3}$

また，2秒後にP，RからQに行く確率はどちらも

$\frac{1}{3}\cdot\frac{1}{2}=\frac{1}{6}$

となり，右の推移図がかける．

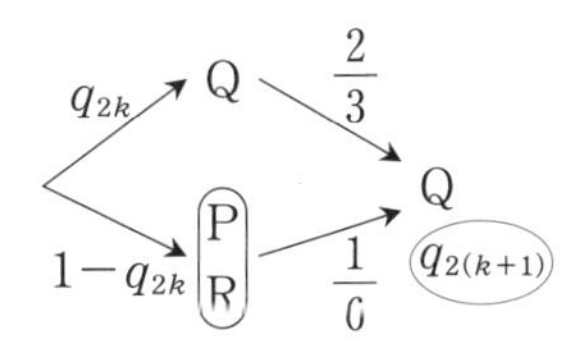

これより，$q_{2(k+1)}=\frac{2}{3}q_{2k}+\frac{1}{6}(1-q_{2k})$

$$=\frac{1}{2}q_{2k}+\frac{1}{6}$$

$q_0=0$ とから，$q_{2(k+1)}-\frac{1}{3}=\frac{1}{2}\left(q_{2k}-\frac{1}{3}\right)$

← q_1 を用いてもよい．

$$\therefore\quad q_{2k}-\frac{1}{3}=\left(q_0-\frac{1}{3}\right)\cdot\left(\frac{1}{2}\right)^k=-\frac{1}{3\cdot 2^k}$$

$$\therefore\quad q_{2k}=\frac{1}{3}\left\{1-\left(\frac{1}{2}\right)^k\right\}=\frac{1}{3}\left\{1-\left(\frac{1}{2}\right)^{\frac{n}{2}}\right\}$$

以上より，$\boldsymbol{q_n=\begin{cases}0 & (n\text{ が奇数})\\ \frac{1}{3}\left\{1-\left(\frac{1}{2}\right)^{\frac{n}{2}}\right\} & (n\text{ が偶数})\end{cases}}$

← 答えは，k を用いて答えてもオッケーです．

MEMO

MEMO

MEMO

MEMO

〔数学 場合の数・確率 分野別 標準問題精講 改訂版〕森谷慎司　　S4d227